GERENCIAMENTO
DE TRANSPORTE E FROTAS

Dados Internacionais de Catalogação na Publicação (CIP)
(Câmara Brasileira do Livro, SP, Brasil)

Gerenciamento de transporte e frotas / Amir Mattar Valente ... [et al.]. — 3. ed. rev. - São Paulo : Cengage Learning, 2024.

1 reimp. da 3 ed. de 2017
Outros autores: Eunice Passaglia, Antônio Galvão Novaes, Heitor Vieira
Bibliografia.
ISBN 978-85-221-2514-2

1. Frotas de veículos a motor - Administração. 2. Transportes - Administração. I. Valente, Amir Mattar. II. Novaes, Antonio Galvão. III. Passaglia, Eunice. IV. Vieira, Heitor.

16-00552   CDD-658.9138832

Índice para catálogo sistemático:
1. Frotas de veículos : Administração   658.9138832
2. Veículos : Frotas : Administração   658.9138832

GERENCIAMENTO
DE TRANSPORTE E FROTAS

3ª edição

Amir Mattar Valente
Antonio Galvão Novaes
Eunice Passaglia
Heitor Vieira

Austrália • Brasil • Canadá • México • Cingapura • Reino Unido • Estados Unidos

Gerenciamento de Transporte e Frotas
3ª edição

Amir Mattar Valente
Antonio Galvão Novaes
Eunice Passaglia
Heitor Vieira

Gerente Editorial: Noelma Brocanelli

Editora de Desenvolvimento: Regina Plascak

Supervisora de Produção Gráfica: Fabiana Alencar Albuquerque

Editora de Aquisições: Guacira Simonelli

Especialista em Direitos Autorais: Jenis Oh

Assistente Editorial: Joelma Andrade

Cotejo e Revisão: FZ Consultoria Educacional e Norma Gusukuma

Pesquisa Iconográfica: ABMM Iconografia

Diagramação: Alfredo Carracedo Castillo

Capa: BuonoDisegno

Ilustrações: Eduardo Borges, Estúdio Aventura e autores

Imagem da capa: T_kot/shutterstock; Kosecki/shutterstock

© 2017 Cengage Learning Edições Ltda.

Todos os direitos reservados. Nenhuma parte deste livro poderá ser reproduzida, sejam quais forem os meios empregados, sem a permissão, por escrito, da Editora. Aos infratores aplicam-se as sanções previstas nos artigos 102, 104, 106 e 107 da Lei nº 9.610, de 19 de fevereiro de 1998.

Esta Editora empenhou-se em contatar os responsáveis pelos direitos autorais de todas as imagens e de outros materiais utilizados neste livro. Se porventura for constatada a omissão involuntária na identificação de algum deles, dispomo-nos a efetuar, futuramente, os possíveis acertos.

A Editora não se responsabiliza pelo funcionamento dos links contidos neste livro que possam estar suspensos.

Para informações sobre nossos produtos, entre em contato pelo telefone
+55 11 3665-9900

Para permissão de uso de material desta obra, envie seu pedido para
direitosautorais@cengage.com

© 2017 Cengage Learning. Todos os direitos reservados.

ISBN-13: 978-85-221-2514-2

ISBN-10: 85-221-2514-7

Cengage
WeWork
Rua Cerro Corá, 2175 – Alto da Lapa
São Paulo – SP – CEP 05061-450
Tel.: +55 (11) 3665-9900

Para suas soluções de curso e aprendizado, visite
www.cengage.com.br

Impresso no Brasil.
Printed in Brazil.
1. reimpressão - 2024

SUMÁRIO

Apresentação... IX
Prefácio.. XI
Sobre os autores XIII

1. INTRODUÇÃO À GESTÃO DE FROTAS.......................... 1
1.1. Introdução.. 1
1.2. Considerações sobre a estrutura do transporte
    rodoviário no Brasil.. 2
1.3. A estrutura organizacional das empresas de
    transporte.. 12
1.4. Indicação dos setores com interação direta ou indireta
    na gestão de frotas... 26
1.5. Importância da frota no patrimônio e nos custos das
    empresas de transporte... 32
1.6. Importância da gestão de frotas................................. 33
1.7. Referências bibliográficas.. 36

2. DIMENSIONAMENTO DE FROTAS 39
2.1. Considerações gerais... 39
2.2. Previsão de demanda.. 40
2.3. Dimensionamento da frota para uma demanda conhecida.. 48

2.4.	Alternativas para ampliação da frota	58
2.5.	Conclusões	67
2.6.	Referências bibliográficas.......................................	67

3. ESPECIFICAÇÃO E AVALIAÇÃO DE VEÍCULOS 69

3.1.	Descrição de técnicas e procedimentos inerentes à especificação de veículos..	69
3.2.	Descrição de métodos e sistemáticas de avaliação de desempenho dos veículos..	79
3.3.	Implicações da homogeneidade da frota na manutenção e operação dos veículos	85
3.4.	Referências bibliográficas.......................................	86

4. OPERAÇÃO DE FROTAS 89

4.1.	Introdução	89
4.2.	Coleta e distribuição	90
4.3.	O controle da operação	114
4.4.	Operação de frotas no transporte coletivo.............	116
4.5.	Exemplo: operação de frotas	127
4.6.	Conclusão	128
4.7.	Referências bibliográficas.......................................	128

5. PREVISÃO DE CUSTOS OPERACIONAIS................................. 131

5.1.	O segredo da boa decisão	131
5.2.	Classificação dos custos..	132
5.3.	Fatores que influenciam nos custos.......................	135
5.4.	Métodos de cálculo de custos operacionais	136
5.5.	Considerações sobre o cálculo da depreciação, manutenção e remuneração do capital....................................	144
5.6.	Exemplo de cálculo do custo operacional..............	154
5.7.	Conclusões	173
5.8.	Referências bibliográficas.......................................	173

6. CONTROLE DE CUSTOS OPERACIONAIS 175
6.1. A importância do controle de custos operacionais 175
6.2. Métodos e formulários de controle 177
6.3. O uso dos resultados do controle 193
6.4. Conclusões 199
6.5. Referências bibliográficas 199

7. PLANEJAMENTO DA MANUTENÇÃO 201
7.1. A importância da manutenção 201
7.2. Alternativas de apoio à manutenção de frotas 202
7.3. Objetivos de um programa de manutenção de frotas 204
7.4. Sistemas de manutenção 204
7.5. O controle da manutenção 214
7.6. Considerações finais 221
7.7. Referências bibliográficas 222

8. SUBSTITUIÇÃO DE FROTAS 223
8.1. Introdução 223
8.2. Por que substituir equipamentos 224
8.3. Fatores que influem na vida útil dos veículos 225
8.4. Idade do veículo e custo 226
8.5. Um método simplificado 228
8.6. Análise por meio da matemática financeira 234
8.7. Dificuldades e estratégias na substituição da frota 240
8.8. Referências bibliográficas 242

9. ACOMODAÇÃO DE CARGAS E DE PASSAGEIROS 245
9.1. Introdução 245
9.2. Acomodação de cargas 246
9.3. Normas técnicas e legislação 277
9.4. Transporte público de passageiros 300

9.5. Lotação de passageiros 306
9.6. Legislação para o transporte de passageiros 314
9.7. Considerações finais sobre o transporte de passageiros 316
9.8. Conclusões 318
9.9. Referências bibliográficas 319

10. INOVAÇÕES TECNOLÓGICAS 321
10.1. A importância da tecnologia nas empresas de transportes 321
10.2. Inovações tecnológicas relevantes 324
10.3. Inovações tecnológicas aplicadas à gestão do transporte coletivo por ônibus 369
10.4. ITS – o futuro começa agora 375
10.5. Referências bibliográficas 378

APRESENTAÇÃO

Por meio da oportunidade oferecida, em 1995, pelo Serviço Social do Transporte/Serviço Nacional de Aprendizagem do Transporte (Sest/Senat), a qual viabilizava a pesquisa e a produção de material instrucional sobre o tema "gestão de frotas", pudemos, já na ocasião, vivenciar a carência de bibliografia sobre tal assunto no Brasil.

A partir desse momento, iniciamos uma jornada de pesquisa, levantamento de dados e informações, consultas e redação, visando não somente atingir os objetivos inicialmente estabelecidos, mas também elaborar este livro.

Durante essa jornada, muitos foram aqueles que nos ajudaram direta ou indiretamente, fornecendo informações, dados, apoio e estímulo. Cabe destacar a atenção recebida da Confederação Nacional do Transporte (CNT) e do Sest/Senat. Igualmente, não nos faltou apoio dos empresários do setor de transporte. São eles que vivenciam os problemas, e deles pudemos colher relatos de diversas experiências e de casos práticos. Gostaríamos, nesta oportunidade, de agradecer a todos aqueles que colaboraram e, em especial, ao Dr. Telmo Joaquim Nunes.

Da Universidade Federal de Santa Catarina tivemos suporte, não somente de uma infraestrutura de trabalho, mas também de diversos colaboradores, entre os quais professores, funcionários e alunos de graduação e de pós-graduação.

Finalmente, gostaríamos de agradecer aos nossos familiares, que não somente souberam ceder parte do precioso tempo de convívio como também nos incentivaram para que tal projeto pudesse se tornar realidade.

Estamos, em 2016, com nova edição e com a vivência do contato com os leitores. Com base na experiência até aqui vivida, mantemos a motivação e a certeza de que este livro seguirá firme em seu papel de contribuir com a evolução da prática dos transportes no Brasil, bem como com a formação e o aperfeiçoamento de profissionais para o setor. Permaneceremos sempre atentos para que novos conhecimentos, tecnologias e práticas possam ser contemplados na continuidade desta obra.

Os autores

PREFÁCIO

A Confederação Nacional do Transporte (CNT), o Serviço Social do Transporte (Sest) e o Serviço Nacional de Aprendizagem do Transporte (Senat) procuram seguir uma linha estratégica, política, empresarial e institucional, em que o aperfeiçoamento contínuo das empresas e dos profissionais é um dos pontos fundamentais. Numa economia cada vez mais globalizada nos dias de hoje, é imprescindível compreender, em detalhes, toda a estrutura de funcionamento do nosso setor. Este livro é uma contribuição nesse sentido.

Por isso, a CNT e o Sest/Senat estão apoiando a colocação desta obra à disposição não apenas do setor de transporte, mas da sociedade em geral.

O tema é de grande importância para todo o empresariado de transporte, porque se trata do principal processo de produção dos nossos serviços: a operação da frota.

A forma adequada de gerenciar garante a lucratividade. Aprofundar os conhecimentos nessa área, aliando o conhecimento daqueles que se dedicam ao estudo das questões levantadas pela complexa operação de uma frota de veículos à experiência prática, garante melhores resultados na empresa e no sistema de transporte como um todo.

À medida que revisamos e aperfeiçoamos nossos processos de produção, ampliando nossa compreensão do que realmente acontece, estaremos avançando na consolidação de uma empresa sólida com profissionais preparados para os desafios dos novos tempos. E a CNT e o Sest/Senat têm compromisso com a austeridade, a competência e a qualidade, que são também os objetivos deste livro.

Clésio Andrade
Presidente da CNT

SOBRE OS AUTORES

Amir Mattar Valente
Engenheiro Civil, Mestre em Engenharia de Transporte e Doutor em Engenharia de Produção. Pesquisador de Desenvolvimento Tecnológico do CNPq. Consultor de Projetos em diversos órgãos e instituições tais como ANTT, ANTAQ, DNIT, SAC, SEP e Ministério dos Transportes. Ministrante de diversos cursos e palestras. Autor de livros, artigos publicados em anais de congressos, periódicos e revistas nacionais e internacionais. Professor dos cursos de graduação, mestrado e doutorado em Engenharia Civil da UFSC. Fundador e Supervisor do Laboratório de Transporte e Logística (LabTrans/UFSC).

Antonio Galvão Novaes
Engenheiro Naval, Mestre em Transportes Marítimos, Doutor em Engenharia e Pesquisa Operacional. Senior Analyst, Advanced Marine Technology Division, Littion Industries. Autor de oito livros técnicos e de artigos publicados em periódicos nacionais e internacionais.

Eunice Passaglia
Engenheira Civil, Mestre em Planejamento de Transportes, Doutora em Engenharia de Produção. Consultora de Empresas. Ministrante de diversos cursos e palestras. Autora de livros, artigos publicados em anais de congressos, periódicos e revistas nacionais e internacionais.

Heitor Vieira
Engenheiro Civil, Mestre em Engenharia de Transportes, Doutor em Engenharia de Produção e recentemente concluiu Estágio Pós-Doutoral. Professor do curso de Pós-Graduação em Gestão Ambiental em Municípios. Ministrante de diversos cursos e palestras e autor de vários artigos publicados, anais de congressos nacionais e internacionais, periódicos e revistas nacionais e internacionais.

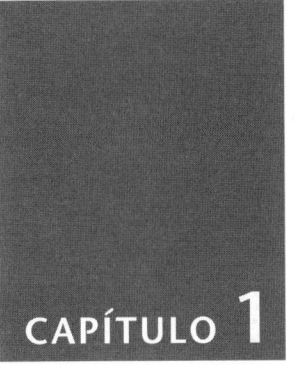

INTRODUÇÃO À GESTÃO DE FROTAS

1.1 Introdução

O termo "gestão de frotas" representa a atividade de reger, administrar ou gerenciar um conjunto de veículos pertencentes a uma mesma empresa. Essa tarefa tem uma abrangência bastante ampla e envolve diferentes serviços, como dimensionamento, especificação de equipamentos, roteirização, custos, manutenção, renovação de veículos, entre outros. Este livro aborda tais assuntos e também as alternativas de técnicas e procedimentos a serem aplicados na prática da gestão, ilustrados por meio de estudos de casos específicos.

Neste capítulo, é feita, inicialmente, uma análise sobre a estrutura do transporte rodoviário de cargas e de passageiros no Brasil. É apresentado também um panorama do mercado de serviços em suas diferentes categorias e realidades, bem como a forma pela qual estão genericamente organizadas, nos níveis macro e micro, as empresas desse segmento.

Posteriormente, são identificados e analisados os setores de uma transportadora que interagem direta ou indiretamente com a gestão de frotas. Finalmente, abordam-se a participação da frota no patrimônio e nos custos das empresas, bem como a importância da gestão de frotas, tanto para as transportadoras como para os usuários e para a economia nacional.

1.2 Considerações sobre a estrutura do transporte rodoviário no Brasil

1.2.1 O transporte de cargas

▼▽ Alguns dados da estrutura existente

O transporte de cargas pelo sistema rodoviário no Brasil tem uma estrutura respeitável e é responsável pelo escoamento, que vai desde safras inteiras da agricultura até simples encomendas.

Essa estrutura, maior que a da maioria dos outros países, gira em torno de 7,5% do nosso produto interno bruto (2,25 trilhão de dólares em 2012), ou seja, chega a aproximadamente 170 bilhões de dólares por ano.

Tal sistema é o principal meio de transporte de cargas no país e desempenha um papel vital para a economia e o bem-estar da nação. Sabe-se que assumir essa responsabilidade implica uma busca constante de eficiência e de melhoria no nível dos serviços oferecidos, o que passa necessariamente pela absorção de novas tecnologias e novos procedimentos. A prática dessa política, com certeza, contribui e continuará ajudando esse sistema a se manter em tal posição.

O transporte rodoviário de cargas no Brasil opera em regime de livre mercado, regulado segundo a Lei nº 11.442, de 5 de janeiro de 2007, a qual dispõe sobre o transporte rodoviário de cargas por conta de terceiros e mediante remuneração. Tal lei é regulamentada pela Resolução nº 3.056, de 12 de março de 2009, da ANTT. Essa resolução foi alterada pelas resoluções nº 3.196 (julho de 2009), nº 3.658 (abril de 2011), nº 3.745 (abril de 2011), nº 3.861 (07/2012) e finalmente pela Resolução nº 4675 de 17 de abril de 2015.

Para o exercício dessa atividade econômica, em regime de livre concorrência, o transportador depende de prévia inscrição no Registro Nacional de Transportadores Rodoviários de Cargas (RNTRC) da Agência Nacional de Transportes Terrestres (ANTT), nas seguintes categorias: autônomos, empresas e cooperativas.

A ANTT assume a regulamentação e fiscalização dos serviços prestados pelos transportadores, objetivando expandir e qualificar o setor. A atuação da ANTT abrange mais de 85% do transporte de cargas no Brasil e, nesse total, estão os 60,48% operados pelo modal rodoviário.

▼▽ Registro Nacional de Transportadores Rodoviários de Cargas (RNTRC)

O Registro Nacional de Transportadores Rodoviários de Cargas (RNTRC) é a certificação, de porte obrigatório, para a prestação do serviço de transporte rodoviário de cargas por empresas transportadoras, cooperativas e transportadores autônomos do Brasil. A ANTT administra o RNTRC, que veio atender a uma antiga reivindicação dos transportadores. A certificação visa regularizar o exercício da atividade, mediante habilitação formal, e disciplinar o mercado de transporte rodoviário de cargas. A ANTT sugere as seguintes vantagens:

- manter atualizados os dados da oferta do transporte rodoviário de cargas; distribuição espacial, composição e idade da frota; áreas de atuação (urbana, estadual e regional) dos transportadores;
- especialização da atividade econômica (empresas, cooperativas e autônomos) e fiscalização do exercício da atividade;
- mais informação sobre a oferta de transporte, maior segurança ao se contratar um transportador, redução de perdas e roubos de cargas e redução de custos dos seguros;
- melhora na fiscalização, já que o porte do RNTRC tem caráter obrigatório e é fiscalizado pela Polícia Rodoviária Federal, em todas as rodovias federais do país, e pelos fiscais da ANTT.

▼▽ Alguns números sobre o transporte rodoviário de cargas segundo a ANTT

A Tabela 1.1 apresenta uma síntese da distribuição da frota do transporte rodoviário de cargas no Brasil.

Tabela 1.1 Transportadores, frota e tipo de veículo

Tipo de veículo	Autônomo	Empresa	Cooperativa	Total	Participação
Caminhão leve (3,5t a 7,99t)	154.572	63.680	819	219.071	9%
Caminhão simples (8t a 29t)	486.349	279.082	3.218	768.649	33%
Caminhão trator	156.019	333.741	6.124	495.884	21%
Caminhão trator especial	1.068	3.122	102	4.292	0,2%
Caminhonete/furgão (1,5t a 3,49t)	75.519	34.332	292	110.143	5%
Reboque	12.764	32.387	247	45.398	2%
Semirreboque	134.280	476.509	7.339	618.128	27%
Semirreboque com 5ª roda/bitrem	487	2.026	78	2.591	0,1%
Semirreboque especial	290	1.473	43	1.806	0,1%
Utilitário leve (0,5t a 1,49t)	32.219	14.580	137	46.936	2%
Veículo operacional de apoio	2.052	2.681	22	4.755	0,2%
Veículos por transportador	1,20	6,80	43,10	2,10	0,0%
TOTAL	1.055.619	1.243.613	18.421	2.317.653	100%

Fonte: ANTT, 2015.

Segundo os números do RNTRC, o número de veículos por transportador vai de 1,2 por autônomo até 43,1 por cooperativa. A idade média dos veículos de carga é de 12,3 anos, sendo que, para os transportadores autônomos, que respondem por 46% do total de veículos, o valor sobe para 17,1 anos. Os veículos das empresas, que participam com 54% do total, apresentam uma idade média de 9,3 anos, e os veículos das cooperativas, que participam com 1% na frota total, têm em média 10,6 anos.

Com relação à distribuição espacial da frota pelo território brasileiro, 48% dos veículos estão localizados na região Sudeste, 29% na região Sul, 11% no Nordeste, 8% no Centro-Oeste e 4% no Norte.

As ações de regulamentação da ANTT, além de consolidarem em um único instrumento todos os atos relativos ao transporte rodoviário internacional de cargas, incluindo as disposições legais já existentes, também estabeleceram novos procedimentos para a habilitação e o recadastramento das empresas que realizam esse tipo de transporte.

Atualmente, o mercado internacional, que é atendido por mais de 2.500 empresas nacionais e estrangeiras, sofreu alterações significativas devidas à ação da ANTT, por meio da regulamentação que procura simplificar os procedimentos de habilitação.

A ANTT também regula e fiscaliza o Transporte Interestadual e Internacional de Passageiros, além do Transporte Nacional e Internacional de Cargas. A prestação do serviço de transporte rodoviário internacional de cargas depende de prévia habilitação na ANTT, mediante outorga, na modalidade de autorização, sendo essa uma das atribuições da agência.

Tabela 1.2 Empresas habilitadas por país

Origem	Habilitadas	
	Empresa	Frota
Brasileira	629	48.307
Estrangeiras	1.286	49.745
Empresas brasileiras habilitadas		
País de destino	Empresas	Frota
Argentina	425	34.417
Bolívia	106	7.896
Chile	267	23.735
Paraguai	220	21.461
Peru	52	2.710
Uruguai	268	22.888
Venezuela	12	1.400

Fonte: SCF – Sistema de Controle de Frotas – 8/15 ANTT. Disponível em: <http//appweb2.att.gov.br/tricemnumeros.asp.> Acesso em: 02 mar. 2016.

A ANTT administra, em meados de 2015, 21 concessões de rodovias, totalizando 9.969,6 km, sendo cinco concessões federais, contratadas entre 1994 e 1997, e uma no estado do Rio Grande do Sul, em 1998. Ocorreram oito concessões referentes à segunda etapa – fases I (2008) e II (2009), uma concessão referente à terceira etapa – fase II (2013) e seis concessões são partes integrantes do Programa de Investimentos em Logística, terceira etapa – fase III (2013 e 2014).

▼▽ Sistema de Controle da Frota Rodoviária Internacional de Cargas

O Sistema de Controle da Frota Rodoviária Internacional de Cargas foi desenvolvido para agilizar o fluxo de informações, oferecendo segurança e confiabilidade ao controle da frota, em consonância com o Acordo sobre o Transporte Internacional Terrestre (ATIT), principal instrumento de regulamentação desse tipo de transporte no Cone Sul. Possibilita maior controle do transporte internacional de cargas e automatiza processos internos, além de garantir maior rigidez na manutenção das informações sobre o transporte de cargas, suas frotas e licenças.

1.2.2 O transporte de passageiros

▼▽ O transporte público urbano

A Constituição determina que compete exclusivamente à União legislar sobre transporte e trânsito. Ela estabelece ser de competência dos municípios organizar e prestar, diretamente ou sob regime de concessão ou permissão, os serviços públicos de interesse local, bem como o de transporte coletivo, o qual tem caráter essencial. Diz ainda que cabe ao poder público, na forma da lei, diretamente ou sob regime de concessão ou permissão, mas sempre por meio de licitação, a prestação de serviços públicos.

Dessa forma, a responsabilidade maior fica com os municípios, que passam a ter de compreender como está estruturado o setor de transporte e como administrá-lo. A primeira providência é, então, a criação e a estruturação de um órgão para planejar e controlar esse setor. Para o município, fica o dever de atender às necessidades de deslocamento da população com segurança e confiabilidade, tendo como objetivos:

- desenvolver a qualidade ambiental do espaço urbano;
- melhorar o sistema viário existente;
- ampliar seu potencial de uso;
- minimizar o tempo de viagem;

- dar prioridade ao transporte coletivo;
- prestar informações/orientações aos usuários;
- promover a segurança do tráfego.

É comum a existência, em pequenas cidades, de um Conselho de Trânsito e Transporte ligado diretamente ao prefeito, que procura soluções de deslocamento para a sua população. Essa estrutura é conveniente para cidades com menos de 50 mil habitantes, nas quais os problemas de trânsito exigem soluções simples (Figura 1.1).

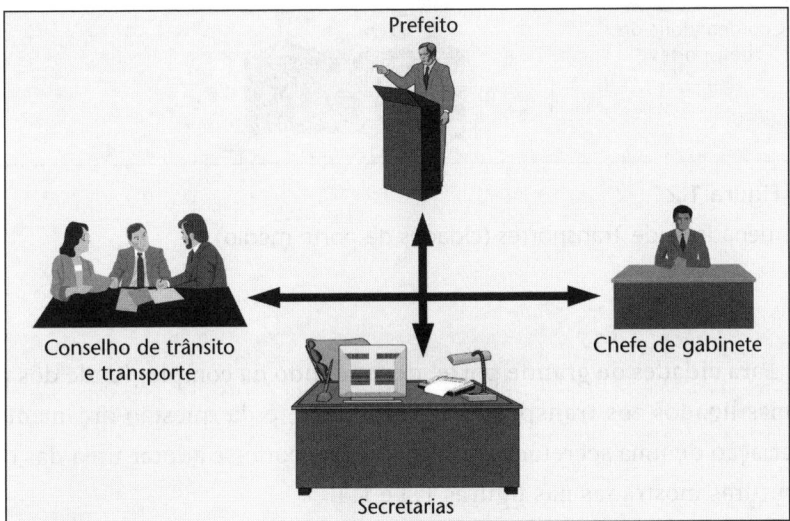

■ **Figura 1.1**
Conselho de Trânsito e Transporte (cidades pequenas).

Nas cidades de porte médio (Figura 1.2), com população entre 50 mil e 80 mil habitantes, o Conselho deve tomar a forma de uma Coordenadoria de Transportes, exigindo para sua direção pessoas especializadas no assunto, pois há necessidade de maior expertise para lidar com problemas mais complexos.

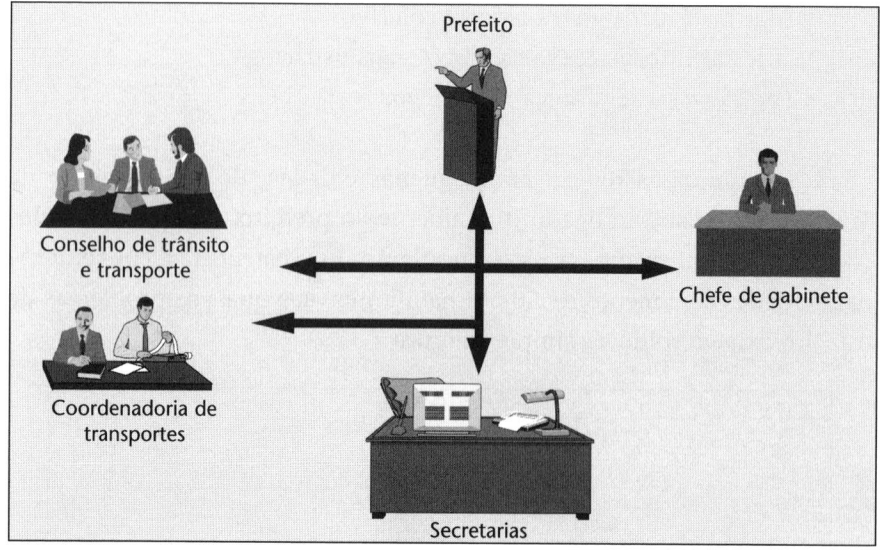

Figura 1.2
Coordenadoria de Transportes (cidades de porte médio).

Para cidades de grande porte, dependendo da complexidade dos problemas ligados aos transportes e mobilidade, e da questão orçamentária na criação de uma secretaria de transportes, pode-se adotar uma das duas estruturas mostradas nas figuras 1.3 e 1.4.

Esses quatro modelos de microestrutura de órgãos responsáveis pelo transporte em municípios podem ser montados, considerando-se os seguintes fatores:

- área do município;
- estrutura da administração municipal;
- recursos humanos e financeiros necessários.

O último item apresentado é, normalmente, a principal dificuldade enfrentada pelos municípios.

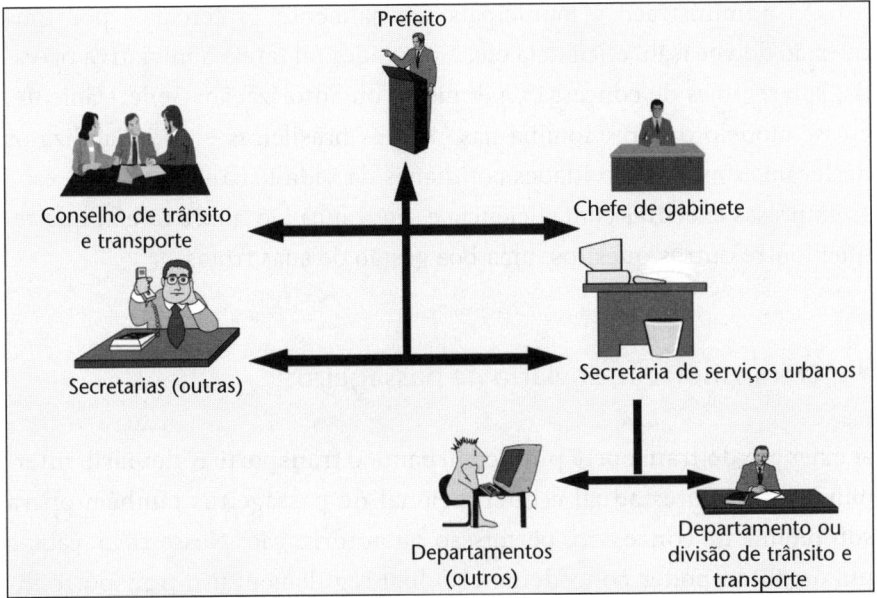

■ **Figura 1.3**
Divisão ou departamento de uma secretaria.

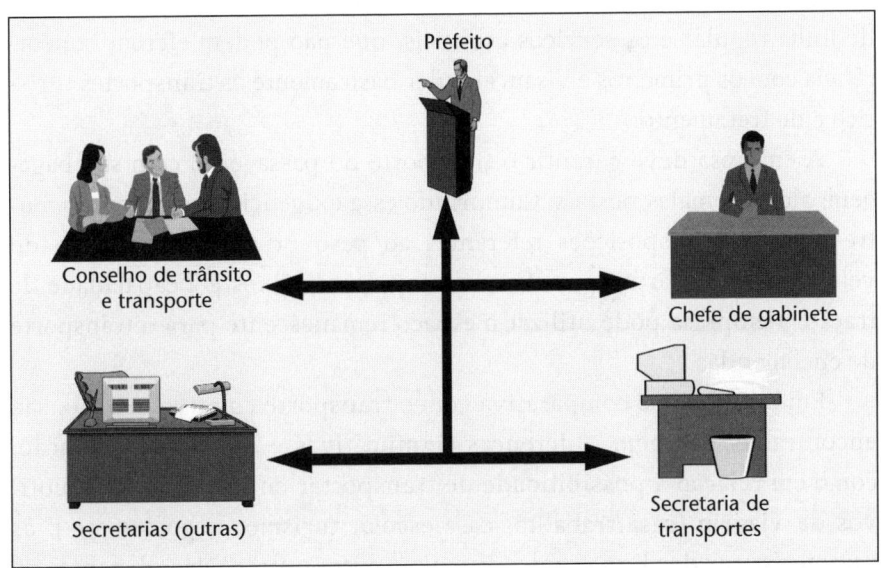

■ **Figura 1.4**
Secretaria de Transportes (cidades de grande porte).

As administrações municipais normalmente preferem – por uma questão de vocação, eficiência etc. – conceder tal tarefa à iniciativa privada, sob regimes de concessão, permissão ou autorização. Genericamente, é esse modelo que predomina nas cidades brasileiras e que viabiliza os deslocamentos e as atividades cotidianas da vida urbana. Portanto, cabe às empresas executar com eficiência e segurança tão nobre tarefa, que requer, entre outros quesitos, uma boa gestão de suas frotas.

▼▽ O transporte rodoviário de passageiros

A exemplo do transporte público urbano, o transporte rodoviário intermunicipal, interestadual e internacional de passageiros também opera sob regime de concessão, permissão ou autorização. Nesse caso, cabe a um órgão do poder concedente estadual regulamentar o transporte intermunicipal, ficando a ANTT incumbida da regulamentação e fiscalização do transporte interestadual e internacional de passageiros no território brasileiro.

Quanto aos serviços oferecidos, há aqueles que operam sob o regime de linha regular e os serviços especiais, que não podem efetuar concorrência com os primeiros e visam atender basicamente os transportes turístico e de fretamento.

A empresa deve garantir o transporte do passageiro, com sua bagagem, além de malas postais. Cumprindo essa exigência e respeitando, entre outras, as disposições referentes ao peso bruto total máximo do veículo, ao peso bruto por eixo ou conjunto de eixos e à capacidade de tração, a empresa pode utilizar o espaço remanescente para o transporte de encomendas.

Em uma análise comparativa com o transporte coletivo urbano, são encontradas, também, diferenças significativas e óbvias de operação, como em relação à possibilidade de transportar encomendas, aos motivos da viagem (casa/trabalho, casa/escola, turismo, negócios etc.), às características das linhas e dos veículos, entre outras. Não obstante, no que diz respeito a tais semelhanças e diferenças, o transporte coletivo rodoviário também ocupa papel de destaque no sistema de transporte nacional, apresentando-se como responsável por boa parte dos deslocamentos que ocorrem em sua área de atuação.

Nesse cenário, considerando a concorrência existente entre as transportadoras e com outros meios de transporte, como o avião e o automóvel, torna-se imperativo, por parte dessas empresas, a realização de uma boa gestão de suas frotas.

1.2.3 Algumas dificuldades encontradas na evolução dos processos de gestão de frotas

Levando-se em conta a realidade brasileira, há inúmeros fatores que dificultam a tão almejada maximização da eficiência e racionalização nos processos de gestão de frotas. Entre eles, podem-se citar:

- tecnicamente, os problemas relacionados à gestão de frotas e à programação dos serviços de transporte, por sua própria natureza, já são bastante complexos. Essa condição leva à adoção de procedimentos empíricos e intuitivos que, muitas vezes, estão distantes do ótimo ou do bom;
- os avanços em áreas como a informática, telecomunicações, sensoriamento remoto etc. são relativamente recentes e estão sendo absorvidos lentamente pelos transportadores;
- estes, muitas vezes, não conhecem ou não creem em determinadas técnicas ou ferramentas novas e sofisticadas que, em algumas circunstâncias, podem auxiliar na execução de suas tarefas;
- há insegurança e resistência para incluir alterações em um sistema de trabalho que, de certa forma, vem funcionando há certo tempo;
- para determinadas atividades, há carência de ferramentas ou de sistemas computacionais capazes de ajudar, a um custo acessível, ajudar as transportadoras a planejar e a executar suas operações.

1.3 A estrutura organizacional das empresas de transporte

1.3.1 Empresas de transporte de cargas

▼▽ Alguns segmentos do mercado

Segundo G. H. Schlüter (1994), inúmeros são os segmentos do mercado brasileiro de transporte rodoviário de carga, entre os quais pode-se citar:

- carga geral;
- cargas sólidas a granel;
- cargas unitizadas;
- encomendas;
- carga viva;
- cargas perigosas;
- madeira;
- cargas indivisíveis;
- móveis;
- produtos sob temperatura controlada;
- produtos siderúrgicos;
- valores;
- veículos automotores;
- cargas líquidas.

Para entender melhor o que é uma empresa de transporte, deve-se analisar a sua estrutura em dois níveis: macro e micro.

▼▽ Macroestrutura de uma empresa de transporte

Segundo Schlüter, a macroestrutura de uma empresa de transporte é representada pela existência de uma matriz que coordena as filiais e as agências. Essa coordenação é feita a partir de uma estratégia operacional, administrativa e mercadológica, que visa aproveitar toda a potencialidade do segmento. Isso é feito com o objetivo de garantir o retorno dos investimentos realizados e de avaliar sua capacidade de expansão. Definem-se, assim, a instalação e a localização geográfica de filiais e agências. O transporte de cargas entre estas é realizado por veículos apropriados para deslocamentos de longo curso, os quais têm maior capacidade estática do que aqueles empregados para as operações de coleta e distribuição.

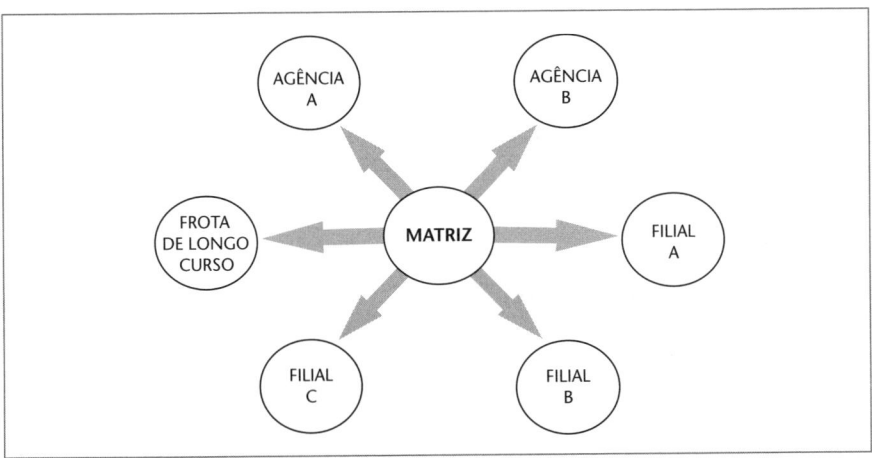

Figura 1.5
Representação da macroestrutura de uma transportadora.

As unidades que compõem uma empresa de transporte rodoviário de cargas operam juntas na prestação do serviço, mas, para efeito de análise e avaliação, são elementos distintos. A partir desse conceito, é possível medir a potencialidade de cada filial ou agência para trabalhar em conjunto com as demais e com a matriz.

▼▽ Microestrutura de uma empresa de transporte

Descrição básica
A microestrutura de uma empresa de transporte caracteriza-se pela hierarquização das funções dentro da matriz e das suas demais unidades. Em geral, são divididas em diretoria, gerência e chefia.

A matriz, como era de se esperar, tem, em sua microestrutura, uma área de atuação que atinge toda a macroestrutura da empresa. É nela que estão os principais diretores e gerentes. Eles orientam as ações da empresa para outras microestruturas existentes nas filiais e nas agências.

Nesse nível de microestrutura da matriz, a diretoria trabalha considerando o funcionamento simultâneo da empresa. Isso evita decisões isoladas de uma unidade, já que existe uma interdependência desta com a matriz.

As microestruturas das filiais são distintas das da matriz e, como verificado na prática, são esquematizadas conforme o plano estratégico de cada unidade. Dessa forma, as funções da diretoria, gerência e chefias podem ser reestruturadas em outros patamares. Há, por exemplo, a alternativa de criar uma diretoria executiva subordinada a uma diretoria de supervisão. Já no nível gerencial, é possível formalizar uma gerência de área e outra de unidade. A gerência de área funciona com uma ou mais funções; já na gerência de unidade, a atuação é mais ampla e engloba todas as funções, pois ela é a responsável pelos seus destinos.

Há uma diferenciação a ser feita, no caso das gerências, em relação ao aspecto hierárquico das unidades. Como a matriz coordena as demais, suas gerências podem situar-se em um plano superior ao das gerências das filiais. Da mesma forma, as chefias podem ser estruturadas em vários patamares.

A Figura 1.6 apresenta, conforme G. H. Schlüter (1994), um exemplo de microestrutura de empresa de transporte rodoviário de bens. Nesse exemplo, a subordinação direta dos gerentes das filiais à matriz ocorre por meio da diretoria de marketing. Isso se deve à orientação estratégica dessa empresa, a qual dá um peso maior para essa área.

O conceito de interdependência entre as unidades da macroestrutura resulta de uma metodologia denominada gestão sistêmica. Essa atuação sistêmica da matriz faz que os dirigentes tenham mais poder para a alocação de recursos a cada unidade, em função da sua importância dentro do plano estratégico da empresa.

Quando ocorrem deformações na atuação da matriz, em função da atribuição de cargos que não segue o conceito de gestão sistêmica, o seu papel principal de coordenar as demais unidades fica prejudicado.

INTRODUÇÃO À GESTÃO DE FROTAS 15

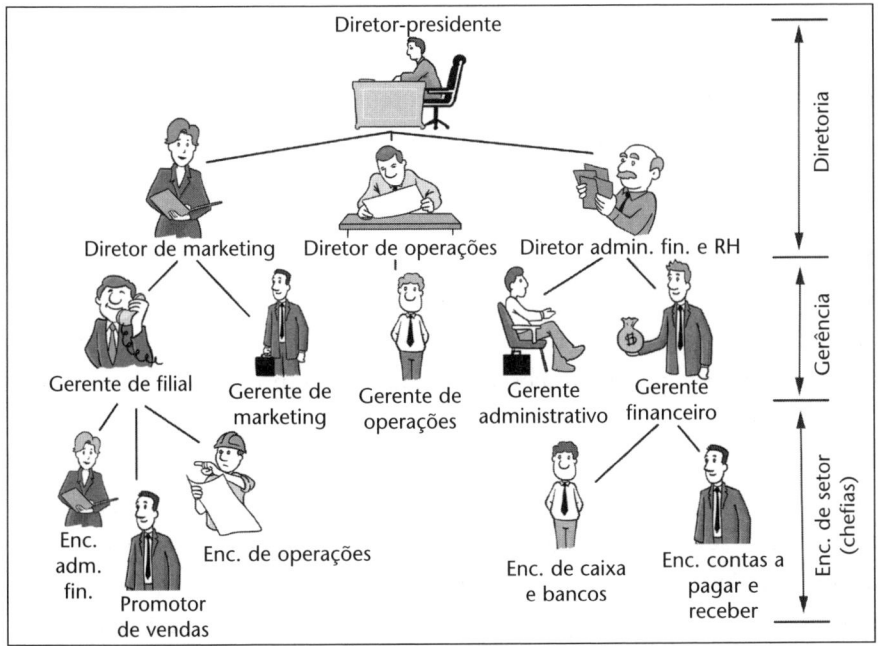

Figura 1.6
Representação da microestrutura de uma empresa de transportes: estrutura da matriz e filiais.

Em relação às filiais e agências, a condução de cada microestrutura é feita conforme suas próprias necessidades, aproveitando toda a potencialidade que o mercado oferece. O universo de cada uma é a região em que ela atua, sendo, na sua área, a responsável pela satisfação das necessidades dos clientes.

Quanto à diferenciação entre filial e agência, ela se dá no plano jurídico. A primeira é de propriedade da empresa, enquanto a segunda pertence a terceiros e está vinculada à transportadora por contrato de prestação de serviços.

No que diz respeito à gestão de frotas, para o melhor aproveitamento de cada veículo é feita uma segmentação, de acordo com as finalidades do equipamento. Em função dessa preocupação, existem dois grupos de veículos: os de longo curso e a frota de coleta e entrega. Ambos pertencem à unidade frota e, nos aspectos de política de manutenção, controle, avaliação de desempenho etc., recebem tratamento semelhante. A diferença maior em relação à estrutura da empresa é que a frota de coleta e entrega é administrada pela respectiva filial. É claro que tal situação implica também peculiaridades nos procedimentos de roteirização, programação de motoristas e dimensionamento, entre outros.

▼▽ Exercícios de análise

A seguir, com base em G. H. Schlüter (1994), são apresentados alguns exercícios de análise da estrutura organizacional de empresas de transporte.

Exercício 1

Tome-se como exemplo de organização uma empresa de carga geral que apresenta a seguinte configuração: oito filiais, 380 funcionários, quatro agências e 75 veículos que compõem a frota entre longo curso, coleta e entrega. Nela são executadas atividades em cinco funções: operações, marketing, recursos humanos, administração e finanças, e a empresa quer avaliar aspectos relacionados com a racionalização da sua estrutura e a expansão das suas atividades.

O fato de o segmento em que ela atua ser o de carga geral traz consigo uma série de possibilidades quanto às características das suas filiais e agências. Há, então, filiais recebedoras de fretes pagos ou a pagar, filiais expedidoras de fretes pagos ou a pagar, além de filiais estratégicas. O mesmo vale para as agências.

Em uma análise da empresa, sob a ótica de uma política expansionista, a potencialidade que ela terá para investimentos no futuro vai depender principalmente da opção do cliente em escolher seus serviços, além da maior racionalização em suas operações. A transportadora deve também estabelecer uma estratégia clara em relação ao tipo e à quantidade de clientes com os quais quer trabalhar.

Assim sendo, a direção de marketing passará a exercer um papel de significativa importância para o alcance de tais objetivos, pois pode garantir os clientes necessários para a sobrevivência e o crescimento da empresa.

Dependendo do volume de movimentação física e do investimento total, a empresa talvez tenha de aglutinar as funções de administração, finanças e recursos humanos. As duas primeiras, pela similaridade; a terceira, pela alta concentração de atividades rotineiras. Surge, no caso, o diretor administrativo e financeiro.

A aglutinação, contudo, não deve ocorrer nas direções de marketing e de operações. A primeira, por ser a linha de frente da empresa, é geradora de clientes e, por isso, deve ter um diretor específico. Já a de operações também precisa dessa especificidade, por se caracterizar como atividade fim da empresa e ainda porque merece um grande esforço no sentido de desenvolver novos processos de manipulação de carga e de racionalização do uso de equipamentos.

Uma vez identificada a importância do marketing no caso, deve-se ter também muito cuidado em sua aplicação. Existe, infelizmente, uma grande distância entre o discurso "a empresa deve estar voltada para o mercado" e a realidade. Na tentativa de ir ao encontro do cliente, uma transportadora pode, por exemplo, ampliar sua frota por acreditar que, para ele, é fundamental que ela tenha veículos próprios, quando, na verdade, ele está interessado na redução do tempo de transporte e na integridade de sua mercadoria.

■ Figura 1.7
Organograma da matriz.

Exercício 2

Para a direção de uma transportadora foram definidas quatro diretorias em dois níveis: diretor-presidente, diretor de operações, diretor de marketing e diretor administrativo e financeiro, conforme ilustra o organograma apresentado na Figura 1.7.

Estuda-se, agora, uma situação de divergência provocada pelo posicionamento diferenciado dos seus diretores.

O diretor de marketing identificou uma boa oportunidade de investimento e sugeriu a criação de uma nova filial. Segundo ele, um estudo realizado detectou a necessidade de operar com seis veículos de coleta e entrega. Previu também que, no primeiro ano, essa nova unidade proporcionaria um prejuízo de 25% em relação ao capital a ser investido, passando a dar lucro de 20% ao ano a partir daí.

O diretor de operações avisou que era necessário comprar tais veículos, uma vez que não havia caminhões à disposição.

Por sua vez, o diretor financeiro esfriou o ânimo do diretor de marketing. A aquisição dos veículos levaria a empresa ao nível máximo de endividamento, e o prejuízo previsto para o primeiro ano comprometeria sua liquidez.

Cada diretor, no pleno exercício da sua função, procurou cumprir com suas responsabilidades e assegurar resultados favoráveis ao seu setor. Ficou clara, nesse caso, a necessidade de um coordenador para conciliar o projeto. Caberá ao diretor-presidente atuar decisivamente nesse impasse, a fim de, a partir de uma visão sistêmica, chegar à melhor solução para a transportadora.

▼▽ **Microestrutura *versus* tamanho da empresa**

Conforme G. H. Schlüter (1994), a microestrutura de uma empresa pode variar em função do seu tamanho.

Em transportadoras de maior porte, a boa organização pode estar na colocação de um executivo em cada função, mas a microestrutura apresentada anteriormente demonstra que isso nem sempre é verdade. Um executivo pode se responsabilizar por mais de uma função. Em uma pequena empresa, a colocação de um executivo por função pode criar uma estrutura administrativa muito grande para sua dimensão.

A plena ocupação das cinco diretorias é acompanhada de uma série de gerentes de área. Eles representam objetivos específicos da empresa e atendem a cada particularidade do mercado.

A principal característica dessa microestrutura é a especialização das funções. A seguir são apresentados exemplos da microestrutura da matriz

Figura 1.8
Microestrutura da matriz com a coordenação das filiais pelos diretores regionais.

de uma grande empresa e da microestrutura de uma microempresa (figuras 1.8 e 1.9).

Quanto maior o nível de especialização, maior a necessidade de "detalhar" a microestrutura da empresa. Além disso, quanto mais complexa ela for, mais qualificação técnica terão os ocupantes dos cargos criados.

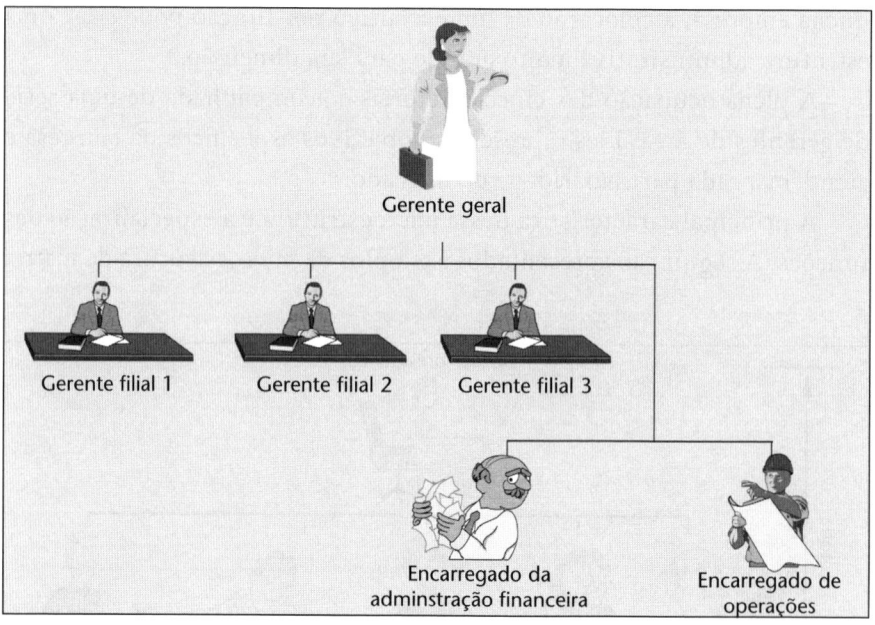

Figura 1.9
Microestrutura de uma microempresa de transporte rodoviário de bens.

Para as microempresas, fica a obrigação de se ajustarem conforme suas condições. Geralmente, o dirigente de maior nível dentro da microestrutura deve reunir características que lhe permitam ser eclético na gestão. Isso não significa que o dirigente vai passar a acumular funções, mas sim que certas circunstâncias exigem que a tomada de decisão parta do dirigente principal. Ele, por sua vez, deve ter capacidade e reflexão para

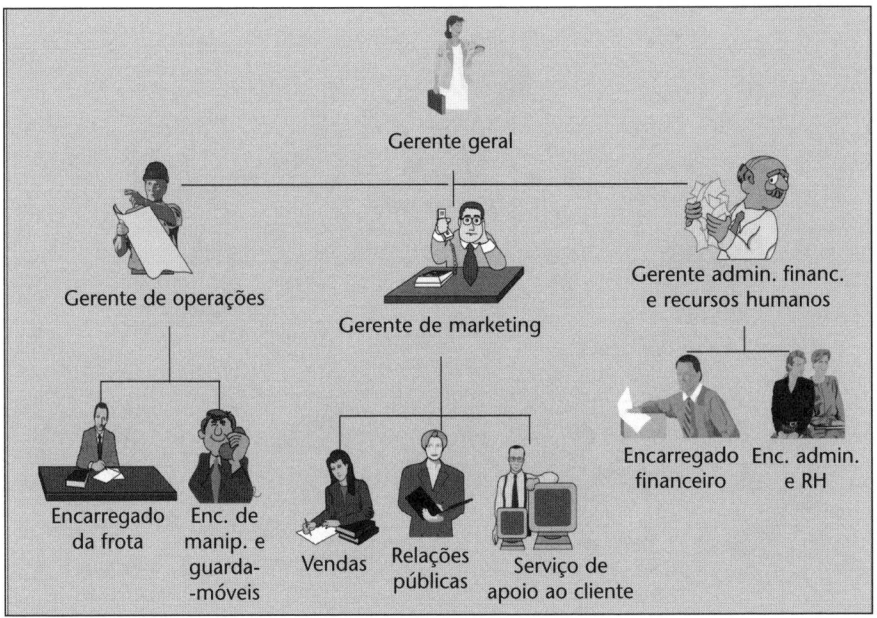

Figura 1.10
Microestrutura de uma empresa de mudanças que atua com uma unidade.

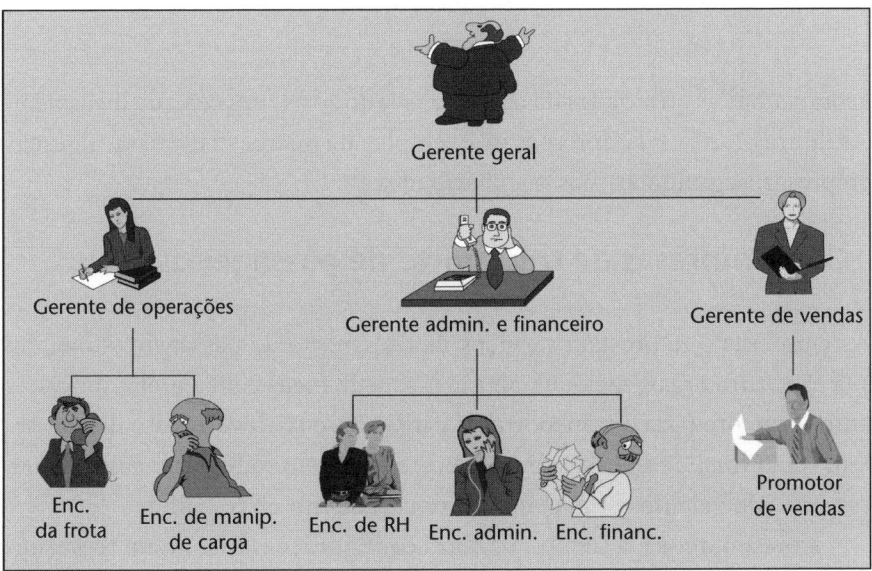

Figura 1.11
Microestrutura de empresa de transporte de móveis novos que atua com uma unidade.

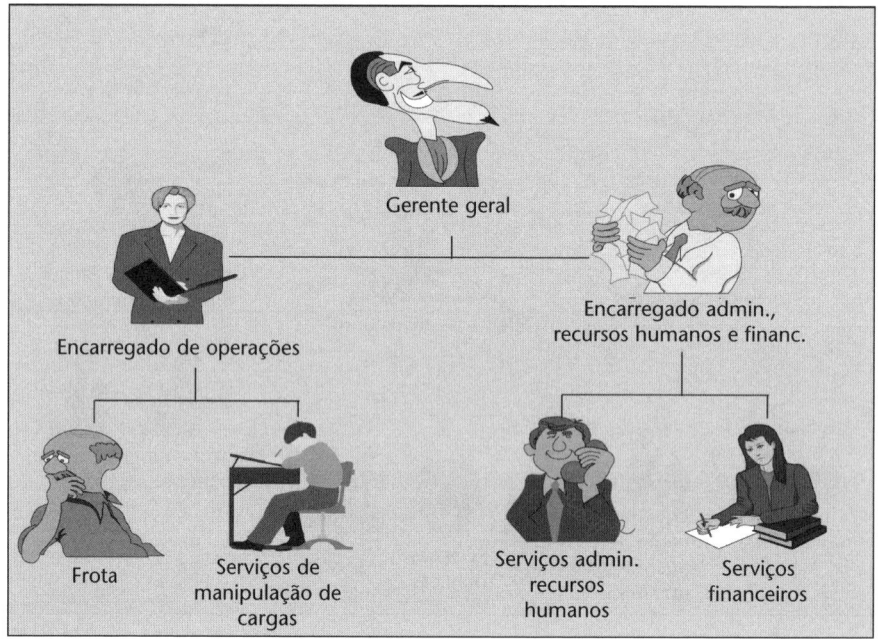

Figura 1.12

Microestrutura de empresa de transporte de carga própria que opera com uma unidade.

acompanhar as atividades da empresa, segundo as funções que lhe cabem. As figuras 1.10 a 1.12 apresentam exemplos de microestrutura de algumas empresas, segundo as suas peculiaridades.

1.3.2 Empresas de transporte de passageiros

As empresas que prestam serviços de transporte de passageiros têm, em sua estrutura organizacional, algumas semelhanças com aquelas descritas anteriormente para o transporte de cargas. Isso se deve ao fato de elas terem como finalidade básica o transporte por meio rodoviário e utilizarem esse tipo de veículo como principal equipamento de trabalho.

Apresentam-se, a seguir, algumas configurações que visam representar a estrutura básica de empresas dos segmentos urbano e rodoviário. Elas foram obtidas com transportadoras que atuam em tais setores. É evidente que cada organização tem suas peculiaridades, e as figuras a seguir servem como exemplo para ilustrar essas estruturas.

▼▽ Transporte público urbano

A estrutura funcional de uma empresa de transportes pode se desenvolver a partir do conselho administrativo. Ele é eleito conforme estabelecido em contrato social e é composto por um determinado número de membros, com mandato para deliberação sobre os principais assuntos que envolvem os destinos da empresa, como determinar prioridades de metas e objetivos e deliberar sobre a composição funcional da empresa, estabelecendo sua organização operacional.

Abaixo desse conselho, a empresa deve dispor de uma diretoria executiva, que terá a incumbência de gerir os seus destinos e será composta pelo diretor-presidente e outros diretores. No escalão seguinte, haverá as gerências executivas, que comandarão as chefias setoriais, que, por sua vez, serão responsáveis pelo pessoal de apoio.

A empresa poderá dispor também de órgãos em nível de *staff*, como um para auditoria interna e outro para consultoria e assessoria. O primeiro ajudará a diretoria na fiscalização e correção dos diversos setores da organização, envolvendo-se com todos os programas de auditagem. O segundo dará a assessoria e atenderá às consultas da direção, para que as pendências e questões relevantes sejam resolvidas da melhor forma possível.

Figura 1.13
Organograma hierárquico básico.

Como complementos à estrutura legal da empresa, pode-se ter a participação de órgãos externos, como de auditoria externa e assistência técnico-profissional, envolvendo empresas e serviços terceirizados, os quais podem atuar conforme orientação da diretoria executiva.

As figuras 1.14a, 1.14b e 1.14c ilustram a configuração descrita, na qual cada nível se organiza da seguinte maneira:

■ **Figura 1.14a**
Organograma hierárquico – transporte público urbano.

■ **Figura 1.14b**
Organograma hierárquico – transporte público urbano.

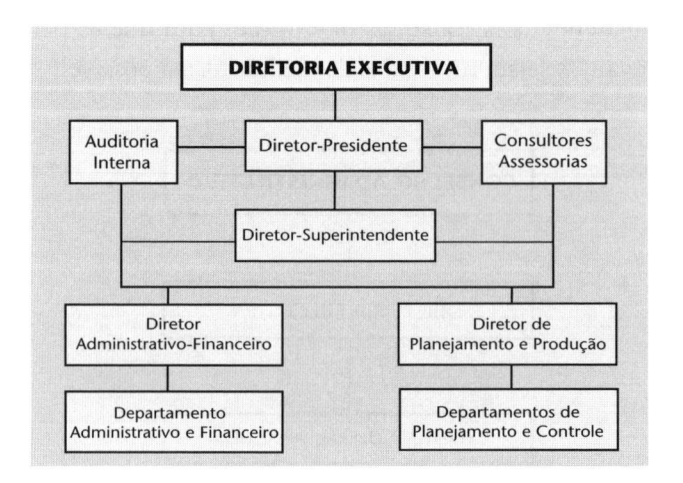

ESTRUTURA OPERACIONAL GERAL

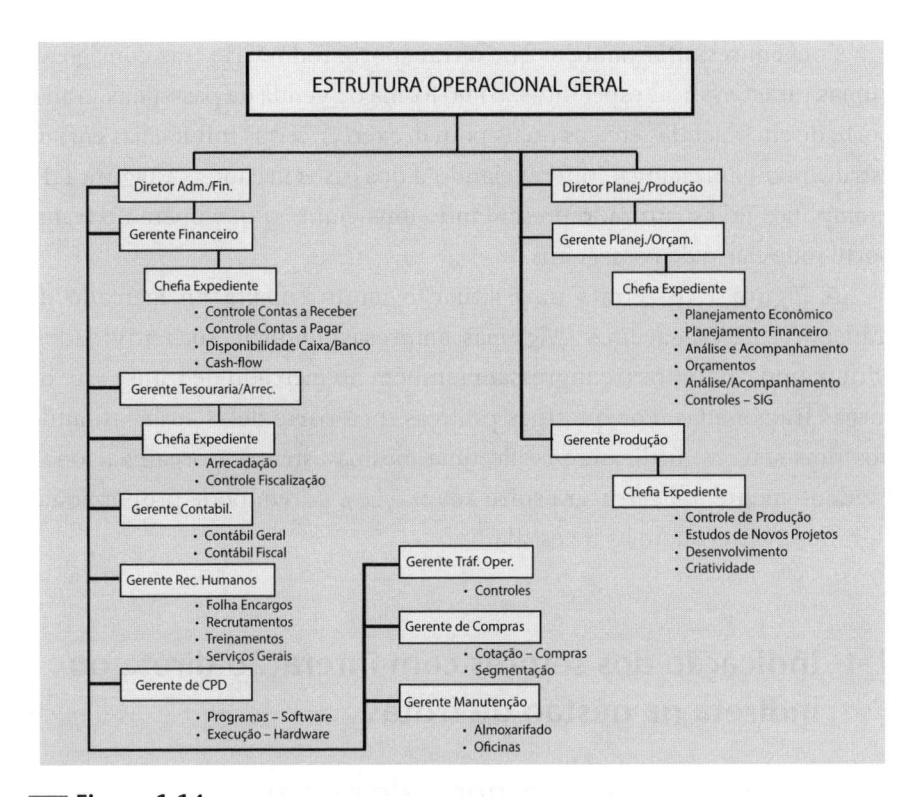

Diretor Adm./Fin.
- Gerente Financeiro
  - Chefia Expediente
    - Controle Contas a Receber
    - Controle Contas a Pagar
    - Disponibilidade Caixa/Banco
    - Cash-flow
- Gerente Tesouraria/Arrec.
  - Chefia Expediente
    - Arrecadação
    - Controle Fiscalização
- Gerente Contabil.
  - Contábil Geral
  - Contábil Fiscal
- Gerente Rec. Humanos
  - Folha Encargos
  - Recrutamentos
  - Treinamentos
  - Serviços Gerais
- Gerente de CPD
  - Programas – Software
  - Execução – Hardware

Diretor Planej./Produção
- Gerente Planej./Orçam.
  - Chefia Expediente
    - Planejamento Econômico
    - Planejamento Financeiro
    - Análise e Acompanhamento
    - Orçamentos
    - Análise/Acompanhamento
    - Controles – SIG
- Gerente Produção
  - Chefia Expediente
    - Controle de Produção
    - Estudos de Novos Projetos
    - Desenvolvimento
    - Criatividade
- Gerente Tráf. Oper.
  - Controles
- Gerente de Compras
  - Cotação – Compras
  - Segmentação
- Gerente Manutenção
  - Almoxarifado
  - Oficinas

▬▬ **Figura 1.14c**
Organograma hierárquico – transporte público urbano.

▼▽ Transporte rodoviário

Conforme exemplificam os casos apresentados anteriormente, o segmento do transporte rodoviário de passageiros também exige das empresas uma diretoria que basicamente pode ser composta pelo diretor-presidente e, reportando-se a ele, uma diretoria executiva que, dependendo das peculiaridades da organização, pode ser composta pelos diretores comercial, financeiro, de manutenção, de operações e de recursos humanos.

Podem-se encontrar, nos níveis seguintes, as atividades pertinentes a gerências específicas, chefias e atividades de apoio, abrangendo todos os setores da organização.

Convém ressaltar também que o transporte rodoviário traz consigo algumas características específicas, como forma de venda de passagens, transporte de encomendas etc., as quais podem exercer certas influências em sua estrutura organizacional, diferenciando-a dos casos urbanos. A Figura 1.15 exemplifica tal estrutura, representando uma empresa que opera no transporte rodoviário de passageiros.

A Figura 1.16 retrata uma situação muito comum no mercado de transporte de passageiros. Algumas empresas ampliam suas atividades, adquirindo caminhões, e ingressam também no mercado de transporte de cargas fracionadas. Por questões práticas, boa parte delas acaba atuando nos dois setores, utilizando-se de uma mesma estrutura organizacional. Evidentemente, tal estrutura sofre adaptações, porém pode proporcionar significativas economias de escala.

1.4 Indicação dos setores com interação direta ou indireta na gestão de frotas

1.4.1 Empresas de transporte de cargas

▼▽ Diretorias

Considerando, de modo geral, a existência de cinco diretorias que administram as atividades de uma empresa de transporte (administração; operações; finanças; marketing e recursos humanos), a diretoria de operações é a que está ligada diretamente à gestão da frota.

É evidente que, dependendo da microestrutura da transportadora, pode haver outros setores também vinculados. É o caso, por exemplo, da ligação direta efetuada, em função de uma política adotada pela empresa, entre a diretoria de marketing e as gerências de determinadas filiais (ver Figura 1.6).

Conforme já descrito por G. H. Schlüter (1994), o setor de operações controla todos os meios utilizados para garantir as atividades de movimentação das cargas e a administração. Nele, estão incluídos os serviços realizados pela equipe de operações, os veículos de coleta e entrega e os

INTRODUÇÃO À GESTÃO DE FROTAS 27

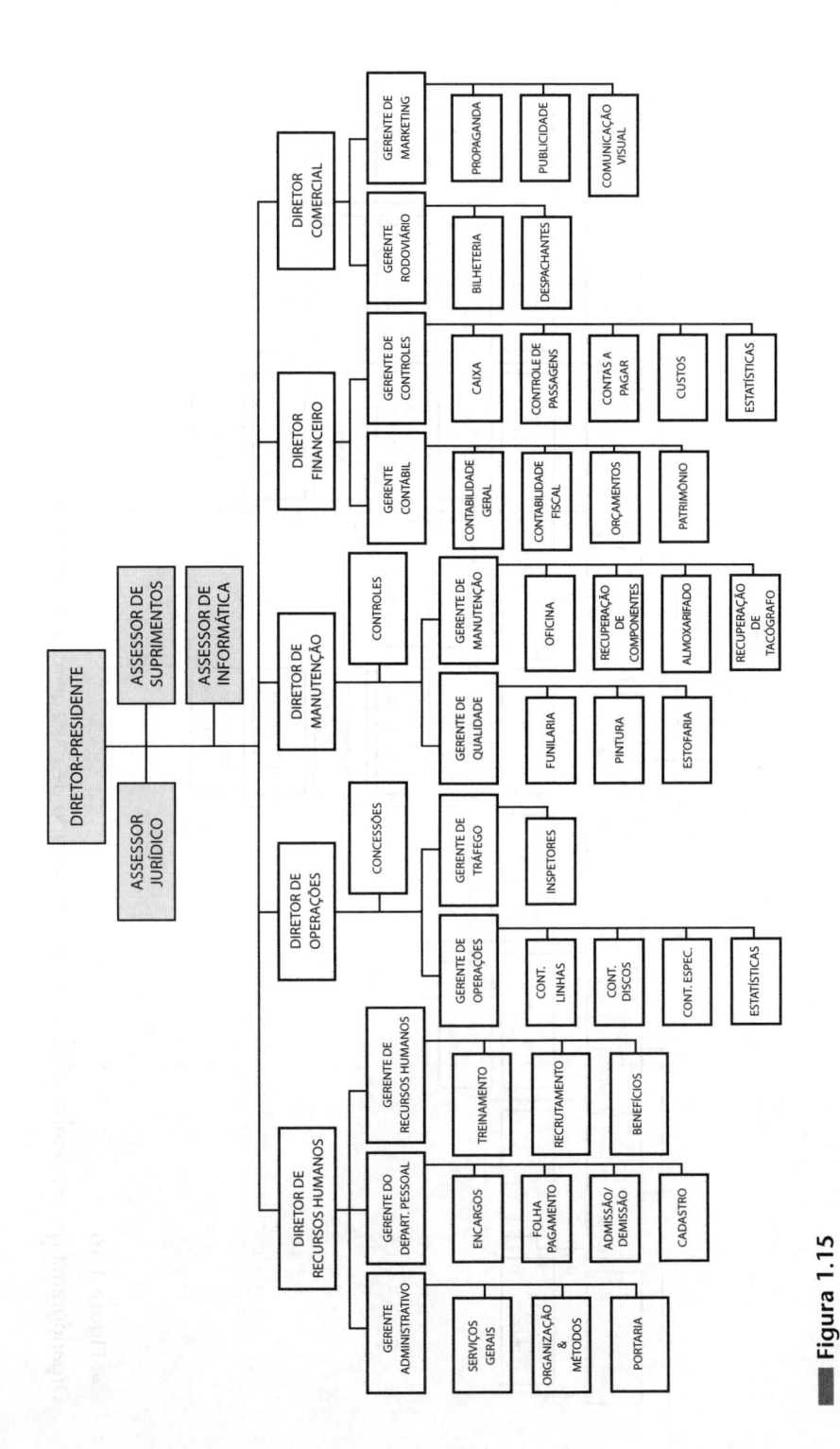

Figura 1.15
Organograma de uma empresa de transporte rodoviário de passageiros.

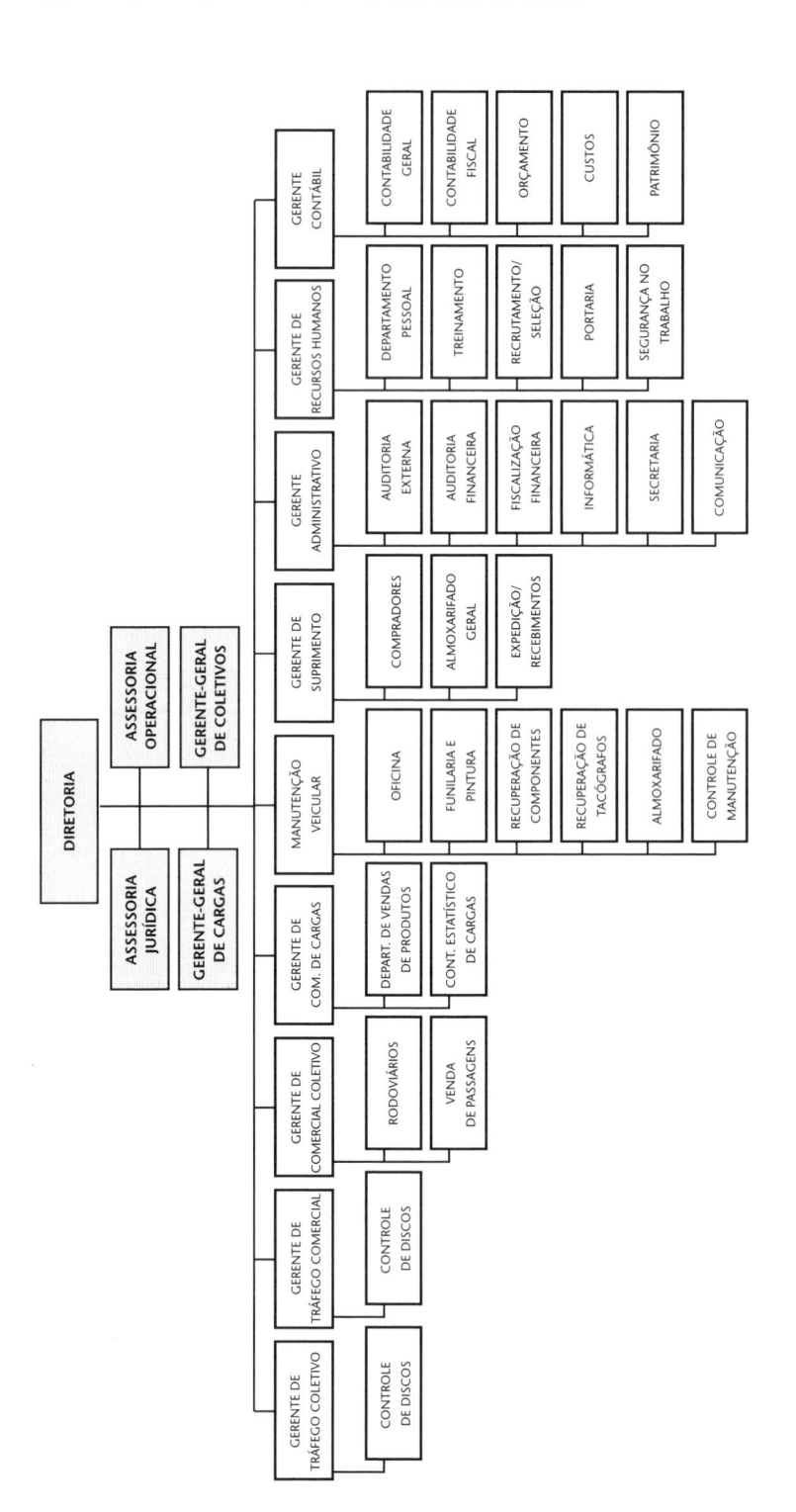

Figura 1.16
Organograma de uma empresa de transporte rodoviário de passageiros e encomendas.

de longo curso, a manutenção e os postos de serviço da empresa. Inclui ainda os armazéns e o pessoal desse setor, a área física de movimentação, além de instalações e equipamentos de movimentação interna de cargas.

Resumindo, a diretoria de operações é responsável por toda a execução do serviço. Enquanto a diretoria de marketing é a responsável pela ocorrência da solicitação do transporte, a de operações é responsável pela sua execução, bem como pelo seu padrão de qualidade.

Ainda segundo Schlüter (1994), várias atividades estão vinculadas à função operações, tais como:

- avaliação do desempenho da frota;
- avaliação do índice de produtividade dos armazéns da empresa;
- avaliação e investigação da ocorrência de faltas, sobras e avarias;
- contratação de veículos autônomos;
- despacho de veículos;
- determinação dos padrões de operação da empresa;
- dimensionamento da frota de longo curso;
- execução de reforma de motor;
- manipulação interna da carga;
- realização de coletas;
- realização de carregamentos;
- reformulação do *layout* do armazém.

▼▽ Gerências

Conforme mostrado anteriormente, podem-se ter, na diretoria de operações, as gerências de frota e de operações, as quais são, de modo geral, responsáveis pelas seguintes funções:

Gerente de frotas

- acompanhamento da conservação e manutenção da frota de coleta e entrega;

- avaliação do desempenho da frota;
- controle sobre a aplicação das normas e políticas relativas à contratação de veículos de terceiros, tanto para as operações de longo curso como para as de coleta e entrega;
- estabelecimento dos padrões de serviços prestados pela frota;
- programação e controle da frota de longo curso;
- solução de sinistros, no que se refere à frota;
- supervisão dos serviços de manutenção.

Além disso, as atividades de translação da carga entre filiais e todos os aspectos pertinentes à frota de coleta e entrega são de responsabilidade desse gerente.

Gerente de operações

- avaliação da produtividade da equipe de movimentação interna da carga de cada filial;
- estabelecimento dos padrões de produtividade na movimentação física das cargas;
- estabelecimento dos padrões de serviços prestados pelas filiais;
- estudo de racionalização da movimentação física da carga;
- estudo de reformulação do *layout* dos armazéns das filiais;
- exame dos casos de avaria motivada pela movimentação física ou faltas decorrentes do processo de controle da movimentação física;
- supervisão da aplicação da metodologia de movimentação física da carga nos armazéns da empresa;
- supervisão da aplicação da política tarifária da empresa, no que se refere à densidade dos bens transportados.

Estão incluídos também, nessa gerência, a supervisão e o controle dos armazéns, entre outras atividades.

1.4.2 Empresas de transporte de passageiros

Visando estabelecer uma abordagem genérica a esse assunto e com base nos organogramas apresentados, podem-se destacar alguns setores das empresas de transporte de passageiros que exercem maior influência e têm maiores responsabilidades sobre a gestão de frotas.

▼▽ **Diretorias**

Dentro de uma visão geral para tais tipos de organizações, podem-se destacar, como diretorias que atuam mais diretamente na gestão dos veículos, a de operações e a de manutenção. A diretoria de operações é a responsável pela aplicação das concessões, dos contratos existentes, e pelo tráfego e controles operacionais da frota. A diretoria de manutenção, por sua vez, encarrega-se de conservar a frota em condições adequadas de transporte, considerando, entre outros aspectos, a segurança, o conforto e a economia. Analisando ainda outras diretorias, existe, por exemplo, a de recursos humanos, cuja atuação tem influência direta no desempenho da frota. É por meio dela que são feitos a seleção e o treinamento dos motoristas.

Além disso, evidentemente, há também o diretor-presidente. Como autoridade máxima da empresa, ele tem poderes deliberativos e executivos e, por isso, envolve-se diretamente na gestão da frota.

Dado que, por questões estratégicas, de habilidades ou mesmo circunstanciais, na prática os organogramas podem variar de empresa para empresa, é comum encontrar as funções anteriormente descritas em diretorias denominadas como de administração, de produção ou de planejamento.

Todavia, não se podem desvincular totalmente as demais diretorias, uma vez que elas constituem um sistema que tem por finalidade prestar serviços de transporte. Dessa forma, têm-se, por exemplo, a diretoria financeira, que controla custos e viabiliza a renovação da frota, e a de marketing, que cuida dos projetos de pintura e comunicação visual dos veículos. Notadamente para o transporte não urbano (no qual o usuário não é cativo e há uma estrutura com filiais e transporte de encomendas), a atividade de marketing pode ganhar *status* de diretoria. É por meio dela que a empresa pode assegurar, e até mesmo ampliar, sua fatia de mercado e sua receita.

▼▽ Gerências

Vinculadas à diretoria de operações, as gerências de tráfego, operações e/ou produção inspecionam veículos, rotas e horários, controlando discos e outros registros operacionais, fazem estatísticas e até mesmo estudam novos projetos e processos de controle. Conforme o porte da empresa e a demanda por tais atividades, pode ocorrer a junção ou a separação dessas gerências.

A gerência de manutenção, indispensável em qualquer empresa, encarrega-se de fazer a recuperação de componentes, administrar a oficina e o almoxarifado, executar serviços de funilaria e pintura, entre outros. Mesmo no caso de manutenção terceirizada, é necessário acompanhar e administrar os trabalhos de manutenção preventiva, corretiva e emergencial dos veículos.

Quanto à gerência de recursos humanos, suas atividades de recrutamento, treinamento e acompanhamento do pessoal de tripulação têm influência decisiva na gestão de frotas.

Em raciocínio análogo ao do item anterior, a gerência comercial ou de marketing pode apoiar a diretoria comercial ou de marketing e as gerências de controle (acompanhando custos) e de contabilidade ou de orçamentos (elaborando orçamentos e analisando o patrimônio) podem fornecer suporte à diretoria financeira.

Quando há o uso da informática, o gerente de CPD (centro de processamento de dados) pode auxiliar na gestão de frotas, emitindo relatórios de custos, de controles, de roteirização, de programação e alocação de veículos etc.

1.5. Importância da frota no patrimônio e nos custos das empresas de transporte

Com base em levantamentos realizados, não é fácil precisar, numericamente, um padrão de participação percentual da frota no patrimônio e nos custos das empresas. Essa parcela pode variar caso a caso e depende, por exemplo, da natureza e dos objetivos da organização (carga própria, de terceiros, passageiros, fretamento, entre outros) e também da forma como os veículos são incorporados e contabilizados na frota (*leasing*, financiamento, aluguel etc.).

Entretanto, é notório que a frota representa, exceto nos casos de carga própria, a grandeza da empresa. É com seus veículos que ela obtém receitas, desenvolve serviços e amplia seus negócios. Portanto, mesmo em uma abordagem qualitativa, pode-se assegurar que a referida participação é bastante significativa, o que faz da frota o principal equipamento da transportadora. Decorre daí a necessidade de uma boa gestão.

1.6 Importância da gestão de frotas

1.6.1 Para a economia nacional

A precariedade de um sistema de transporte tem um custo a ser pago. Esse custo corresponde ao atraso por ele causado no desenvolvimento da nação. Um país socialmente desenvolvido possui sempre um sistema eficiente de movimentação de pessoas e de cargas. Não é por acaso que os países mais ricos são os que dispõem dos melhores sistemas de transporte, comprovando que o tamanho do PIB está intimamente relacionado com a qualidade dos transportes.

Portanto, para prosseguir no caminho do desenvolvimento, são necessários um bom planejamento, a construção e a manutenção de estradas e também a criação das condições para que os transportadores possam, periodicamente, renovar e ampliar suas frotas.

O crescimento da demanda por combustíveis nos últimos anos e a dificuldade de expandir a infraestrutura do parque de refino nacional tornaram o abastecimento de combustíveis no mercado brasileiro uma preocupação. O segmento de transporte foi o que liderou ocrescimento da demanda. Somente entre 2011 e 2012 o consumo do setor de transporte de carga e de passageiros cresceu a uma taxa de 7,2%, elevando a demanda por óleo (RODRIGUES E LOSEKANN, 2015).

Tabela 1.3 Evolução da importação de petróleo e derivados e do PIB

Especificação	2000	2001	2002	2003	2004	2005	2006	2007	2008	2009	2010	2011	2012
(1.000 m³/dia) Importação líquida de petróleo	60,2	48,7	23,1	16,2	36,9	16,6	–1,2	2,5	–3,9	–21,1	–46,5	–43,4	–37,5
(1.000 m³/dia) Importação líquida de derivados	23,2	7,2	5	–5,1	–11,1	–13,9	–9	–4,6	5,3	2,1	37,2	46	33,4
PIB (bilhões US$)	645	554	504	553	664	882	1.089	1.367	1.654	1.620	2.143	2.477	2.246

Com base em dados da ANP e Banco Mundial.

O comportamento da demanda por diesel está associado às variações do PIB, e o crescimento acentuado do índice desde 2003 foi acompanhado de um crescimento da dependência externa do diesel, conforme mostra a Tabela 1.3, elaborada com dados da ANP e do Banco Mundial.

Segundo o Balanço Energético Nacional, o transporte rodoviário no Brasil consome, em óleo diesel, algo equivalente a 27% do petróleo consumido no país. Como mostra a Tabela 1.3, o Brasil importa derivados de petróleo a uma taxa crescente desde 2004, acompanhando o crescimento do PIB, embora haja redução na importação líquida de petróleo. A partir da análise desses números, pode-se avaliar melhor o quanto tais cifras representam e o quanto uma boa gestão de frotas pode beneficiar a nossa economia.

Outro aspecto a ser destacado é que o sistema rodoviário é o principal responsável pelo escoamento das cargas no Brasil, respondendo por aproximadamente 60% do total. Sua frota transporta desde simples encomendas até safras inteiras, abastecendo as cidades e viabilizando o desenvolvimento econômico do país.

Igual destaque deve ser dado para a frota de ônibus, a qual representa, tanto no sistema urbano como no rodoviário, a principal alternativa para o deslocamento de pessoas.

1.6.2 Para as empresas

Tendo em vista que no Brasil o transporte de cargas opera em um mercado altamente competitivo, a eficiência na gestão de frotas torna-se um fator decisivo para o crescimento e, até mesmo, para a sobrevivência das empresas.

Para o caso das empresas de carga própria, a má gestão pode implicar custos elevados de transporte e, como consequência, comprometer o relacionamento comercial com boa parte dos clientes.

O transporte de passageiros, por sua vez, é operado sob regime tarifário, havendo, por parte dos órgãos concedentes, um poder de controle sobre os custos e a operação das frotas. Para estabelecer o valor das tarifas, existem planilhas com rígidos parâmetros de consumo e de desempenho, de modo que o lucro da empresa vai depender fundamentalmente da gestão adequada da sua frota.

1.6.3 Para os embarcadores, usuários e consumidores

O transporte é indispensável para conectar a produção e o consumo, logo o custo desse serviço, ou seja, o custo operacional dos veículos, será um componente importante do preço final dos produtos e que será pago pelo comprador da mercadoria.

Deve-se considerar que uma melhoria na gestão de frotas em um mercado de fretes concorrencial, vai se refletir na redução dos custos de transporte e, consequentemente, no preço final dos produtos. Além desse benefício ao consumidor, ganharão também o produtor e o embarcador, que poderão atingir novos mercados e ampliar suas vendas.

Analogamente, uma gestão mais eficiente da frota de transporte coletivo proporcionará maior racionalização ao sistema, o que beneficiará não só os transportadores na utilização dos seus recursos, como também os usuários, uma vez que as reduções obtidas no custo total do sistema podem refletir diretamente em suas tarifas.

Nos próximos capítulos, serão descritos e discutidos modernas técnicas e procedimentos de gestão de frotas. Tais abordagens visam fornecer ao diretor, técnico ou gerente de transportadora informações úteis e práticas que possam auxiliá-los nessa árdua tarefa que é gerir, com eficiência e lucratividade, uma frota rodoviária.

1.7 Referências bibliográficas

ANTP. Programa de Capacitação Gerencial. *Gerenciamento de transporte público urbano* – Instruções básicas – v. 1. Módulo 1. Associação Nacional dos Transportes Públicos, 1990.

ANTT. Registro Nacional de Transportadores Rodoviários de Cargas – RNTRC. Disponível em: <http://www.antt.gov.br/index.php/content/view/4969/RNTRC_em_Numeros.html>. Acesso em: 26 ago. 2015.

BANCO MUNDIAL. *A evolução do PIB do Brasil*. Disponível em: <https://pt.wikipedia.org/wiki/Evolução_do_PIB_do_Brasil>. Acesso em: 19 ago. 2015.

CARVALHO, C. A. B. *Procedimento de otimização do desempenho do transporte coletivo por ônibus*. 1984. Dissertação de Mestrado – Instituto Militar de Engenharia, Rio de Janeiro.

CONGRESSO DE PESQUISA E ENSINO EM TRANSPORTES. São Paulo, 1993. *Anais...* São Paulo: Anpet, 1993.

DAIBERT, J. R. *Avaliação do desempenho de transporte coletivo por ônibus*. 1983. Dissertação de Mestrado – Instituto Militar de Engenharia, Rio de Janeiro.

DESTRI J. J. *Simulação empresarial em empresas de transporte rodoviário de cargas*. 1992. Dissertação de Mestrado – Universidade Federal de Santa Catarina, Florianópolis.

Gerência do Sistema de Transporte Público de Passageiros (STPP). Módulo de Treinamento. EBTU – Empresa Brasileira de Transportes Urbanos. Brasília, 1988.

IBP. Instituto Brasileiro de Petróleo, Gás e Biocombustíveis. Disponível em: <http://200.189.102.61/SIEE/dashboard/ExternalDependencyOnPetroleum And ByProducts>. Acesso em: 18 ago. 2015.

BRASIL. Lei n. 11.442, de 05 de janeiro de 2007. Dispõe sobre o transporte rodoviário de cargas por conta de terceiros e mediante remuneração e revoga a lei n. 6.813, de 10 de julho de 1980. Disponível em: <https://legislacao.planalto.gov.br/legisla/legislacao.nsf/viwTodos/D28CBA0FA054964F8325725D003EC1B-D?OpenDocument&HIGHLIGHT=1,>. Acesso em: 27 fev. 2016.

RECK, G. *Análise econômica das empresas de transporte rodoviário de carga*. 1983. Dissertação de Mestrado – Universidade Federal do Rio de Janeiro, Rio de Janeiro.

Revista *As Maiores do Transporte*, n. 5, n. 6, n. 7. São Paulo: OTM, 1992/93/94.

Revista *Carga e Transporte*, n. 55, 70, 78, 81, 88, 89, 92, 94, 95, 96, 99, 110. São Paulo: Técnica Especializada.

Revista do Transporte e Tecnologia, n. 13. Universidade Federal da Paraíba, Campina Grande, jul. 1994.

Revista *Transporte Moderno*, n. 337, 354, 357, 363, 365. São Paulo: OTM.

Revista *Transporte Moderno*, n. 20. Suplemento – custos e fretes. São Paulo: OTM.

RODRIGUES, N.; LOSEKANN, L. Análise da demanda por óleo diesel no Brasil. 5th Latin American Energy Economics Meeting, 2015.

SCHLÜTER, H. G. *Gestão da empresa de transporte rodoviário de bens*, Porto Alegre: Heka, 1994. 2 v.

UELZE, R. *Logística empresarial*. São Paulo: Pioneira, 1974.

———. *Transporte e frotas*. São Paulo: Pioneira, 1978.

VALENTE, A. M. *Um sistema de apoio à decisão para o planejamento de fretes e programação de frotas no transporte rodoviário de cargas.* 1994. Tese de Doutorado – Universidade Federal de Santa Catarina, Florianópolis.

CAPÍTULO 2
DIMENSIONAMENTO DE FROTAS

2.1 Considerações gerais

Os índices de produtividade alcançados por muitas empresas de transporte são os melhores já conseguidos nesse setor. Entre os motivos para atingir esses índices, está a especialização da gestão nas empresas. Inicialmente, o avanço foi induzido pela presença de filhos de empresários, com formação superior, na administração. Eles foram precursores da profissionalização nos serviços no setor.

Entretanto, apesar desses números animadores, ainda há muito a conquistar. Existem fatores que fazem a produtividade, no setor de transportes, apresentar um índice bem abaixo de outros ramos da economia, como veículos com características inadequadas, má conservação das vias, congestionamentos e a lentidão nas operações de carga e descarga ou embarque e desembarque.

As pesquisas revelam que o transporte rodoviário de cargas apresenta apenas 43% de ocupação de sua capacidade total. O caminhão médio é o campeão da ociosidade, enquanto o caminhão extra-pesado, com capacidade superior a 40 toneladas, destaca-se por ser o mais utilizado (com sobrecarga, em média, de 3,4 toneladas sobre o seu peso recomendado, em 57,4% das viagens).

A inadequação de alguns veículos começa na hora da compra. É comum empresários comprarem um caminhão pensando mais no preço de revenda do que na sua adequação ao serviço.

Falta também melhor relacionamento desses empresários com os fabricantes de veículos, com a finalidade de melhor compatibilizar necessidades com produtos disponíveis. Um exemplo é o não aproveitamento das medidas limites permitidas pela legislação. Em geral, são utilizados veículos de 16 metros, embora a legislação permita até 18,5 metros.

Outro exemplo de utilização inadequada é alocar caminhões de grande porte e pesados em viagens aos centros urbanos, onde, normalmente, acabam perdendo parte de seu tempo em congestionamentos, que eles mesmos contribuem para formar. Para esses casos, uma solução que deveria ser mais difundida é a criação de centrais de recebimento de cargas. Dali, elas seriam embarcadas em veículos de menor porte que fariam a distribuição urbana, evitando assim tais transtornos.

2.2 Previsão de demanda

Prever o futuro é algo sonhado pela humanidade já faz muitos séculos. Fazer planejamento é buscar prever um pouco do futuro. Evidentemente, as previsões procuram basear-se em dados e na experiência profissional – e nesse caso seriam mais corretamente chamadas de predições. Mas, ainda assim, projetar uma demanda futura nos sistemas de transporte é estar sujeito a margens de erro, que variam conforme as mudanças de mercado. O grau de certeza dos resultados vai depender da finalidade e da amplitude do estudo realizado. Por isso, antes de estabelecer operações matemáticas que permitam estimar a demanda futura, é necessário fazer uma análise que abranja os seguintes itens:

- estudo de todo o setor dentro do qual se efetuará o cálculo da demanda;

- identificação das informações que possibilitem decidir o que interessa ou não para planejar a demanda pelos transportes;
- estudo específico dos meios ou sistemas envolvidos no plano, bem como de todas as variáveis que possam afetar a procura por transportes.

2.2.1 O mercado

Independentemente da área de atuação e da finalidade dos serviços que executa, uma empresa está sempre sujeita às leis do mercado. Segundo a natureza da concorrência existente, os mercados podem ser classificados em:

- mercados de concorrência perfeita;
- mercados de concorrência imperfeita.

▼▽ Mercados de concorrência perfeita

Os mercados de concorrência perfeita são aqueles com as seguintes características:

- em função do grande número de compradores ou vendedores, nenhuma empresa consegue, sozinha, influenciar os preços;
- o preço é o principal fator para a compra dos produtos, por não haver diferenças entre eles;
- quando todos os compradores e vendedores conhecem perfeitamente as condições do mercado, diz-se que o mercado é perfeitamente transparente;
- quando o ingresso e a saída do mercado são livres a compradores e vendedores, o mercado apresenta perfeita mobilidade dos seus integrantes.

Figura 2.1
Situação de concorrência perfeita.

Concorrência perfeita	
Transportadora A	Transportadora B
Frete R$ 10,00	Frete R$ 8,00
Transportadora D	Transportadora C
Frete R$ 7,00	Frete R$ 11,00

Essa situação ideal nem sempre ocorre na prática. No Brasil, o transporte rodoviário de cargas apresenta uma situação próxima de ideal, pois existe um contingente considerável de empresas de porte semelhante que oferecem serviços nas mesmas condições. Além disso, é fácil conhecer os preços das concorrentes, assim como é fácil um novo transportador entrar no mercado, ocorrendo uma situação de liberdade de escolha por parte dos usuários dessas empresas.

▼▽ Mercados de concorrência imperfeita

Os mercados em que a concorrência é imperfeita são aqueles nos quais ocorrem:

- **Monopólio** – Quando há apenas uma empresa no mercado. Ela passa a determinar os preços e a qualidade dos serviços. No setor de transportes, os casos de monopólio são comuns, sendo muitas vezes exercido por empresas estatais ou concessionárias dos serviços de transporte.
- **Oligopólio** – Quando há um conjunto de poucas empresas, todas interdependentes e sensíveis a mudanças de preços. Qualquer iniciativa de um concorrente pode derrubá-las, o que as leva a atuar em conjunto para determinar suas participações no mercado, evitando a guerra de preços.

Concorrência imperfeita

Monopólio — Empresa A — Frete R$ 20,00

Oligopólio — Empresa A Frete R$ 20,00 — Empresa B Frete R$ 20,00

Figura 2.2
Situação de concorrência imperfeita.

2.2.2 Modelos de previsão de demanda

▼▽ **Conceitos e informações básicas**

A determinação da demanda por transportes é feita a partir de fatores externos que a afetam, em virtude da profunda relação existente entre ela e os demais setores da atividade econômica.

Para a previsão da demanda nas empresas, muitas vezes são usados conhecimentos empíricos do mercado, informações baseadas em planos setoriais e ainda modelos matemáticos, cuja fórmula pode ser representada por:

$$Y = F(X_1, X_2, ..., X_n)$$

Onde:

Y = variável de transporte, cujo comportamento se deseja estudar.

$X_1, X_2, ..., X_n$ = variáveis explicativas ou série histórica do comportamento de Y.

A variável Y (explicada) pode ser, por exemplo, a tonelagem média diária a ser transportada por uma empresa daqui a dois anos ou o número de passageiros a serem atendidos em dezembro do próximo ano.

As variáveis explicativas ($X_1, X_2, ...X_n$) podem ser os dados que normalmente influenciam a demanda por transportes, como população, renda *per capita*, produto interno bruto, produção industrial, safra ou qualquer outra variável que possa indicar o comportamento do transporte no futuro. Os modelos que relacionam a variável que se quer prever com outras chamadas explicativas são do tipo *cross section* de transversal.

Um modelo que relaciona a variável que se quer projetar com o ano ou com o tempo se chama modelo de série temporal ou longitudial. No caso do desenvolvimento de um modelo de série temporal, a variável X corresponderá a um determinado ano ou período.

Ao construir um modelo, é preciso ter atenção aos seguintes aspectos:

- as variáveis explicativas devem realmente estar relacionadas com o que se quer prever;
- as variáveis explicativas devem ter comportamento futuro passível de previsão com bom grau de certeza;
- os modelos devem fornecer os resultados mais precisos possíveis. Para isso, deve-se exigir um ajustamento perfeito das variáveis à função especificada para explicar a demanda.

As funções de demanda mais utilizadas são:

- função linear:

$$y = a_0 + \sum_{i=1}^{n} a_i x_i = a_0 + a_1 + a_1 x_1 + a_2 x_2 + ... + a_n x_n$$

- função do 2º grau: $y = a_0 + a_1 x + a_2 x^2$
- função potência: $y = a_0 x_1^{a_1} x_2^{a_2} ... x_n^{a_n}$
- função exponencial: $y = a_0 b^x$
- função de Gompertz: a^{bx}
- função logística: $y = \dfrac{a_0}{1 + l^{a_1 - a_2 x}}$

Na Figura 2.3, tem-se um conjunto de pares ordenados (x,y) dispostos em diagrama de dispersão.

Os pontos indicados representam dados com os quais se deve procurar ajustar a melhor função que expresse a relação entre as variáveis *x* e

Figura 2.3
Diagrama de dispersão.

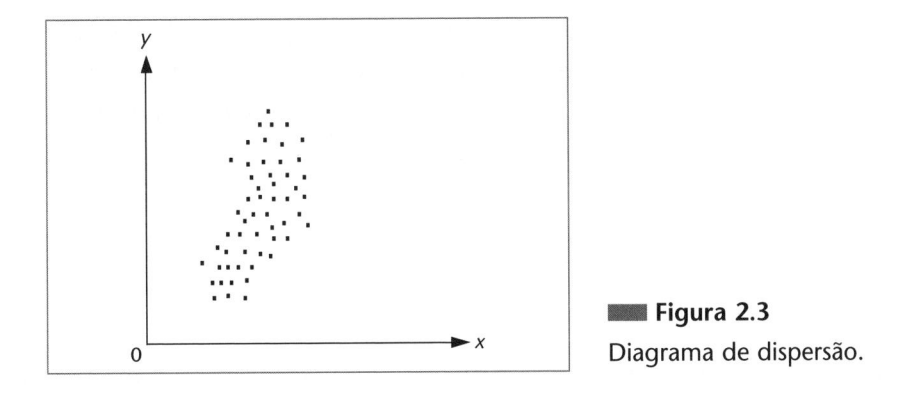

y. O critério mais usado para realizar esse ajustamento é o dos "mínimos quadrados". Ele tem uso bastante difundido e pode ser encontrado em programas estatísticos, planilhas eletrônicas e até mesmo em calculadoras. Por meio dele, procura-se ajustar uma curva C ao diagrama de dispersão, de modo que o somatório dos quadrados de desvios (d) da curva aos pontos do diagrama seja mínimo.

A Figura 2.4 ilustra tal situação.

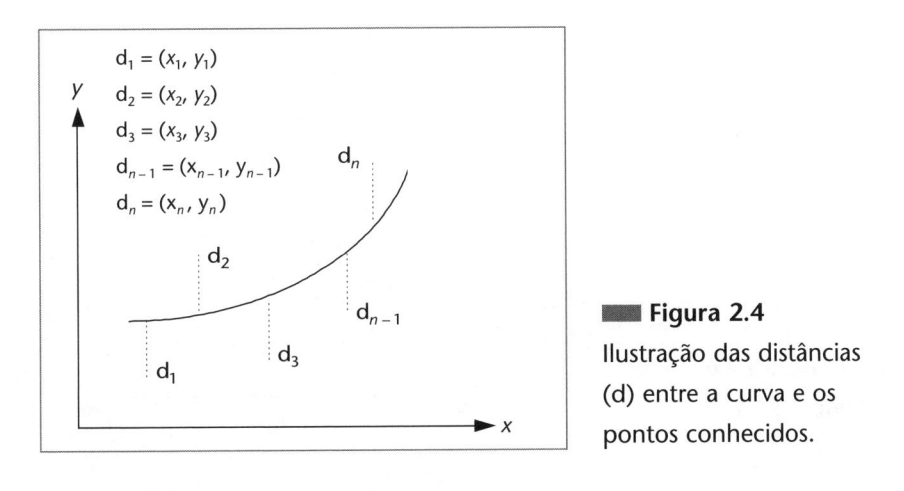

$d_1 = (x_1, y_1)$
$d_2 = (x_2, y_2)$
$d_3 = (x_3, y_3)$
$d_{n-1} = (x_{n-1}, y_{n-1})$
$d_n = (x_n, y_n)$

Figura 2.4
Ilustração das distâncias (d) entre a curva e os pontos conhecidos.

Para determinar a qualidade do ajustamento das funções especificadas ao diagrama de dispersão, deve-se verificar se a curva de mínimos quadrados representa realmente o fenômeno que está ocorrendo.

O grau de ajustamento de uma curva ao diagrama de dispersão é dado pelo coeficiente de correlação (R), que varia de zero a um. Na Figura 2.5, o ajuste é perfeito, pois a curva cobre todos os pontos do diagrama. Nesse caso, o somatório dos quadrados dos desvios (d) é igual a zero e R = 1.

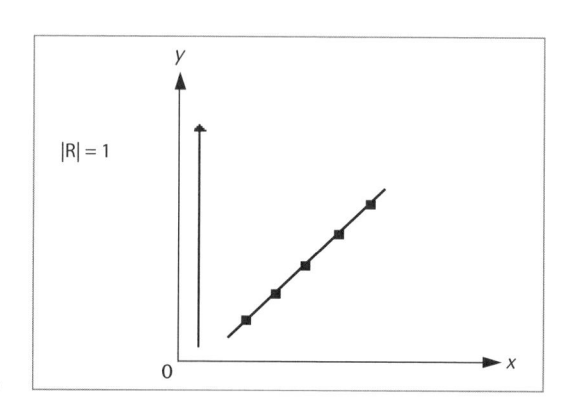

Figura 2.5
Função com ajuste perfeito.

Na Figura 2.6, a curva especificada não conseguiu representar o fenômeno que originou o diagrama de dispersão. Nesse caso, não existe relação entre x e y, e R = 0.

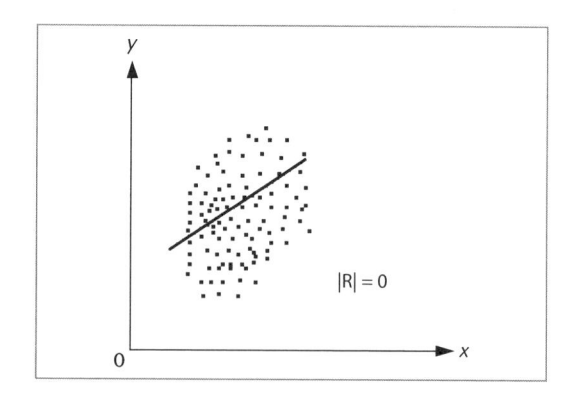

Figura 2.6
Função sem ajuste.

▼▽ **Efeitos das flutuações sazonais**

Outro fator bastante importante que deve ser considerado na determinação da demanda é o efeito das flutuações sazonais. Toda empresa de transporte está sujeita aos efeitos da sazonalidade, quando, por exemplo, em feriados prolongados ocorre aumento de tráfego ou quando se faz o escoamento da produção na época da colheita de uma safra agrícola. A Figura 2.7 ilustra esses efeitos.

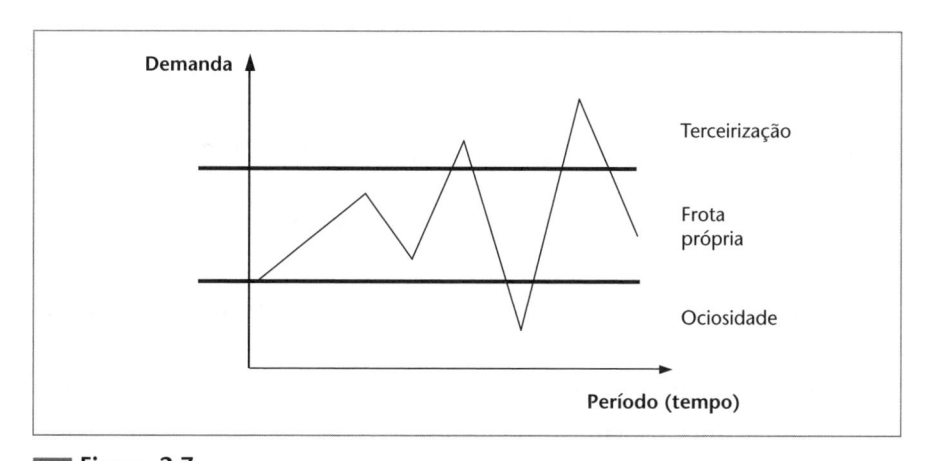

Figura 2.7
Impacto da variação da demanda na utilização da frota.

Exemplo
Este exemplo ilustra o que foi visto neste item. A Tabela 2.1 mostra a quantidade de carga transportada por uma empresa (momento de transporte), com dados hipotéticos, entre 1985 e 1994.

Tabela 2.1 Carga transportada

X	Ano	Y (milhões de t.km)
1	1985	18,9
2	1986	21,6
3	1987	21,8
4	1988	25,9
5	1989	28,1
6	1990	28,1
7	1991	30,1
8	1992	34,0
9	1993	35,1
10	1994	36,2

Com esses dados, pede-se que sejam determinados:

a. a reta de regressão de mínimos quadrados;
b. o coeficiente de correlação;
c. a projeção de transporte para o ano 2000.

Respostas:

a. Feitos os cálculos, a equação de ajustamento determinada foi:

$$Y = 17{,}19 + 1{,}96X$$

onde: X = o número de anos a partir de 1985, ou seja, X = 1, 2, ...15, 16,....

b. O coeficiente de correlação foi determinado em R = 0,99, o que indica um excelente ajustamento.
c. Com a equação obtida, pode-se prever a quantidade de transporte para o ano 2000. Conforme a tabela de dados, tem-se para esse ano X = 16.

$$Y = 17{,}19 + 1{,}96 \times (16) = 48{,}55 \text{ milhões de t.km.}$$

Em condições normais, o valor projetado deve ficar bem próximo do verdadeiro, em razão do excelente grau de ajustamento da função ao diagrama de dispersão.

2.3 Dimensionamento da frota para uma demanda conhecida

2.3.1 Transporte de cargas

Determinar o número de veículos necessários para o transporte solicitado é uma análise relativamente simples, mas que muitas vezes não é realizada. Dimensionar uma frota a partir de uma variedade de aspectos como o percurso que será realizado, o peso da carga e as condições das estradas

DIMENSIONAMENTO DE FROTAS   49

evita consequências indesejáveis, como maiores custos em função da ociosidade dos veículos ou da subcontratação de terceiros.

Para realizar o dimensionamento da frota, aconselha-se que os seguintes procedimentos sejam seguidos:

- determinar a demanda mensal de carga;
- fixar os dias de trabalho/mês e as horas de trabalho/dia;
- verificar as rotas a serem utilizadas, analisando aclives, condições de tráfego, rugosidade da pista, tipo de estrada (asfaltada, de terra, cascalhada) etc.;
- com dados sobre as rotas, determinar a velocidade de cruzeiro no percurso;
- determinar os tempos de carga, descarga, espera, refeição e descanso do motorista etc.;
- analisar as especificações técnicas de cada modelo de veículo disponível na praça, a fim de determinar o que melhor atende às exigências para o transporte desejado;
- identificar a capacidade de carga útil do veículo escolhido;
- calcular o número de viagens/mês possíveis de serem realizadas por veículo;
- determinar o número de toneladas transportadas por veículo.

O número de veículos necessários é obtido dividindo-se a demanda mensal de carga pela quantidade de carga transportada no mês por veículo. A esse valor, devem-se acrescentar mais veículos, proporcionalmente à frota calculada. Isso serve para manter um sistema de revisão preventiva, substituir veículos avariados etc.

Com o correto dimensionamento da frota, pode-se obter uma expressiva redução dos custos.

▼▽ **Exemplo de dimensionamento da frota**

O exemplo apresentado a seguir baseia-se no documento *Administração e transporte de cargas*, produzido pela Gerência de Marketing da Mercedes-Benz (1988):

Uma empresa deseja saber o número de veículos necessários (frota homogênea) e a quilometragem média mensal que cada veículo terá de percorrer, para atender o volume de carga mensal a ser transportada. O equipamento a ser utilizado é um semirreboque graneleiro.

Dados
Os dados do problema são os seguintes:

• **Veículo**
- peso do chassi: 5.400 kg;
- peso bruto total do veículo: 35.000 kg;
- peso do semirreboque ou reboque: 7.250 kg;
- peso de outros equipamentos: 350 kg;
- velocidade operacional: 55 km/h na ida e 70 km/h na volta.

• **Carga**
- tipo de carga a ser transportada: soja;
- peso específico da carga quando granel: 750 kg/m^3;
- carga mensal a ser transportada: 3.900 t/mês.

• **Operacionais**
- tempo de carga e descarga: 85 min. na ida e 0 na volta;
- distância a ser percorrida: 414 km na ida e 430 km na volta;
- jornada útil de um dia de trabalho: 8 h;
- número de turnos de trabalho por dia: 2;
- número de dias úteis de trabalho por mês: 25 dias;
- número de dias previstos para manutenção por mês: 2 dias.

Solução:

A. **Cálculo do peso total do veículo (tara)**: é a soma dos itens peso do chassi em ordem de marcha + peso da carroçaria sobre chassi + peso do semirreboque ou reboque + peso de outros equipamentos.
Peso total do veículo = 5.400 + 0 + 7.250 + 350 = 13.000 kg

B. **Cálculo da carga útil do veículo (lotação)**: é a diferença entre o peso bruto total do veículo e a tara.
Carga útil = 35.000 − 13.000 = 22.000 kg

C. **Cálculo do número de viagens mensais necessárias**: é a divisão da carga mensal a ser transportada em um sentido pela lotação de um veículo.

$$\text{Número de viagens mensais (da frota homogênea)} = \frac{3.900.000}{22.000} = \frac{177,27}{\text{viagens/mês}}$$

D. **Cálculo do tempo total de viagem**:
- Primeiro, calcula-se o tempo de viagem de ida. É a divisão da distância a ser percorrida na ida pela velocidade operacional do veículo no percurso de ida.

$$\text{Tempo de viagem na ida} = \left(\frac{414}{55}\right) \times 60 = 452 \text{ min.}$$

- Depois, calcula-se o tempo de viagem na volta. É a divisão da distância a ser percorrida na volta pela velocidade operacional do veículo no percurso de volta.

$$\text{Tempo de viagem na volta} = \left(\frac{430}{70}\right) \times 60 = 369 \text{ min.}$$

- O tempo total de viagem é a soma do tempo de ida + o tempo de volta + o tempo de carga e descarga na ida + o tempo de carga e descarga na volta.
Tempo total de viagem = 452 + 369 + 85 + 0 = 906 min.

E. **Cálculo do tempo diário de operação**: é o produto obtido multiplicando a jornada útil de um dia de trabalho pelo número de turnos de trabalho por dia.
Tempo diário de operação = 8 × 2 × 60 = 960 minutos (operação efetiva).

F. **Cálculo do número de viagens de um veículo por dia**: é a divisão do tempo diário de operação pelo tempo total de viagem.

Número de viagens de um veículo por dia = $\dfrac{960}{906}$ = 1,05 viagem/dia.

G. **Cálculo do número de viagens de um veículo por mês**:
   - Primeiro, calcula-se o número de dias de operação do veículo por mês. É igual à diferença entre o número de dias úteis de trabalho e o número de dias previstos para manutenção.
   Número de dias de operação/mês = 25 − 2 = 23 dias
   - Depois, multiplica-se esse resultado pelo número de viagens que cada veículo realiza por dia.
   Número de viagens de um veículo por mês = 23 × 1,05 = 24,15 viagens/mês.

H. **Cálculo do número de veículos necessários na frota**: é o resultado da divisão do número de viagens mensais necessárias pelo número de viagens de um veículo por mês.

   Quantidade de veículos = $\dfrac{177,27}{24,15}$ = 7,35

   Como esse valor tem de ser inteiro, estabelece-se que o número de veículos é igual a 8.

I. **Cálculo da capacidade de transporte mensal de um veículo em um sentido**: é o produto obtido multiplicando a lotação do veículo pelo número de viagens de um veículo por mês.
   Capacidade de transporte por veículo, por sentido = 22.000 × 24,15 = 531.300 kg/mês.

J. **Cálculo da capacidade de transporte mensal da frota em um sentido**: é o produto obtido multiplicando o número de veículos necessários na frota pela capacidade de transporte mensal de um veículo em um sentido.
   Para 8 veículos, tem-se a seguinte capacidade média mensal:
   8 × 531.300 = 4.250.400 kg.

K. **Cálculo da diferença entre a capacidade de transporte da frota e a carga mensal a ser transportada.**
Para 8 veículos, tem-se: 4.250.400 − 3.900.000 = 350.400 kg.

L. **Cálculo da quilometragem média diária de um veículo**: é o produto obtido multiplicando a distância total a ser percorrida pelo caminhão (ida + volta) pelo número de viagens de um veículo por dia.
Quilometragem média diária por veículo = (414 + 430) × 1,05 = 886,20 km.

M. **Cálculo da quilometragem média mensal de um veículo**: é o produto obtido multiplicando o número de viagens de um veículo por mês pela quilometragem por viagem de um veículo.
Quilometragem média mensal por veículo = 24,15 × 844 = 20.382,60 km.

Observação: essa informação é muito importante para o cálculo do custo operacional.

2.3.2 Transporte de passageiros

▼▽ **Frota total**

A operação de uma linha de transporte público exige que haja disponibilidade de veículos, ou seja, quantidade suficiente para assegurar o atendimento da demanda no nível de serviço previsto, nos períodos de pico (máxima solicitação). Tal quantidade constitui a chamada frota efetiva.

Além disso, para a substituição de veículos, em caso de quebras e acidentes, deve haver um número extra de ônibus, proporcional ao tamanho da frota. Isso possibilita também o rodízio de veículos, em escala de manutenção geral preventiva. Esse número constitui a frota reserva, muitas vezes estimada em 10% da frota efetiva.

Assim, a frota total necessária para a correta operação da linha é a soma das duas, ou seja:

Frota total (FT) = frota efetiva (FE) + frota reserva (FR).
No caso, tem-se: frota reserva = 10% da frota efetiva.
Então: FT = 1,10 × FE.

▼▽ Frota Operacional

Em uma linha de transporte público existe uma movimentação cíclica dos veículos, de forma que, depois de iniciada a viagem e transcorrido um determinado intervalo de tempo, o veículo retorna à posição original para reinício de uma nova viagem.

Esse período de tempo é chamado tempo de ciclo, e nele são considerados os tempos de viagem (ida + volta) e os tempos nos pontos de parada e terminais (extremos das linhas).

Pode-se observar esse movimento cíclico no croqui apresentado na Figura 2.8, a qual mostra que a quinta viagem necessária à operação da linha pode ser cumprida pelo primeiro veículo, que já terá retornado ao ponto inicial.

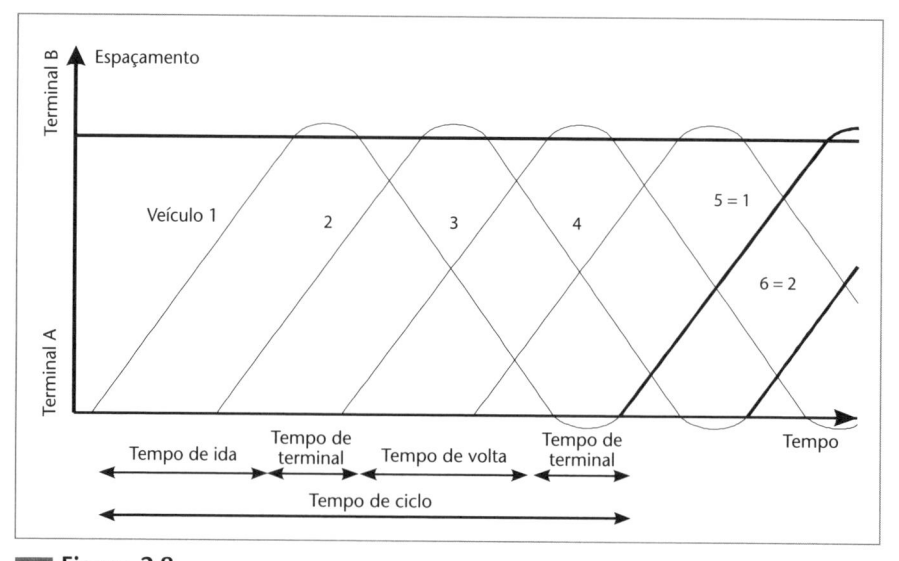

Figura 2.8
Gráfico da frota operacional.

Em razão da variação temporal da demanda, notadamente nas linhas urbanas, há necessidade de um constante ajuste nas frotas em operação para os diferentes períodos típicos do dia (H). Essas frotas são denominadas frotas operacionais (FO) do período.

Para determinar as frotas necessárias à operação de uma linha em estudo, devem-se comparar os tempos de ciclo (T_c) com as durações dos períodos típicos (H).

Entende-se como período típico (H) aquele em que os intervalos entre as partidas dos veículos (I) são iguais; por exemplo, a cada 5 minutos, a cada 10 minutos etc. Podem, então, ocorrer diferentes situações:

Situação 1

É o caso em que o período típico (H) é igual ou maior que o tempo de ciclo (T_c).

$$H \text{ igual ou maior que } T_c: H \geqslant T_c$$

Como se pode observar na Figura 2.9, a frota deve ser suficiente para atender ao período equivalente ao tempo de ciclo. Isso porque, a partir do retorno do primeiro ônibus, não há necessidade de novos veículos para a operação.

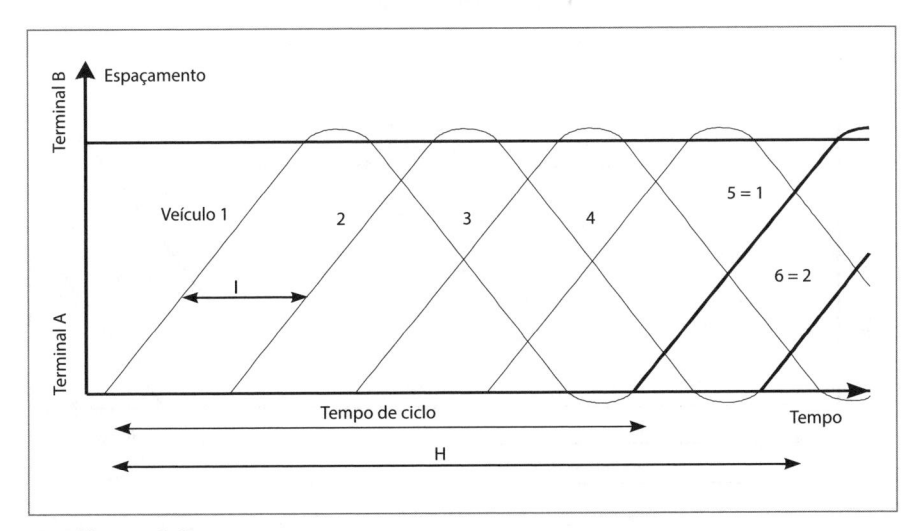

Figura 2.9
Gráfico da frota operacional.

Dessa forma, a frota operacional necessária para atender à demanda em um determinado período de estudo é calculada pela seguinte equação:

$$FO = \frac{T_c}{I}$$

onde: (I) = intervalo de tempo entre veículos ou intervalo entre as partidas dos ônibus.

Exemplo:

- período de análise = período típico (H) = 120 minutos;
- tempo de ciclo (T_c) = 90 minutos;
- intervalo entre as partidas dos ônibus (I) = 6 minutos.

Frota necessária para atender à demanda no período de análise = 90/6 = 15 ônibus (sem considerar a frota reserva).

Situação 2

Nesse caso, o período típico (H) é menor que o tempo de ciclo (T_c).

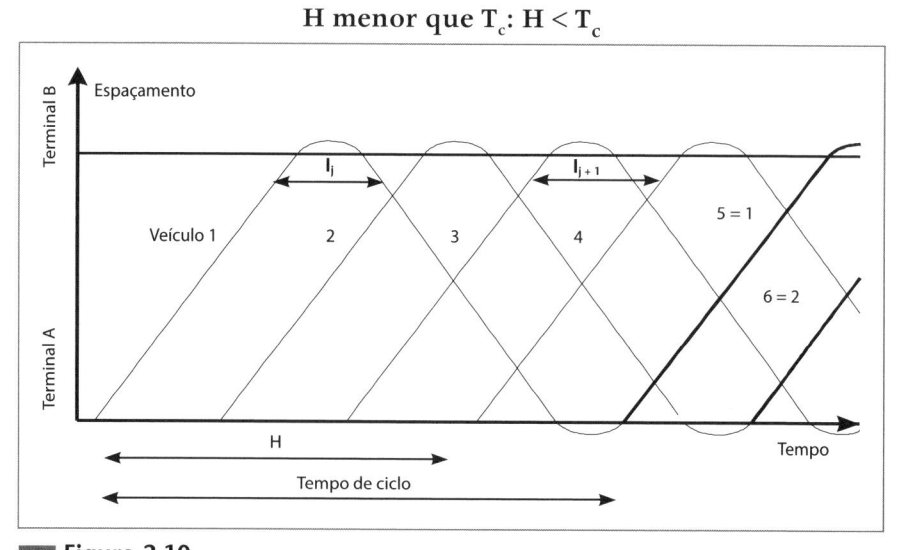

H menor que T_c: H < T_c

■ **Figura 2.10**
Gráfico da frota operacional.

Quando a duração do período típico é menor que o tempo de ciclo, ocorre uma variação nos intervalos (I) entre as partidas dos veículos, antes que o primeiro ônibus retorne ao terminal de origem, conforme ilustra a Figura 2.10.

Nessa situação, a frota operacional do período típico é calculada proporcionalmente aos intervalos de tempo, conforme mostra a Figura 2.11. A frota operacional necessária para atender a um período equivalente ao tempo de ciclo é calculada da seguinte forma:

$$FO = \frac{H}{I_j} + \frac{T_c - H}{I_{j+1}}$$

onde:

I_j = intervalo entre veículos no período j;
I_{j+1} = intervalo entre veículos no período subsequente j +1;
H = duração do período j;
T_c = tempo de ciclo do período.

Exemplo:

- período de análise = tempo de ciclo (T_c) = 90 minutos;
- período típico 1 (H1) = 60 minutos;
- intervalo entre as partidas dos ônibus para o período típico 1 = 6 minutos;
- período típico 2 = 30 minutos;

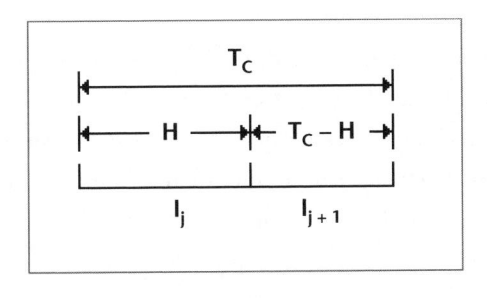

Figura 2.11
Período equivalente ao tempo de ciclo.

- intervalo entre as partidas dos ônibus para o período típico 2 = 15 minutos.

$$FO = \frac{60}{6} + \frac{90 - 60}{15}$$

$$FO = 10 + 2 = 12 \text{ veículos}$$

A frota operacional necessária para atender à demanda no período de análise é igual a 12 ônibus, sem considerar a frota reserva.

Com os resultados obtidos para as frotas operacionais nos diferentes períodos de análise, ao longo do dia, determina-se a frota efetiva (FE). Ela corresponde ao número de veículos destinados à operação de uma linha específica para a situação de maior solicitação (maior FO, que corresponde ao período de pico).

2.4 Alternativas para ampliação da frota

Nem sempre a demanda por serviços de uma empresa transportadora é estável ao longo do tempo. Essa demanda pode variar, por exemplo, em função da situação econômica do país.

Frequentemente ocorrem oscilações no mercado, o que implica a utilização de uma quantidade de veículos diferente daquela dimensionada. Tal situação leva as empresas a pensar em alternativas operacionais, de forma a preservar a produtividade e evitar um aumento significativo nos custos.

Por causa dessas oscilações, não se deve dimensionar uma frota de caminhões visando atender aos maiores picos do mercado. Nessas condições, uma boa alternativa é operar uma parte da frota com veículos próprios e a outra com veículos de terceiros.

Para o caso do transporte de passageiros, o dimensionamento é feito a partir das tabelas de horários das linhas, e as tarifas devem absorver os impactos causados pelas variações na demanda. Mesmo assim, nesse setor também ocorrem situações especiais que exigem cautela e racionalidade quanto ao dimensionamento das frotas, como na época de Natal, para o caso interurbano.

São apresentadas a seguir formas alternativas de ampliar a frota da empresa, com a aquisição ou a formação de frotas combinadas com terceiros.

2.4.1 Parcerias

Ocorre quando duas empresas se unem para a realização de um serviço. São agregados, então, as demandas e o uso das frotas, e a receita é dividida de forma proporcional aos custos ocorridos na operação dos veículos.

O sistema de parceria pode ser descrito como uma racionalização de esforços, pela unificação de serviços de transporte, por parte de empresas que trabalhem em uma mesma região e precisem lutar contra o prejuízo. Desse modo, transportadoras que operam com carregamentos pouco rentáveis podem obter melhor aproveitamento dos caminhões e um custo operacional menor. Isso porque se economizam combustível, mão de obra e o patrimônio investido nos caminhões.

Como exemplo de aplicação prática, podemos citar o caso de três empresas que chamaremos de A, B e C. Elas formaram um *pool* de cargas, isto é, decidiram reunir pequenas cargas em um só caminhão, evitando desperdícios e barateando o transporte.

■ **Figura 2.12**
Sistema de parceria.

A empresa A já havia feito algumas experiências. A primeira foi em 1986, com a empresa B, que, em 1991, se aliou à empresa C para atender serviços no Nordeste do Brasil. Em função da parceria, foi possível colocar em prática um plano para atender o Sul e o Nordeste do país. Os resultados favoráveis trouxeram mais motivação para esse tipo de união, e o serviço foi estendido para todo o Brasil.

Para a prestação dos serviços, também houve melhorias significativas. Novas localidades puderam ser atendidas e, onde o atendimento era regular, foi possível, em alguns casos, oferecer uma frequência maior de viagens.

Apesar de os responsáveis pelo *pool* considerarem que a fase de consolidação do processo foi um pouco longa, também nessa etapa não houve maiores problemas. O fim do processo deu-se com a fusão definitiva dos serviços, o que exigiu alguns ajustes, como desburocratização e padronização de documentos e de procedimentos. O objetivo nesse caso era obter maior integração entre as partes, assim como ganhos proporcionados pela padronização.

Para os componentes desse *pool*, tal política deve ser colocada em prática por outras empresas. Os resultados positivos alcançados e a perfeita operacionalização das filiais, proporcionada pelo novo esquema de distribuição, permitem que a ideia seja recomendada para outras transportadoras.

2.4.2 Terceirização

Este item analisa, pelo aspecto operacional de gestão de frotas, a conveniência de uma empresa fazer uso de serviços de terceiros (locação de veículos, contratação de autônomos, manutenção etc.).

Tal procedimento é bastante comum e conhecido, porém seus reais impactos são frequentemente ignorados. Eles estão relacionados ao tamanho adequado da frota, manutenção, garagem, oficina, pessoal etc. Em relação à dimensão da frota própria da empresa, dadas as oscilações da demanda por serviços, não se pode de uma hora para outra ampliá-la ou reduzi-la. Por isso, a prática da terceirização torna-se mais conveniente em mercados que apresentam maiores incertezas e/ou oscilações.

Exemplos de empresas que utilizam serviços de terceiros, bem como alguns resultados obtidos, são apresentados a seguir.

Aumentar a capacidade estática de transporte sem ampliar a frota. Essa foi a solução encontrada pela empresa X, que montou um esquema para financiar a renovação dos caminhões de seus agregados. Além dos seus 150 veículos da frota própria, essa empresa conta com cem veículos agregados, de propriedade de ex-funcionários e autônomos, que se tornaram donos de caminhões pesados.

A prioridade é sempre para ex-funcionários. Entre os financiados está o ex-empregado, sr. Y, que usou seu Fundo de Garantia do Tempo de Serviço (FGTS) para pagar a entrada de 20% sobre o valor de um cavalo mecânico, ano 2010. Atualmente, o caminhão está quitado e o sr. Y pretende comprar outro caminhão. Outro exemplo foi o de um gerente que, com esse financiamento, comprou um caminhão e contratou um motorista para prestar serviços à empresa.

A referida empresa X, inicialmente, vendia um veículo usado e assegurava o financiamento das prestações. Mas, para não comprometer seu capital de giro, passou a viabilizar o negócio por meio de *leasing*. Em todas as negociações, é exigido do novo proprietário um seguro para prevenir contra um eventual sinistro.

Outra garantia, mas dessa vez para o comprador do veículo, é a preferência de carregamento, em relação à frota da empresa. Dessa forma, o proprietário tem a garantia de quitar seus compromissos. Cerca de 30% a 35% do volume transportado pela empresa X é feito pelos agregados, outros 43% pela transportadora, e o restante, por autônomos.

A empresa recomenda ao financiado assumir uma prestação mensal que não exceda US$ 2 mil, já que o faturamento mensal de um agregado que roda 8 mil quilômetros é de US$ 5 mil. Há ainda os agregados que pagam uma taxa simbólica para usar os implementos da empresa e assumem os custos com manutenção e pneus.

Os resultados desse sistema de financiamento, com pessoas que mantêm vínculo com a empresa, são a fidelidade do agregado, a confiabilidade dos serviços e o aumento da capacidade de transporte, sem precisar aumentar a frota própria. Para os agregados, a empresa oferece a possibilidade de crescer no negócio dos transportes.

Já a Empresa Z vai investir US$ 30 milhões na compra de 150 caminhões e de 260 semirreboques. Com isso, terá condições de oferecer a terceiros a revenda desses veículos e, conjuntamente, a metade do volume de cargas que ela transporta. Essa iniciativa, segundo a empresa, foi uma exigência dos clientes e uma necessidade, já visualizando as vantagens comerciais do Mercosul.

A Empresa Z faz coleta de cargas nas grandes indústrias e leva-as até uma central de distribuição, cujo armazém, de quase 100 mil m², tem capacidade para receber mais de 130 mil paletes. Dali, a carga é transportada para diversos centros de distribuição avançada, instalados nos grandes centros do país. A distribuição dos produtos para o mercado varejista é feita por uma frota de caminhões médios e leves de sua propriedade.

2.4.3 *Franchising*

Nesse sistema, uma empresa abre as portas a interessados em atuar em regiões até então situadas fora das rotas de seus caminhões, ostentando seu nome, a tradição e o *know-how* acumulados.

A adoção do sistema de *franchising* já é uma prática implantada no planejamento de várias empresas de transporte, principalmente por ser uma solução para a expansão das atividades.

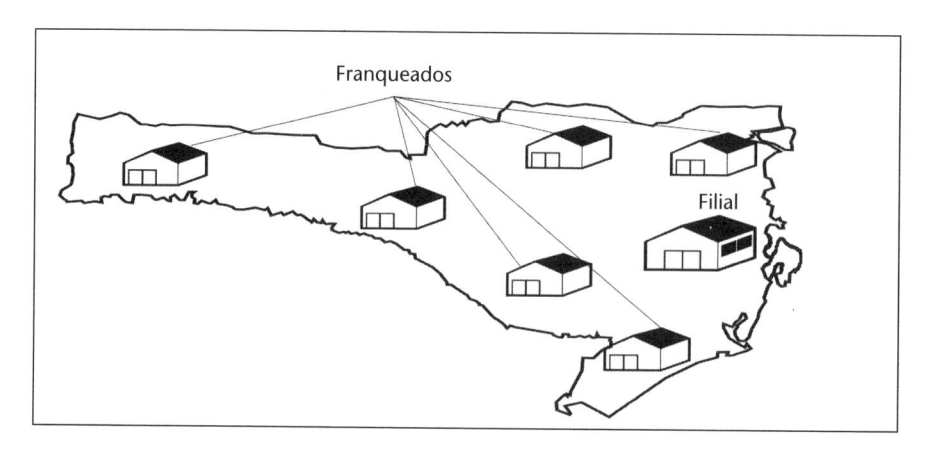

Figura 2.13
Sistema de *franchising*.

Antes, o *franchising* já ocorria de outras maneiras. Como exemplo desse caso, e que ainda se utiliza bastante, pode-se citar o relacionamento das transportadoras com os agentes de cargas (Figura 2.13). Eles são nomeados nas praças em que as transportadoras não têm condições de prestar atendimento direto.

Hoje, o *franchising* é sinônimo de profissionalismo.

O exemplo da transportadora D ilustra bem o relacionamento de uma empresa com os franqueados. Das suas 46 filiais ou agências, ela tem 21 operando em sistema de franquia, principalmente no sul do país.

Os franqueados estão localizados em cidades de médio e pequeno portes, nas quais os volumes de carga são menores e o investimento inicial em instalações seria muito alto, com retorno muito demorado. As regiões de abrangência dos franqueados não excedem a 150 quilômetros, o que garante que os profissionais conheçam o perfil, os problemas e o potencial das suas regiões.

Foi criado também um departamento especializado em cuidar do relacionamento de franquias. As filiais passaram a ser "pontos de responsabilidade fiscal", para diferenciá-las das franqueadas, que, por sua vez, são cobradas pelas metas a que se comprometem periodicamente a alcançar ou de acordo com o estabelecido em contrato.

Os direitos e deveres da empresa e dos franqueados são estabelecidos por meio desses contratos. A remuneração é similar à praticada em outros setores da economia. Normalmente, não há taxas iniciais e o relacionamento é individual, com visitas frequentes para a inspeção dos procedimentos administrativos e operacionais do franqueado. Os *royalties* normalmente são pagos por meio de porcentagem do valor arrecadado pela franqueada.

A empresa D criou um mecanismo de remuneração variável, para evitar a negligência de franqueadas com boa receita. Dessa forma, quanto maior for o volume de frete da franqueada, maior será o percentual que ela receberá pela franquia. Os custos de tais serviços, muitas vezes, são divididos assim: 20% são da matriz, 40% são da filial de origem e 40% são da loja de destino.

Quanto a uma análise financeira comparativa entre filial e franqueada, uma transportadora, aqui denominada empresa E, admite que é difícil afirmar, mas uma franqueada pode ser mais vantajosa. Isso porque, segundo a empresa, os custos de depreciação não são contabilizados para a transportadora, que fica livre do pesado investimento em uma filial.

Além da eliminação do custo fixo, com a opção pela franqueada, a descentralização do sistema é vista por outra empresa, aqui chamada empresa F, como uma vantagem primordial. Ela considera isso um grande trunfo diante da concorrência, pois a agilidade nas decisões traz mais benefícios à empresa. Assim, a franqueada é livre para decidir sua política interna e os procedimentos administrativos e operacionais da unidade.

Mas nem todo mundo vê com tanto otimismo o sistema de *franchising*. A empresa G, por exemplo, reconhece os aspectos positivos, mas vê um risco ao ceder mercado e recursos para terceiros. Ao contrário de suas concorrentes, ela não dá tanto valor às experiências já realizadas. O sistema continua a ser utilizado para a expansão das atividades, mas com muita cautela, e é ela quem determina todos os itens dos contratos.

2.4.4 *Leasing*

Esse sistema é bastante utilizado pelas empresas. Dentre suas principais características, pode-se destacar a possibilidade de as pessoas jurídicas obterem, nos bancos, longos prazos para pagamento dos veículos. Eles podem chegar a 24 ou 36 meses, como se fossem um aluguel, mas com opção de compra. No final, o veículo estará quitado, não havendo razão para devolvê-lo. Mas, diferentemente da locação, nesse sistema o cliente tem, desde o início do processo, total responsabilidade sobre o veículo, incluindo aí os custos de manutenção.

No *leasing*, há também a possibilidade de adquirir a carroceria com o caminhão, o que pode envolver benefícios fiscais em relação ao imposto de renda. Para as concessionárias, o *leasing* facilita as vendas, notadamente em épocas de crise e de dificuldade com financiamentos. Muitas vezes não há financiamento de veículo e, em outras ocasiões, o número de prestações oferecido é muito pequeno.

2.4.5 Outras formas de aquisição

Com o Financiamento de Máquinas e Equipamentos (Finame) pode-se também obter financiamento para aquisição de veículos, com taxa de juros em torno de 1% ao mês, mais acréscimos referentes a um índice de correção financeira. Segundo alguns usuários, há uma grande burocracia em torno do processo, o que, de certa forma, pode dificultar e desestimular sua utilização. Observa-se um uso maior por parte do setor de transporte de passageiros.

Uma forma recente de aquisição de veículos, que vem recebendo a atenção do empresariado, é a compra em grandes lotes, por meio de associações, cooperativas ou sindicatos. Os resultados que vêm sendo observados são bastante satisfatórios e, dependendo do tamanho do lote a ser adquirido, pode-se chegar a uma economia de até 45% do preço de cada veículo.

2.4.6 Parcerias no transporte urbano

No "Seminário sobre parcerias público-privadas no transporte urbano: do discurso à prática", realizado em dezembro de 1994, em São Paulo, promovido pela ANTP, o então secretário dos Transportes do Estado de São Paulo, dr. Jorge Fagali Neto, lembrou que, há alguns anos, houve, por iniciativa do Banco Mundial, uma pesquisa em todos os países do Terceiro Mundo que havia constatado a impossibilidade de o setor público concluir toda a sua programação de infraestrutura necessária ao desenvolvimento.

Para o secretário, a participação do setor privado nos transportes públicos do Brasil tem sido positiva. Ela serve, inclusive, de exemplo para outros países latino-americanos. As principais dificuldades estão no transporte metroferroviário, modal em que o setor privado não assume compromissos, talvez por falta de recursos e, principalmente, por aguardar maior iniciativa e estímulo governamentais.

As novas ações de parceria entre o Estado e o setor privado vão depender também de alterações na legislação, pois é ela que regula a inserção da livre iniciativa nesse setor. Para isso, Fagali recomendou comparar as leis aqui existentes com as de outros países, com o intuito de determinar o que precisa ser feito.

Ele citou o exemplo da antiga Companhia Municipal de Transportes Coletivos (CMTC), atualmente São Paulo Transportes, cujo patrimônio foi mantido, mas os serviços, terceirizados. A empresa continua com a responsabilidade de planejamento, programação, fiscalização e controle de qualidade. Para as empresas privadas, fica a produção do serviço de transporte.

Esse processo de privatização dos serviços teve, em uma primeira etapa, a licitação de empresas para operar certas linhas urbanas de ônibus. Em geral, eram linhas com as quais a CMTC tinha dificuldades de operar por diversas razões, como frota envelhecida, despadronizada e a necessidade de um investimento muito alto para resolver a situação.

Na segunda etapa, a privatização teve outras peculiaridades com a contratação, também por licitação, de empresas privadas para operar e manter os serviços da CMTC. Nesse caso, a frota pertence à companhia pública, mas foi cedida às empresas privadas. As empresas contratadas tinham liberdade de utilizar ou não as oficinas da CMTC.

Houve ainda uma terceira etapa que envolvia veículos como os trólebus e os ônibus articulados. Como a iniciativa privada não operava esses tipos de veículos, foi realizado um edital, oferecendo condições para operar essa tecnologia. No caso dos ônibus a gás, a operação ficou a cargo de ex-funcionários, unidos em uma cooperativa. Atualmente, a CMTC não opera mais nenhum veículo, seja a diesel, trólebus ou a gás. Além disso, com tal ação, o Estado tem economizado cerca de US$ 450 milhões por ano nesse setor.

Para saber mais sobre o tema, existe o Observatório das Parcerias Público-Privadas, mantido por pessoas interessadas em debater fatos, ideias e opiniões sobre as Parcerias Público-Privadas. O Portal PPP Brasil tem como principal objetivo criar e distribuir produtos públicos que possam contribuir e incentivar o diálogo entre Estado, iniciativa privada, sociedade civil e imprensa a respeito dos investimentos em infraestrutura, necessários ao desenvolvimento nacional e regional do Brasil (PPP Brasil, 2015).

2.5 Conclusões

Conforme visto neste capítulo, o dimensionamento correto da frota depende de um meticuloso estudo sobre a demanda a ser atendida e também sobre os efeitos da situação econômica sobre os usuários. Em mercados que apresentam maiores incertezas, diversas alternativas operacionais têm sido buscadas por parte das transportadoras, como as chamadas frotas combinadas, que têm apresentado bons resultados.

No capítulo seguinte, serão vistos procedimentos técnicos recomendados para a especificação de veículos, quando da aquisição e da alocação para a realização dos serviços de transporte.

2.6 Referências bibliográficas

CELACADE. Seminário Especial. *Gerência operacional de frota de veículos*. São Paulo.

MELLO, J. C. *Planejamento dos transportes*. São Paulo: McGraw-Hill do Brasil, 1979.

MERCEDES-BENZ. *Administração e transporte de cargas* – planejamento e racionalização. Gerência de Marketing, 1988.

PPP BRASIL. *O Observatório Nacional das Parcerias Público-Privadas*. Portal. Disponível em: <http://www.pppbrasil.com.br/portal>. Acesso em: 31 ago. 2015.

Revista *Transporte Moderno*, n. 337, 366. São Paulo: OTM.

Gerência do Sistema de Transporte Público de Passageiros – STPP. Módulo de Treinamento. Empresa Brasileira de Transportes Urbanos. Brasília. EBTU, 1988.

VALENTE, A. M. *Um sistema de apoio à decisão para o planejamento de fretes e programação de frotas no transporte rodoviário de cargas*. 1994. Tese de Doutorado – Universidade Federal de Santa Catarina, Florianópolis.

CAPÍTULO 3 — ESPECIFICAÇÃO E AVALIAÇÃO DE VEÍCULOS

3.1 Descrição de técnicas e procedimentos inerentes à especificação de veículos

3.1.1 O caminhão no transporte

A importância que o caminhão adquiriu como meio de transporte é um dos fenômenos de maior significado em nossos dias. Tal desenvolvimento levou a uma diversificação muito grande nos modelos ofertados, que atualmente superam a marca das 200 opções, distribuídos nas diversas categorias de veículos para o transporte de cargas.

Assim, a exemplo das demais modalidades, a escolha dos equipamentos a serem utilizados deve ser baseada em modelos de análise, de forma a se ter uma resposta correta para a pergunta: "Qual o veículo ideal para atender a determinada necessidade de transporte?".

Sem dúvida, existe uma alternativa certa para cada necessidade ou problema de transporte, conforme veremos nos itens a seguir.

3.1.2 A escolha correta de equipamentos

Com base em material publicado pela Mercedes-Benz (1988), um conjunto de procedimentos que podem ser seguidos para a escolha correta de equipamentos é apresentado. Algumas etapas devem ser vencidas, até se chegar a uma solução. São elas:

▼▽ A. O problema

É uma etapa muito importante, pois é preciso definir e caracterizar detalhadamente o problema. Os dados a serem levantados dizem respeito às características da carga, do transporte e das rotas, conforme segue:

Características da carga:

- tipo (sólida, granel, sacaria etc.);
- peso específico (kg/m^3) ou unitário;
- volume (m^3);
- fragilidade;
- tipo de embalagem;
- limite de empilhamento;
- possibilidade de unitização;
- temperatura de conservação;
- nível de umidade admissível;
- prazo de validade;
- legislação.

Figura 3.1
Características da carga.

ESPECIFICAÇÃO E AVALIAÇÃO DE VEÍCULOS   71

Características do transporte:

- identificação dos pontos de origem e destino;
- determinação da demanda e frequência de abastecimento/atendimento;
- sistemas de carga e descarga (identificação/compatibilização);
- horários de funcionamento dos locais de origem e destino;
- dias úteis disponíveis por mês;
- tempo de carga e descarga (espera, pesagem, conferência e emissão de documentos).

Figura 3.2
Características do transporte.

Características das rotas:

- distância entre os pontos de origem e destino;
- tipo de estrada (pavimento e trânsito);
- topografia (rampa máxima e altitude);
- pesos máximos permitidos em pontes e viadutos;
- legislação de trânsito (federal, estadual, municipal e interestadual);
- distância máxima entre os pontos de abastecimento, assistência técnica etc.

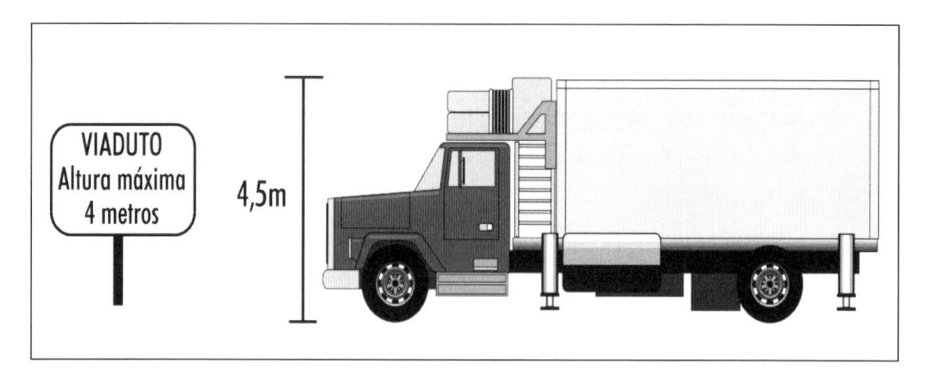

Figura 3.3
Características das rotas.

▼▽ **B. As alternativas**

Nessa fase, devem ser estudadas as alternativas de solução. Os dados a serem determinados dizem respeito às características técnicas necessárias ao veículo, e então é feito o dimensionamento da frota. Portanto, os profissionais que propuserem as alternativas devem ter um bom conhecimento técnico.

A seguir, são apresentados alguns dos principais itens a serem levantados:

- relação potência/peso;
- torque;
- tipo de tração;
- relação de transmissão;
- tipo de pneumático;
- motor turboalimentado ou não;
- manobrabilidade;
- tipo de cabine (simples ou leito);
- tipo de composição (simples, articulada ou combinada);
- entre-eixo;
- capacidade de subida de rampa;
- peso bruto total;
- carga líquida;

- círculo de viragem;
- tipo de suspensão;
- autonomia (combustível);
- sistema de freios;
- componentes especiais (filtros, regulador barométrico, tomada de força);
- tipo e dimensões da carroçaria;
- equipamentos auxiliares para carga e descarga;
- revestimentos especiais da carroçaria;
- dispositivos especiais relativos à carga (equipamentos de refrigeração, motobomba, dispositivos de amarração e fixação da carga).

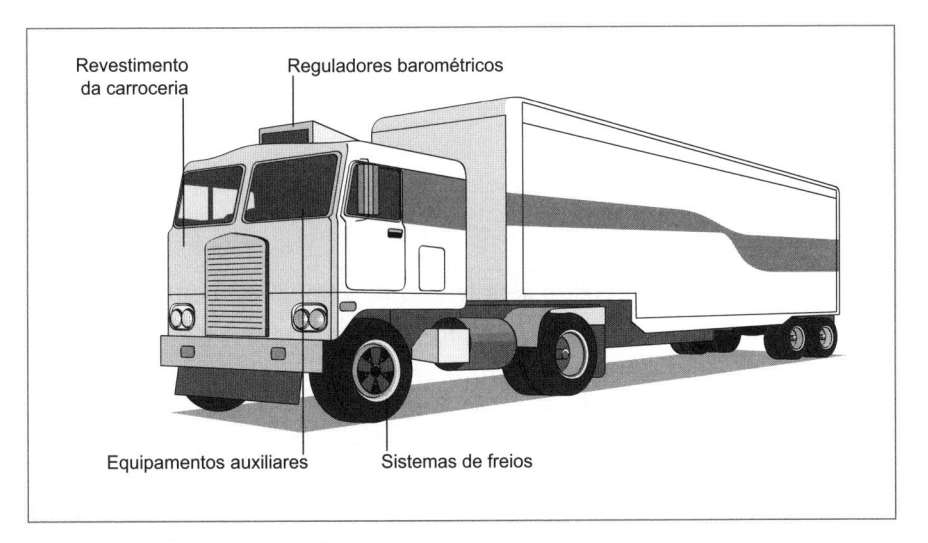

Figura 3.4
Características técnicas do veículo.

▼▽ C. A avaliação

Nessa etapa, os principais fatores a serem considerados e analisados são: investimento inicial, custos de operação e aspectos técnicos. A seguir, é feita uma análise desses fatores.

C.1 Investimento inicial

C.1.1 Fatores considerados

Verifica-se na prática que, quando os fatores aqui estudados não são considerados, a opção de compra recai sempre sobre o equipamento de menor custo unitário. Sob o ponto de vista de investimento inicial, a análise correta deve levar em conta:

- o número de equipamentos necessários (n);
- o custo unitário inicial do equipamento (c);
- a vida útil do equipamento (v);
- as condições de financiamento oferecidas (f).

C.1.2 Exemplo

Enunciado

Ilustrando o que foi exposto, será feita uma comparação entre duas opções. O empresário, para atender a um determinado serviço, tem de ampliar sua frota e precisa decidir entre diferentes modelos, cujas capacidades estáticas são também diferentes.

Opção 1
n1 equipamentos são suficientes para atender ao serviço. O custo inicial de cada equipamento é igual a c1. Multiplicando o número de veículos a serem comprados pelo preço de cada um, tem-se o valor total a ser pago na opção 1, ou seja,

$$n1 \times c1 = CF1 \text{ (custo total de aquisição da frota na opção 1).}$$

Opção 2
Para atender ao serviço, é necessário adquirir n2 equipamentos. O custo inicial de cada equipamento é igual a c2. Multiplicando o número de veículos

a serem comprados pelo preço de cada um, tem-se o valor total a ser pago na opção 2, ou seja,

n2 × c2 = CF2 (custo total de aquisição da frota na opção 2).

Análise

- Conforme já comentado, não se pode decidir simplesmente observando os preços unitários dos dois veículos e comprando o mais barato.
- Dado que os veículos têm capacidades de transporte distintas, cada alternativa implicará diferentes quantidades a serem adquiridas. Dessa forma, pode ser que um veículo mais caro tenha maior capacidade de transporte e proporcione um custo total de aquisição menor.
- No entanto, a vida útil (v) dos veículos também deve ser levada em conta.
- Na opção 1, dividindo o custo total de aquisição da frota (CF1) pela vida útil do equipamento (v1), tem-se o custo de aquisição por ano de uso da frota (CA1), ou seja,

$$CA1 = \frac{CF1}{v1}$$

- Na opção 2, dividindo o custo total de aquisição da frota (CF2) pela vida útil do equipamento (v2), tem-se o custo de aquisição por ano de uso da frota (CA2), ou seja,

$$CA2 = \frac{CF2}{v2}$$

- Pode ocorrer que CF1 > CF2 e v1 < v2. Assim, teremos CA1 >> CA2.

Como conclusão, pode-se afirmar que, se as condições de financiamento oferecidas para as duas opções forem as mesmas, o investimento anual (CA) de equipamento será o fator determinante nessa etapa de escolha, sendo então mais indicada a frota com menor valor para (CA).

C.2 Custos de operação

O cálculo e o controle dos custos de operação são feitos, normalmente, somente após a compra ser efetuada, portanto tarde demais.

Na realidade, nesta etapa o que interessa saber não é o custo por quilômetro rodado (Ckm), mas sim o custo por tonelada transportada (Ctt). Assim, para calcular esse custo, basta multiplicar o custo por quilômetro rodado pela quilometragem a ser percorrida no mês (Km) e dividir esse resultado pela capacidade de carga do equipamento (Cc), ou seja,

$$Ctt = \frac{(Ckm \times km)}{Cc}$$

C.3 Aspectos técnicos

Para escolher os equipamentos, devem ser levados em conta diversos aspectos técnicos, além do investimento e do custo de operação. Entre eles, estão:

- compatibilidade com carga de retorno;
- versatilidade da frota;
- qualidade e disponibilidade de assistência técnica;
- compatibilidade do ferramental necessário com o já existente;
- intercambialidade de peças e componentes;
- disponibilidade de peças de reposição;
- possibilidade de padronização da frota;
- vida útil historicamente comprovada;
- quantidade e nível de capacitação de mão de obra necessários para manutenção e operação;
- compatibilidade do nível da mão de obra existente com a tecnologia dos equipamentos a serem adquiridos;
- treinamento e literatura técnica oferecidos pelos fabricantes;
- assessoria prestada pelos fornecedores.

ESPECIFICAÇÃO E AVALIAÇÃO DE VEÍCULOS 77

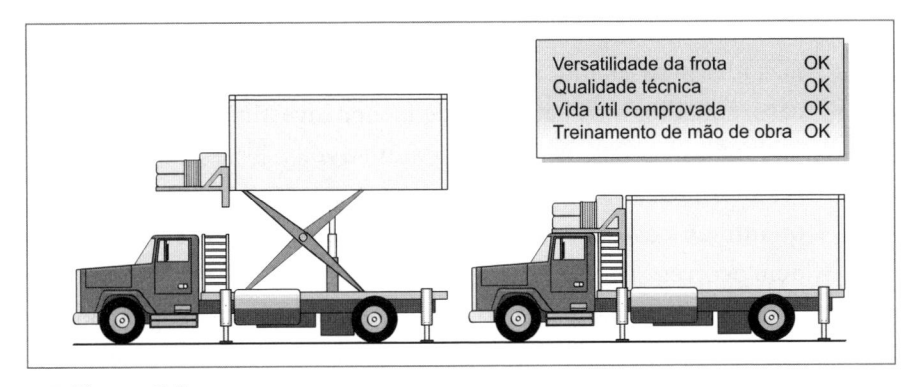

Figura 3.5
Aspectos técnicos do veículo.

Do exposto nessa etapa de avaliação, pode-se afirmar que a definição do equipamento mais adequado e vantajoso está diretamente ligada ao estudo das variáveis aqui analisadas.

▼▽ D. A escolha

Nessa etapa, são feitas a comparação e a escolha entre as alternativas. A comparação econômica será feita com base nos investimentos necessários para as diversas alternativas e os respectivos custos mensais de operação. Para o empresário, interessam soluções em longo prazo, e a escolha recairá na alternativa mais econômica ou naquela que proporcionar maior lucro.

Quando da comparação de duas alternativas, podem-se encontrar as seguintes situações:

- As alternativas são idênticas quanto ao investimento na frota e ao custo mensal de operação da frota. Nesse caso, muito difícil de ocorrer na prática, a escolha dependerá somente das vantagens e desvantagens técnicas de cada alternativa.
- As alternativas são idênticas quanto ao investimento na frota, mas diferentes quanto ao custo operacional mensal da frota. Nesse caso, a melhor alternativa é a de menor custo mensal da frota, se não houver outras vantagens de caráter técnico ou subjetivo.

- As alternativas são diferentes quanto ao investimento na frota, mas idênticas quanto ao custo operacional mensal da frota. Nesse caso, a melhor alternativa é a de menor investimento, se não houver outras vantagens de caráter subjetivo.
- As alternativas são diferentes quanto ao investimento na frota e quanto ao custo mensal da frota. Nesse caso, duas situações podem ocorrer:
  - Se uma alternativa tem o investimento e os custos operacionais menores que a da outra, é claro que a escolha ficará na alternativa mais econômica.
  - Se, contudo, uma alternativa tem um investimento maior na frota e um custo operacional mensal menor, é preciso fazer uma análise para saber em quanto tempo o investimento adicional nessa alternativa retornará com a economia de custos proporcionada. Sem dúvida, se o investimento não retornar no período pretendido de utilização dos veículos, a escolha ficará com a alternativa de menor investimento na frota.

Nesse caso, também cabe uma análise das vantagens e desvantagens técnicas de cada alternativa.

3.1.3 O transporte coletivo por ônibus – escolha do modelo

Considerando os aspectos utilização e capacidade, são quatro os modelos disponíveis:

- **Micro-ônibus/Lotação**: geralmente é utilizado para garantir uma ligação rápida entre dois polos de uma mesma área urbana. O número de paradas intermediárias entre esses polos é pequeno. É utilizado também como circular em áreas comerciais. É indicado para demandas pequenas (até 1.000 passageiros/hora);
- **Ônibus convencional**: não há uma regra padrão para sua utilização nas áreas urbanas, por ser muito versátil. É mais indicado para

demandas médias (entre 1.000 e 9.000 passageiros/hora). Também pode ser utilizado para demandas menores ou maiores, quando forem adotadas medidas complementares de operação, além de um adequado tratamento viário dos itinerários;
- **Ônibus de grande porte (articulado)**: deve ser utilizado em linhas de grande demanda. O investimento inicial nesse tipo de modelo é elevado, mas, nessas condições, o custo por passageiro transportado é igual ou inferior ao do ônibus convencional, e o rendimento energético unitário é melhor. O tratamento viário dos itinerários deve incluir traçados favoráveis à circulação de veículos de grandes dimensões;
- **Ônibus rodoviário**: para o caso urbano, pode ser utilizado em linhas especiais (seletivas), cujo padrão de conforto é elevado, havendo restrição ao transporte de passageiros em pé. No uso rodoviário, a especificação da carroceria deve ser feita em conformidade com a característica da linha, ou seja, convencional, leito, com ou sem toalete etc.

3.2 Descrição de métodos e sistemáticas de avaliação de desempenho dos veículos

3.2.1 Estudo das principais variáveis e indicadores para caminhões

Conforme pode ser verificado no material da Mercedes-Benz (1988), sabe-se que, quanto mais um veículo for utilizado, melhor será sua produtividade. A utilização do veículo (UV), em km/mês, é dada pela relação:

$$UV = \frac{\text{(Horas de trabalho (h/dia)} \times \text{disponibilidade (dia/mês)} \times \text{percurso de ida e volta (km)}}{\frac{\text{percurso de ida e volta (km)}}{\text{velocidade operacional (km/h)}} + \text{tempo de carga e descarga (h)}}$$

Observando essa relação, verifica-se que as principais variáveis a serem consideradas na avaliação de desempenho dos veículos são:

- velocidade operacional;
- tempo de carga e descarga;
- horas de trabalho.

Outra variável que também merece muita atenção, mas não aparece na formulação apresentada, é o consumo de combustível.

A seguir é feita uma análise desses itens.

▼▽ **A. velocidade operacional**

Observando a fórmula de cálculo de utilização do veículo, verifica-se que o aumento da velocidade operacional implica sempre o aumento nessa utilização. Entretanto, esse aumento pode significar muito ou pouco, dependendo da distância do percurso a ser feito.

Na Figura 3.6, pode-se observar que, em um percurso de 100 km (ida + volta), um aumento na velocidade operacional de 30 km/h para 40 km/h resultaria em um aumento de 4,5% na quilometragem mensal de um veículo. Já em um percurso de 3.000 km (ida + volta), esse mesmo aumento de velocidade resultaria em um acréscimo de 33% na quilometragem mensal.

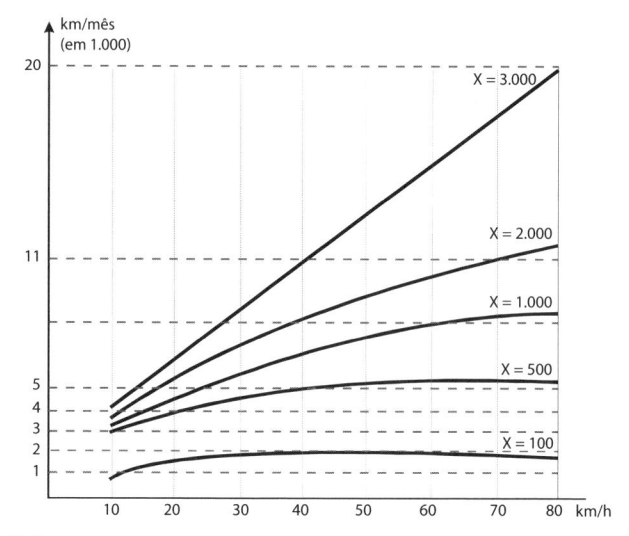

■ **Figura 3.6**
Velocidade × distância mensal viajada.

Conclui-se que, quanto maior o percurso, maior é a importância e mais significativos são os benefícios obtidos com o aumento da velocidade operacional.

▼▽ B. Tempo de carga e descarga

Entende-se por tempo de carga e descarga o tempo total despendido em espera, pesagem, conferência, emissão de documentos e nas operações de carga e descarga propriamente ditas.

Um aumento no tempo de carga e descarga logicamente levará a uma redução na utilização do veículo. Entretanto, no estudo dessa variável, a distância do percurso a ser feito também deve ser considerada.

Na Figura 3.7, pode-se observar que, em um percurso de 100 km (ida + volta), uma redução de 16 para 12 horas no tempo de carga e descarga resulta em um aumento de 27,6% na quilometragem mensal de um veículo. Já em um percurso de 3.000 km (ida + volta), essa mesma redução de tempo resulta em um aumento de apenas 4,6% na quilometragem mensal.

Dessa análise, pode-se concluir que, quanto menor o percurso, mais significativos são os benefícios obtidos com a diminuição do tempo de carga e descarga.

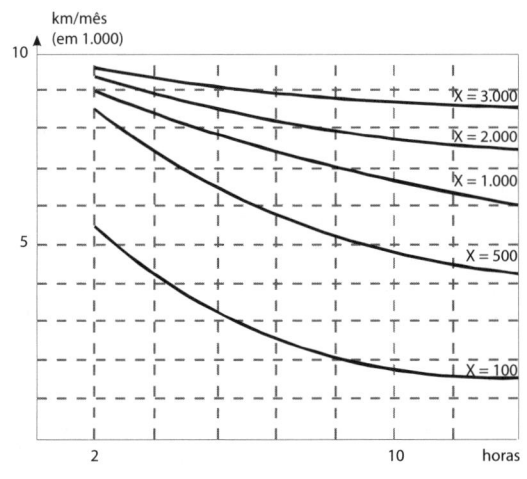

■ **Figura 3.7**

Distância mensal × tempo (carga/descarga).

▼▽ C. Horas de trabalho

Entende-se por horas de trabalho o período em que o veículo está rodando e carregando ou descarregando, podendo ser aumentado via horas extras ou número de turnos.

Na Figura 3.8, observa-se que o aumento de horas de trabalho resulta em aumento proporcional na quilometragem mensal de um veículo para percursos de curta, média e longa distâncias. Assim, em um percurso de 100 km (ida + volta), um aumento de 8 para 24 em horas de trabalho resulta em um aumento de 200% na quilometragem mensal de um veículo. Em um percurso de 3.000 km (ida + volta), esse mesmo aumento de horas de trabalho resulta no mesmo aumento de 200% na quilometragem mensal.

Dessa análise, conclui-se que os ganhos em produtividade foram proporcionalmente iguais nos dois percursos.

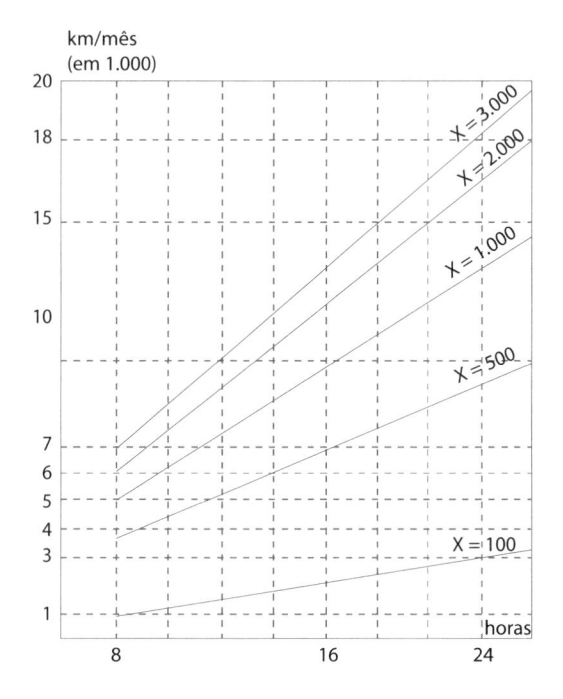

▬▬ **Figura 3.8**
Distância mensal × horas de trabalho.

▼▽ D. Consumo

O consumo de combustível está se tornando, cada vez mais, um fator a ser considerado na escolha de um equipamento. E, nessa análise, também é importante, em termos de consumo, observar a sua relação com a carga útil transportada.

Os principais parâmetros que têm influência no consumo são:

- velocidade (v), em km/h;
- aclive (i), em %;
- peso total do veículo (g), em t;
- irregularidades da rodovia (n), em contagens/km;
- marcha utilizada na velocidade adotada (m).

Variando esses parâmetros (v, i, g, n, m), podem-se obter os consumos teóricos, que terão utilidade no critério de seleção do veículo.

Por exemplo, na Figura 3.9, tem-se o consumo em função da velocidade para um veículo pesado.

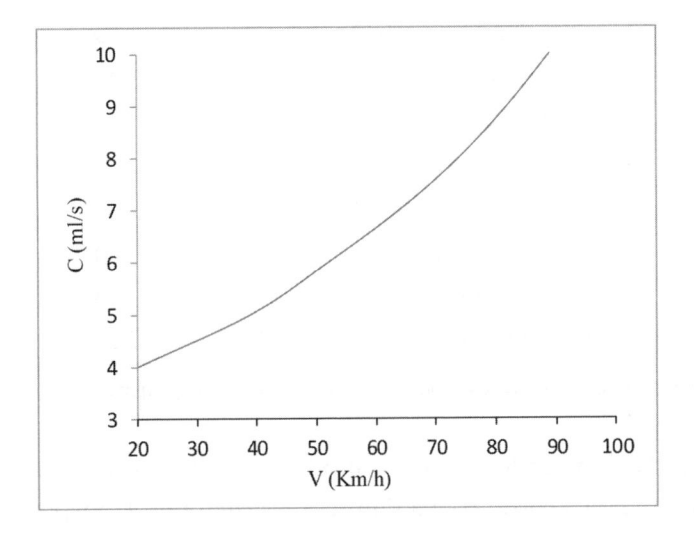

Figura 3.9
Velocidade operacional × consumo.

3.2.2 Estudo das principais variáveis e indicadores para ônibus

No caso dos ônibus, o efeito combinado da tecnologia de transporte e da distância entre pontos de parada repercute diretamente na velocidade de percurso com que a viagem é realizada. O desvio dessa velocidade em relação à velocidade operacional ideal é fator significativo na análise do desempenho do sistema.

Na Tabela 3.1, são dadas as velocidades máxima, operacional e comercial, de acordo com as condições de operação e o tipo de veículo. Pode-se observar que, no caso de trânsito compartilhado, há uma diferença bastante grande entre a velocidade operacional ideal e a velocidade comercial.

Tabela 3.1 Velocidades ideais para operação de ônibus urbanos

Tipo de veículo	Condições de operação	Velocidade (km/h)		
		Comercial	Operacional	Máxima
Micro-ônibus	• trânsito compartilhado	25	40	60
	• faixa exclusiva	40	50	60
Ônibus convencional (*standard* ou padrão)	• trânsito compartilhado	15	25	40
	• faixa exclusiva	25	40	60
	• pista exclusiva	30	50	60
	• ruas reservadas	20	30	30
Trólebus (simples ou articulado)	• trânsito compartilhado	20	30	60
	• faixa exclusiva	30	40	60
	• pista exclusiva	40	50	60
	• ruas reservadas	20	30	30

Com base em diversas referências a adaptações de valores médios de pesquisa.

Além da velocidade, outros indicadores utilizados na análise de desempenho são, de acordo com a Empresa Brasileira de Transportes Urbanos (1988):

- custo diário total, que tem por atributo a economia do sistema;

- taxa de passageiros em pé por metro quadrado, a qual está relacionada com o conforto oferecido;
- tempo no interior do veículo e tempo de espera, que estão relacionados com a rapidez;
- regularidade do serviço, cujo atributo é a confiabilidade no sistema.

Cada indicador tem o seu desempenho alocado em níveis de operação, que representam a qualidade da operação. Normalmente, são considerados cinco níveis de serviço (A, B, C, D e E), definidos da seguinte forma:

- **Nível A:** nível de operação ótimo, atendendo integralmente aos padrões pretendidos.
- **Nível B:** nível de operação bom, com oferta de serviços que satisfaz, sob o enfoque de desempenho.
- **Nível C:** nível de operação razoável, necessitando de melhorias e análises, a fim de alcançar melhor padrão de serviços.
- **Nível D:** nível de operação baixo, com desempenho deficiente, evidenciando uma necessidade de melhoria na oferta de serviços.
- **Nível E:** nível de operação deteriorado, havendo necessidade de revisão total da operação.

3.3 Implicações da homogeneidade da frota na manutenção e operação dos veículos

A padronização da frota traz uma série de vantagens quanto à manutenção e à operação dos veículos, conforme colocado a seguir (ULZE, 1978):

- **Preço do veículo:** a homogeneidade da frota permite negociar, com o fabricante, uma série de condições, como desconto no preço de tabela, prazo de entrega, pintura-padrão de fábrica etc.
- **Especialização de mão de obra:** em uma frota homogênea, os defeitos que aparecem são comuns e, dessa forma, podem

ser reparados, rapidamente pela mão de obra especializada, reduzindo sensivelmente o tempo de paralisação do veículo.
- **Peças de reposição:** a homogeneidade da frota resulta em menor imobilização financeira em estoque, pois as peças necessárias são comuns a todos os veículos. Assim, não há a necessidade de grandes estoques, até porque a compra para reposição é facilitada.
- **Manutenção:** pela análise de dados históricos como quilometragem, tempo-padrão de desempenho, defeitos repetitivos etc., é possível determinar uma manutenção preventiva mais eficiente.
- **Dados de custos:** em uma frota homogênea, é possível obter dados bastante consistentes sobre os custos e assim determinar, com segurança, o período mais econômico de renovação da frota.
- *Layout* da oficina: para uma frota homogênea, fica mais fácil planejar a oficina, e o número de ferramentas especializadas necessárias é menor.
- **Assistência técnica:** para uma frota homogênea, é mais fácil conseguir uma melhor assistência técnica com o fabricante nos casos de manutenção de garantia, defeitos de fábrica, padronização de cor etc.

Pelo exposto, pode-se concluir que o fator homogeneidade da frota deve ser considerado na escolha de equipamentos.

Feita a escolha da frota, o passo seguinte é saber como operá-la, assunto que será visto no próximo capítulo.

3.4 Referências bibliográficas

CELACADE. Seminário Especial. *Gerência operacional de frota de veículos.* São Paulo.

Gerência do Sistema de Transporte Público de Passageiros – STPP. Módulo de Treinamento. EBTU – Empresa Brasileira de Transportes Urbanos. Brasília, 1988.

LEITE, J. G. M. *Logística de transporte de cargas.* Apostila Técnica. Universidade Federal do Paraná, 1993.

MERCEDES-BENZ. *Administração e transporte de cargas* – controle de custo operacional. Gerência de Marketing, 1988.

_____. *Administração e transporte de cargas* – planejamento e racionalização. Gerência de Marketing, 1988.

_____. *Administração e transporte de cargas* – renovação de frota. Gerência de Marketing, 1988.

OYOLA, J. *Uma nova abordagem na determinação de tarifa no transporte rodoviário de carga.* 1988. Dissertação de Mestrado – Universidade Federal de Santa Catarina, Florianópolis.

Revista *Carga e Transporte*, n. 81, 92. São Paulo: Técnica Especializada.

Revista *Transporte Moderno*, n. 348, 349, 351, 364. São Paulo: OTM.

UELZE, R. *Transporte e frotas.* São Paulo: Pioneira, 1978.

VALENTE, A. M. *Um sistema de apoio à decisão para o planejamento de fretes e programação de frotas no transporte rodoviário de cargas.* 1994. Tese de Doutorado – Universidade Federal de Santa Catarina, Florianópolis.

CAPÍTULO 4 — OPERAÇÃO DE FROTAS

4.1 Introdução

Tanto no transporte de passageiros como no de cargas, a operação de frotas está diretamente ligada à gerência de tráfego das empresas. Nesse setor é definido como os veículos vão operar e como as tripulações vão trabalhar. Além dos aspectos referentes ao planejamento e à programação dos serviços, outra tarefa fundamental atribuída a esse setor é o controle dessa operação.

Por meio de uma análise técnica, pode-se afirmar que os problemas a serem solucionados no planejamento e na programação da operação são de elevada complexidade e envolvem questões relacionadas, por exemplo, a roteirização, construção de linhas, alocação de frotas e programação da tripulação. Tudo isso conciliando racionalização, economia e segurança com prazos de entrega, legislação trabalhista, tabela de horários, veículos disponíveis etc.

Para ajudar na resolução desses problemas, existem várias técnicas e procedimentos, alguns deles já bastante conhecidos e utilizados. Recentemente, têm surgido também diversos programas e equipamentos computacionais capazes de auxiliar na busca de melhores soluções para a operação de frotas. Se associados à experiência e à prática de profissionais do setor, esses recursos podem, sem dúvida, contribuir para encontrar alternativas mais econômicas, de modo a preservar a saúde e a competitividade das empresas.

Neste capítulo, serão abordados importantes problemas e técnicas de resolução relacionados à operação de frotas.

4.2 Coleta e distribuição

4.2.1 Apresentação do problema

Um dos problemas típicos da operação de frotas no transporte rodoviário de cargas é o da coleta e distribuição. Enquadra-se no contexto da logística do transporte, e as características básicas desse tipo de problema são as seguintes:

- Uma região geográfica é dividida em zonas, cujos contornos podem ser rígidos ou, em alguns casos, sofrer alterações momentâneas para acomodar diferenças de demanda em regiões contíguas.
- A cada zona é alocado um veículo, com uma equipe de serviço, podendo ocorrer outras situações, como mais de um veículo por zona, por exemplo.
- A cada veículo é designado um roteiro, incluindo os locais de parada, pontos de coleta ou entrega, atendimento de serviços etc. e a sequência em que a equipe deve atendê-los;
- O serviço deve ser realizado dentro de um tempo de ciclo predeterminado; no caso de coleta/entrega urbana, o roteiro típico se inicia de manhã cedo e se encerra no fim do dia (ou antes, se o roteiro for cumprido antecipadamente). Nas entregas regionais, o ciclo pode ser maior, e há casos de entregas rápidas em que o ciclo é menor que um dia útil;
- Os veículos são despachados a partir de um depósito, onde se efetua a triagem da mercadoria (ou serviço) em função das zonas. Nos casos em que há mais de um depósito, o problema pode ser analisado de forma análoga, efetuando-se as divisões adequadas da demanda e/ou da área geográfica atendida.

Algumas questões metodológicas surgem durante a análise, destacando-se as seguintes:

- Como dividir a região de atendimento em zonas de serviço?
- Como selecionar o veículo/equipe mais adequado ao serviço?
- Qual a quilometragem média da frota e dos diversos tipos associados ao serviço, de forma a quantificar os custos?
- Qual a fração do serviço (carga coletada ou distribuída, número de chamada etc.) não cumprida em um dia útil?
- Qual a frequência ideal de serviço?
- Como, enfim, selecionar a configuração mais adequada?

Esse tipo de problema apresenta dois níveis de resolução. Na fase de planejamento e projeto do sistema de coleta/distribuição, ainda não se tem ideia precisa dos pontos reais de atendimento. Nesse caso, é mais interessante adotar estimativas aproximadas (de cálculo rápido), de forma a possibilitar a análise de diversas alternativas.

Já na fase de operação, são conhecidos os locais de atendimento. Em alguns casos, esses pontos são fixos, como na distribuição de jornais, entrega de produtos nos estabelecimentos varejistas etc.

Em outros casos, os locais de atendimento são aleatórios, sendo conhecidos somente na hora de executar o roteiro de serviços. Como exemplo, podem ser citados os serviços de entrega de compras para as lojas, os

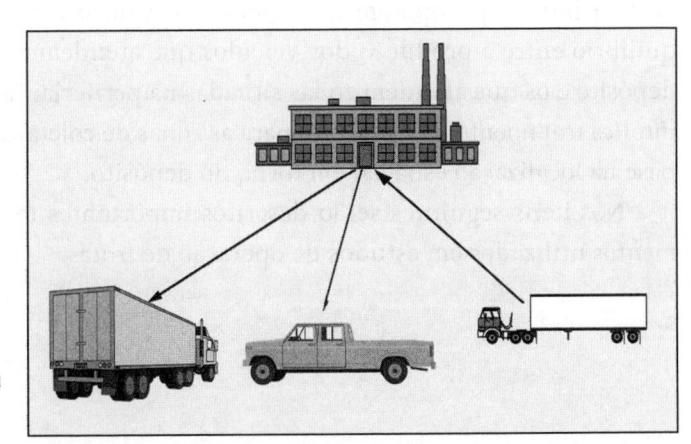

Figura 4.1
Sistema de coleta e distribuição.

sistemas de atendimento para reparos e consertos etc. Em ambas as situações, é necessário definir um roteiro otimizado para cada equipe de serviço.

As variáveis que influem no dimensionamento de um sistema de coleta/distribuição apresentam, de maneira geral, variações estatísticas apreciáveis. Por esse motivo, não é adequado dimensionar o sistema por um modelo determinístico, no qual os efeitos da aleatoriedade de algumas variáveis não são considerados.

Alguns condicionantes físicos temporais devem ser examinados e incorporados à metodologia de análise e dimensionamento, de forma a se chegar a resultados mais realistas.

O primeiro aspecto a considerar é o da capacidade física dos veículos de coleta/distribuição. Dependendo das características físicas da carga (peso e volume) e da capacidade do veículo, é possível ocorrer, em certas ocasiões, superlotação do caminhão. Nesse caso, parte da carga não pode ser transportada pelo veículo, devendo ser atendida de outra forma.

Outra restrição importante no dimensionamento do sistema é a da máxima jornada de trabalho dos tripulantes (motorista e ajudantes). Acima de um determinado número de horas de trabalho por dia, o desgaste físico e psíquico torna-se excessivo, prejudicando o empregado e os níveis de desempenho do próprio sistema. Deve-se considerar também que a jornada máxima é determinada por lei e por acordos específicos com os sindicatos. Ocorre, assim, uma restrição temporal no dimensionamento e na operação do sistema.

Outro problema que surge no dimensionamento de sistemas de coleta/distribuição que operam em regiões relativamente grandes é o do desequilíbrio entre a produção dos veículos que atendem zonas próximas ao depósito e os que atendem zonas situadas na periferia. Esse desequilíbrio implica tratamento diferenciado para as zonas de coleta/distribuição, com base na localização espacial em torno do depósito.

Nos itens seguintes serão descritos importantes técnicas e procedimentos utilizados em estudos de operação de frotas.

4.2.2 Número de zonas, periodicidade e frota necessária

▼▽ Considerações sobre o zoneamento de uma região

Em um estudo de zoneamento, alguns princípios e critérios devem ser observados. Os princípios são basicamente dois:

- a procura do menor custo operacional, com a diminuição do comprimento total das rotas ou do número de veículos necessários para atender todos os pontos (clientes);
- a procura do menor tempo de operação.

A partir desses princípios, alguns critérios podem ser estabelecidos, conforme descritos a seguir:

- **Compacidade**. É a medida de proximidade de um grupo. Quanto mais próximos forem os pontos de serviço, menor o comprimento das rotas (Figura 4.2).

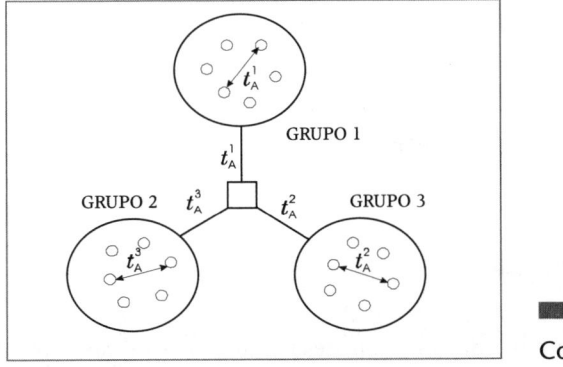

Figura 4.2
Compacidade.

- **Morfologia**. Os fatores que podem determinar a forma dos grupos são:
    - as características das regiões urbanas (como rios, morros, linhas férreas, vias expressas etc.), que dividem a região em uma série de zonas, ou

— a finalidade dos transportes, como no caso do transporte escolar em que é sugerida a forma elíptica, conforme mostra a Figura 4.3.

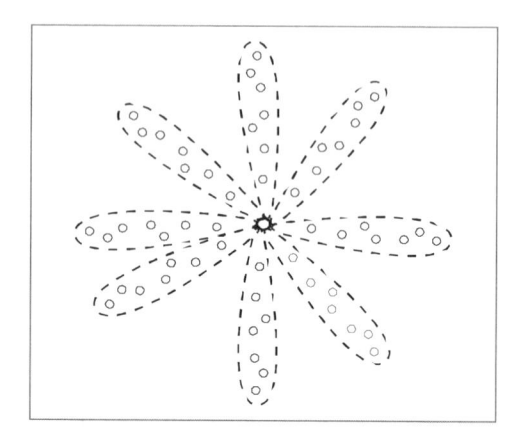

Figura 4.3
Morfologia.

- **Balanceamento.** Situação em que o número de pontos a serem servidos é dividido igualmente entre os diversos grupos e seus respectivos veículos, de acordo com sua capacidade e o volume de serviço demandado nos pontos atendidos. O objetivo é conseguir melhor aproveitamento dos veículos nas rotas.
- **Homogeneidade.** De acordo com as condições de tráfego, os volumes envolvidos etc., as subáreas podem ser mais ou menos homogêneas. Isso servirá de base nas especificações dos veículos e dos equipamentos envolvidos.

▼▽ **Exemplo de cálculo**

Vamos considerar o caso de uma empresa que distribui seus produtos a partir de um depósito e atende a uma determinada região. Normalmente, a região assistida é subdividida em zonas de entrega, cujo dimensionamento será discutido mais adiante.

Cada zona de entrega é atendida por um veículo, com uma periodicidade prefixada. Por exemplo, a zona 1 pode ser visitada toda segunda-feira; a zona 2, toda terça-feira e assim por diante. A periodicidade da entrega pode ser semanal, diária, quinzenal, mensal etc., dependendo das características específicas de cada caso.

A escolha do período em que as visitas se repetem vai depender basicamente de dois fatores antagônicos: de um lado, o atendimento ao cliente, que se sente mais bem atendido quando as entregas são mais frequentes; de outro, o custo do transporte para o distribuidor, que seria levado a operar com carregamentos menores para seus veículos, sempre que o espaçamento entre visitas diminuir, elevando assim seus custos.

Há casos em que o veículo pode executar mais de um roteiro de entrega por dia. Nessa situação, ele volta ao depósito, é carregado novamente e vai atender outra zona.

Nos problemas de distribuição física, é importante conceituar a relação existente entre o número necessário de veículos, a periodicidade das visitas, o número de zonas e o número de clientes atendidos por roteiro.

Figura 4.4
Atendimento ao cliente.

Sejam:

m = número de zonas em que a região deve ser dividida;

t = período de atendimento dos clientes, isto é, o intervalo de tempo entre visitas sucessivas. Por exemplo, para visitas diárias t = 1, para visitas semanais t = 7 etc.;

T = total de dias úteis na semana (usualmente, trabalha-se aos sábados, levando a T = 6 dias úteis/semana);

n_R = número de roteiros que um veículo pode fazer por dia, visitando uma zona em cada viagem;

n_v = número de veículos em operação na frota de distribuição;

q = número de paradas ou visitas por roteiro, podendo ser para coleta ou entrega de produtos;

N = número total de pontos a serem visitados em um período t.

O número de zonas em que a região é dividida corresponde ao número de roteiros diversos executados no período t. Em cada roteiro, são atendidos (q) pontos de parada. Então:

$$m = \frac{N}{q} \qquad (1)$$

Um veículo de distribuição trabalha T dias úteis por semana. Realizando n_R roteiros por dia, fará assim n_R T roteiros por semana. Durante um período t, medido em semanas, realizará então um total de roteiros dado por:

$$n_R \cdot T \cdot \left(\frac{t}{7}\right) \qquad (2)$$

Como cada zona está associada a um roteiro de entrega ou de coleta, o número de veículos necessários é dado pela divisão de (1) por (2):

$$n_v = \frac{m}{n_R \cdot T \cdot \left(\frac{t}{7}\right)} \qquad (3)$$

Quando a frequência de atendimento aos clientes for diária, a expressão (3) ficará mais simples:

$$n_r = \frac{m}{n_R} \qquad (4)$$

Suponha, por exemplo, que a região atendida tenha um total de 3.600 pontos (clientes) a serem visitados com frequência bissemanal (t = 14 dias). Cada roteiro compreende 20 pontos de parada, em média. O número de zonas é portanto:

$$m = \frac{3.600}{20} = 180 \text{ zonas}$$

Supondo que cada veículo realize dois roteiros por dia, operando 6 dias por semana, temos:

$$n_v = \frac{180}{2 \cdot 6 \cdot \left(\frac{14}{7}\right)} = 7,5 \text{ veículos}$$

Deve-se arredondar o resultado para 8 veículos. Mas, ao fazer isso, o número de zonas vai aumentar e o número de pontos de parada vai diminuir. Da equação (3), tiramos:

$$m = n_v \cdot n_R \cdot T \cdot \left(\frac{t}{7}\right) \tag{5}$$

Substituindo $n_v = 8$, $n_R = 2$, $T = 6$ e $t = 14$ em (5), obtemos:

$$m = 8 \cdot 2 \cdot 6 \cdot \left(\frac{14}{7}\right) = 192$$

Temos, então, 192 zonas em vez das 180 anteriormente calculadas. Considerando agora a expressão (1), resulta:

$$q = \frac{N}{m} = \frac{3.600}{192} = 18,7$$

Assim, em cada roteiro serão atendidos, em média, 18,8 clientes (número de paradas para entrega ou coleta).

4.2.3 Roteirização

▼▽ **Tipos de problemas**

Podem-se classificar os problemas de distribuição em três grandes grupos:

- Problemas do tipo "roteamento": ocorrem quando a ordem ou o horário em que as tarefas devem ser cumpridas não são impostos *a priori*.

- Problemas do tipo "sequenciamento": nesse caso, há restrições de ordem de atendimento a serem satisfeitas.
- Problemas do tipo "roteamento e sequenciamento": ocorrem quando, no problema de sequenciamento, a questão da escolha de uma rota também deve ser levada em conta. A maioria dos problemas encontrados, na prática, é desse tipo, cujo objetivo é melhorar a prestação de serviços.

Na determinação da rota ou do plano de viagem, o movimento pode ser definido pela mínima distância, pelo mínimo tempo ou por uma combinação desses fatores. Nesses estudos, técnicas matemáticas programáveis em computadores podem ser bastante atrativas. Um método bem conhecido é o do caminho mais curto.

▼▽ Múltiplos destinos e origens

Um problema de rota também pode envolver múltiplos destinos e origens. Na sua resolução, devem-se considerar as restrições das capacidades de oferta nos pontos de origem e das necessidades de produtos (demanda) nos pontos de destino, assim como os custos associados aos diversos caminhos possíveis. É um problema comum que ocorre quando se roteirizam mercadorias de fornecedores às fábricas, de fábricas aos depósitos e de depósitos aos clientes e é frequentemente resolvido por programação linear.

Exemplo:
Um fabricante enlata produtos vegetais à medida que a colheita é realizada. Existem duas fábricas que abastecem três depósitos. São feitas projeções de demanda para cada depósito ao longo da temporada. As fábricas têm um nível máximo de produção baseado na sua dimensão e na safra prevista. O departamento de transporte deseja atender à demanda dos depósitos sem exceder a capacidade de suprimento das plantas industriais, minimizando o custo total de transporte. A Figura 4.5 ilustra o problema.

Uma solução aparentemente simples para esse caso é designar a máxima demanda possível para a rota mais barata (ou seja, 2.000 unidades devem mover-se da fábrica 2 para o depósito 2). A demanda restante deve ser suprida a partir da fábrica 1. Essa é a solução ótima e pode ser verificada pelo uso de uma técnica específica de programação linear.

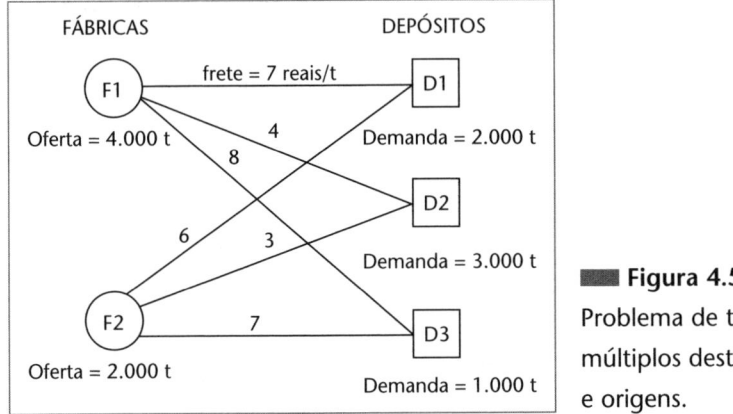

Figura 4.5
Problema de transporte – múltiplos destinos e origens.

▼▽ **Algumas regras práticas para a construção de roteiros**

Em um problema típico de roteirização que envolve muitas paradas e veículos, o total de roteiros possíveis é muito grande. Daí o interesse no uso de técnicas matemáticas programáveis em computadores e de princípios operacionais que resultem em boas soluções, como, por exemplo, roteiros que formam um desenho como pétalas de uma margarida (ver Figura 4.6). Nesse caso, os roteiros adjacentes não se tocam e nenhuma das rotas tem caminhões que se cruzam, formando assim um roteamento adequado para o caso de o volume de carga em cada parada ser apenas pequena parte da capacidade do veículo. Bons roteiros geralmente podem ser obtidos pela aplicação das seguintes regras:

a. Inicie o agrupamento pelo ponto (parada) mais distante do depósito.
b. Encontre o próximo ponto, tomando o ponto disponível que esteja mais perto do centro (centroide) dos pontos no grupo. Agregue esse ponto ao grupo (veículo), caso a capacidade do veículo não tenha sido excedida.

c. Repita o passo (b), até que a capacidade do veículo tenha sido atingida.
d. Sequencie as paradas, de maneira a ter a forma de uma gota d'água.
e. Encontre o próximo ponto, que é a parada mais distante do depósito ainda disponível, e repita os passos de (b) a (d).
f. Continue, até que todos os pontos tenham sido designados.

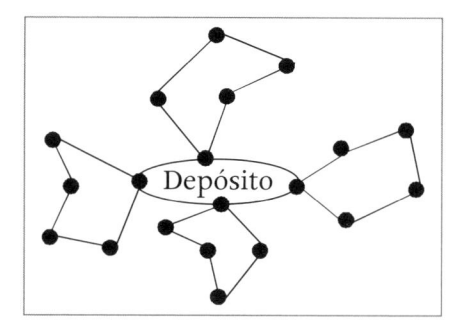

Figura 4.6
Exemplo de roteirização.

O método descrito pode, coerentemente, gerar bons roteiros, que muitas vezes rivalizam com os obtidos por métodos matemáticos e computacionais desse problema.

Por vezes, o gerente de transporte pode estar mais interessado na minimização da quantidade de caminhões necessários para atender a uma dada programação do que na definição dos roteiros. Isso exige o sequenciamento dos roteiros, de forma a minimizar o tempo ocioso no programa e, portanto, a quantidade de caminhões necessários.

Exemplo:
Uma indústria de enlatados envia produtos acabados de sua fábrica para nove armazéns. Os caminhões são enviados com carga completa, e tanto os tempos de viagem como os de descarga são bastante previsíveis. Cerca de cem rotas são programadas semanalmente. A tarefa do programador é sequenciar esses roteiros, de modo que haja o menor número de veículos possível para atender ao programa.

▼▽ Balanceamento de viagens

Outra preocupação comum no gerenciamento de uma frota é o balanceamento de viagens com e sem carga. Um caminhão pode partir do seu depósito totalmente carregado para realizar uma entrega e, após executá-la, retornar completamente vazio. Para melhor utilizar seu equipamento, na viagem de retorno, é interessante transportar mercadorias para o depósito, geralmente a partir dos fornecedores da própria companhia.

4.2.4 Distância percorrida e tempo de ciclo

▼▽ Componentes de um roteiro

Cada roteiro de visitas é constituído pelos seguintes componentes:

a. Um percurso desde o depósito até a zona de entrega.
b. Percursos diversos entre pontos de parada sucessivos, dentro da zona de entrega.
c. Paradas nos endereços dos clientes para coleta ou entrega dos produtos.
d. Percurso de retorno, desde a zona de entrega até o depósito.

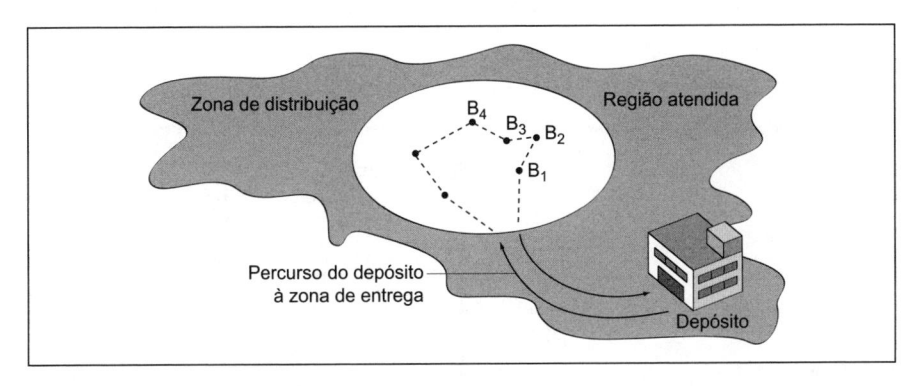

Figura 4.7
Esquema típico de um sistema de distribuição.

▼▽ Distância percorrida em um roteiro típico

Será analisada primeiro a distância percorrida pelo veículo em um roteiro típico. Seja d_0 a distância entre o depósito e a zona de entrega. Assim, os percursos de ida e volta até a zona de entrega perfazem um total de $2 \cdot d_0$ quilômetros.

Uma forma aproximada de estimar a distância percorrida dentro da zona de entrega é pela seguinte fórmula:

$$d_z = k \cdot \alpha \sqrt{A \cdot q} \qquad (1)$$

onde:
- d_z = distância total percorrida dentro da zona de entrega (km);
- A = área da zona de entrega, em km^2;
- q = número de pontos visitados na zona;
- α = coeficiente de correção que transforma distância em linha reta (euclidiana) em distância real;
- k = coeficiente empírico.

O coeficiente k foi ajustado empiricamente por pesquisadores diversos, com o valor $k = 0{,}765$.

Já o coeficiente α leva em conta os efeitos das sinuosidades das vias (ruas, estradas) e do tráfego (ruas com uma mão de direção etc.) na distância percorrida.

Na Figura 4.8 é mostrado o significado do coeficiente de correção α.

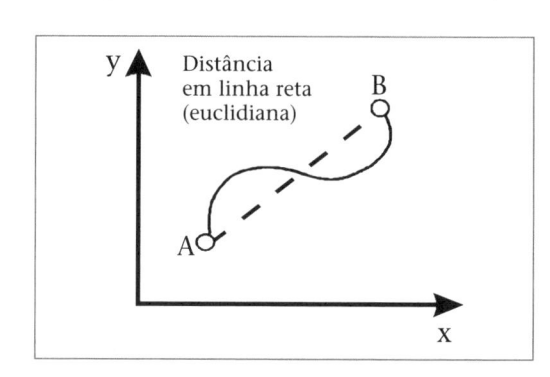

Figura 4.8
Relação entre distância real e distância euclidiana.

Tomando dois pontos quaisquer A e B, a distância euclidiana (linha reta) entre eles é representada por AB. Suponha que o percurso real entre A e B corresponda a uma distância d. Obviamente, d é igual ou maior que AB. O coeficiente α é calculado, dividindo d por AB, e como d ≥ AB, o valor de α será sempre igual ou maior que a unidade.

Para ter uma medida representativa de α, é conveniente levantar um conjunto razoavelmente grande de pares de pontos, calculando, para cada par, a distância em linha reta (AB) e o percurso real ao longo do sistema viário (d). Ajusta-se, a seguir, uma reta aos pontos. Esse ajuste pode ser feito com o auxílio da estatística ou por meio do gráfico.

▼▽ **Exemplo**

Na Tabela 4.1, são apresentadas as distâncias euclidianas (em linha reta) e reais, medidas entre 10 pares de pontos escolhidos ao acaso, na cidade de São Paulo. São pontos situados não muito distantes entre si (distância média real em torno de 3,4 km). O ajuste do coeficiente, para esse caso, conduziu ao valor α = 1,52.

Quando a distância entre os pares de pontos aumenta, o valor de α tende a cair, porque os efeitos das sinuosidades e restrições de trânsito passam a ser menos significativos. Na literatura especializada, é comum adotar um valor de α igual a 1,35 para a distribuição urbana, considerando um levantamento suficientemente grande de pares de pontos e com distâncias bastante variadas entre si.

A distância total percorrida em um roteiro é dada, então, pela soma das distâncias do depósito à zona de entrega e vice-versa mais a distância percorrida dentro da zona de entrega:

$$D = 2 \cdot d_0 + d_z = 2 \cdot d_0 + k \cdot \alpha \cdot \sqrt{A \cdot q}$$

Suponha, no exemplo, que a região atendida tenha 830 km² de área. Havendo 192 zonas, cada uma terá, em média, 4,32 km² de área. A distância média entre o depósito e as zonas de entrega é igual a 11,3 km (dado do

Tabela 4.1 Cálculo do coeficiente α para dez pares de pontos situados na cidade de São Paulo

Par A, B	Distância em linha reta (AB) (km)	Distância real (d) (km)	Alfa α	AB × D	(AB)²
1	3,0	4,1	1,37	12,3	9,0
2	1,6	2,0	1,28	3,2	2,6
3	3,9	5,1	1,31	19,9	15,2
4	1,1	2,3	2,01	2,5	1,3
5	1,2	1,7	1,36	2,0	1,5
6	1,6	1,9	1,20	3,0	2,6
7	2,6	4,0	1,53	10,4	6,8
8	1,6	2,7	1,71	4,3	2,6
9	2,2	3,2	1,44	7,0	4,8
10	3,1	6,6	2,17	20,5	9,6
média AB = 2,2 km			média d = 3,4 km		

exemplo). Em cada zona, são atendidos, em média, q = 18,7 pontos. Adotando $\alpha = 1,52$ e k = 0,765, obtemos o percurso estimado para um roteiro de entregas qualquer:

$$D = 2 \cdot 11,3 + 0,765 \cdot 1,52 \cdot \sqrt{4,32 \cdot 18,7} = 33 \text{ km}$$

Resumindo:

a – distância percorrida entre o depósito e a zona de entrega e vice-versa:

$$2 \cdot 11,3 = 22,6 \text{ km}$$

b – distância percorrida dentro da zona de entrega:

$$0,765 \cdot 1,52 \cdot \sqrt{4,32 \cdot 18,7} = 10,4 \text{ km}$$

c – distância percorrida em um roteiro:

$$D = 22{,}6 + 10{,}4 = 33{,}0 \text{ km}$$

▼▽ Tempo médio de ciclo

Para estimar o tempo médio de ciclo, isto é, o tempo necessário para realizar um roteiro completo de entregas (ou coletas), consideram-se adicionalmente as seguintes variáveis:

v_0 = velocidade média no percurso entre o depósito e a zona de entrega e vice-versa (km/h);
v_z = velocidade média no percurso dentro da zona de entrega (km/h);
t_p = tempo médio de parada em cada ponto visitado (minutos).

O tempo de ciclo, em horas, é dado por:

$$T_c = \frac{2 \cdot d_0}{v_0} + \frac{d_z}{v_z} + \frac{t_p}{60} \cdot q$$

No exemplo apresentado (distribuição urbana), têm-se:

$$v_0 = 30 \text{ km/h}, \; v_z = 27 \text{ km/h e}$$
$$t_p = 7{,}5 \text{ minutos.}$$

O tempo estimado de ciclo é dado, então, por:

$$T_c = \left(\frac{2 \cdot 11{,}3}{30}\right) + \left(\frac{10{,}4}{27}\right) + \left(\frac{7{,}5}{60}\right) \cdot 18{,}7 = 3{,}5 \text{ horas.}$$

▼▽ Aspectos importantes para o dimensionamento de um sistema de distribuição física

No dimensionamento de um sistema de distribuição física, é necessário considerar ainda alguns aspectos importantes. Em primeiro lugar, no caso de regiões relativamente grandes, atendidas por um único depósito, há zonas próximas do armazém e outras bem mais distantes.

Os veículos, no segundo caso, gastam um tempo significativamente maior para se deslocarem do depósito à zona de entrega e vice-versa. Isso faz que a produção dos veículos de distribuição nas zonas mais afastadas, medida em número de clientes visitados por viagem, seja menor que a produção dos caminhões que atendem às zonas mais próximas. É necessário, portanto, um ajuste compensatório, aumentando as áreas das zonas mais próximas e diminuindo as das zonas distantes.

Outro aspecto a considerar é a natureza probabilística do tempo de ciclo. Como ele é formado pela soma de um número relativamente grande de segmentos, o resultado final (valor de T_c) pode apresentar variações apreciáveis em torno da média.

Quando isso ocorrer, é preciso analisar com cuidado a variação do tempo de ciclo (T_c), de forma a evitar que haja, de um lado, excesso de horas de trabalho para a tripulação (motorista e ajudante) e, de outro, jornadas diárias muito curtas.

É necessário dimensionar com cuidado o tamanho das zonas, a capacidade dos veículos e o número de pontos a serem visitados em cada roteiro, a fim de evitar esses tipos de problemas.

A capacidade física dos veículos é um dos aspectos que devem receber a devida atenção no dimensionamento de sistemas de distribuição física de produtos. Ela pode ser quantificada em termos de peso ou volume. O primeiro caso ocorre para cargas de densidade mais elevada e o segundo, para mercadorias leves. Algumas vezes, quando o produto é acondicionado de forma homogênea, em *pallets*, caixas uniformes, sacas etc., a capacidade é expressa, na prática, por meio dessas unidades. Por exemplo: a capacidade de um caminhão que distribui botijões de gás GLP de 13 kg pode ser expressa pelo número máximo de unidades carregadas que ele pode transportar.

Quando o veículo não for bem dimensionado para a distribuição dos produtos específicos da indústria ou da empresa comercial em questão, podem ocorrer situações insatisfatórias.

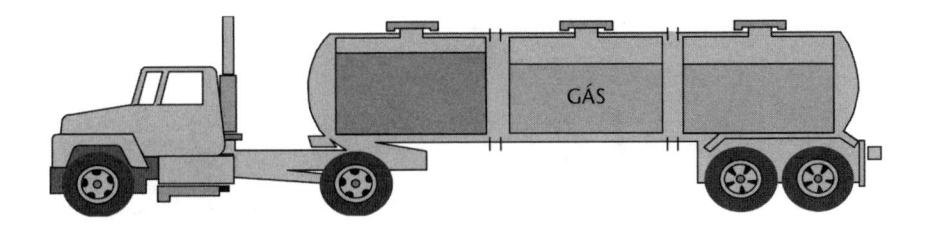

Figura 4.9
Capacidade do caminhão.

Por exemplo, se o veículo estiver superdimensionado, a tendência é aumentar o número de clientes visitados por rota. Mas isso pode estourar o tempo máximo de trabalho diário da tripulação, com efeitos negativos em termos de produtividade, relações trabalhistas etc.

Se o veículo estiver subdimensionado, pode haver sobras inesperadas de mercadoria no depósito, obrigando a realização de viagens extras (de custo mais elevado) ou deixando a carga para a viagem seguinte, o que prejudica o nível de serviço oferecido aos clientes.

4.2.5 Prazos

▼▽ Composição dos tempos

O transporte de carga fracionada, nos moldes modernos, exige atenção especial no que diz respeito aos prazos de entrega. Nessas condições, as principais rotas atendidas devem operar com frequências diárias nas transferências entre depósitos. Esses depósitos funcionam como centralizadores da carga de diversos clientes pela coleta ou recepção das mercadorias. A consolidação da carga nesses armazéns permite que se formem carregamentos complexos maiores, que são transferidos para outros centros de distribuição, para posterior entrega aos destinatários. Na Figura 4.10, é mostrado, de forma esquemática, o processo de coleta, transferência e distribuição típico.

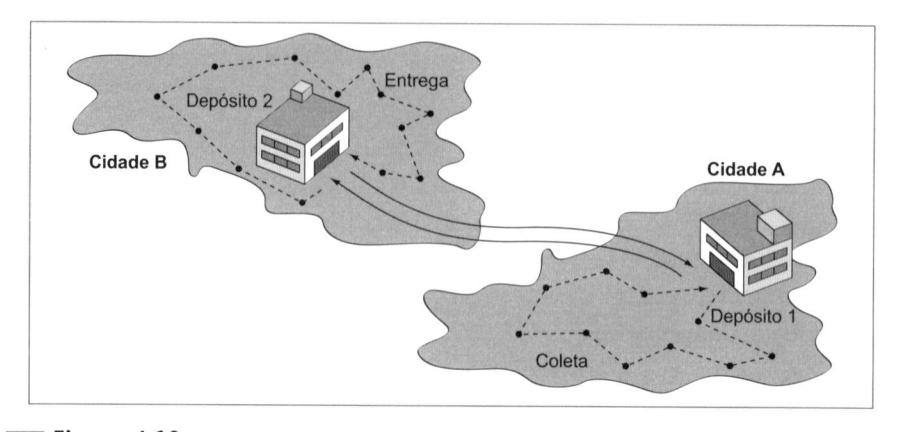

Figura 4.10
Esquema típico de coleta, transferência e distribuição.

Na cidade de origem é realizada a coleta da carga nos diversos clientes, por meio de roteiros diversos, percorridos por veículos coletores. A mercadoria é recebida no depósito 1, sendo feita sua triagem em função dos vários destinos (corredores) servidos pelo sistema.

Da cidade A para a B, a mercadoria é transferida em veículos adequados ao tráfego de longa distância (muitas vezes interestadual), sendo descarregada no depósito 2. Nova triagem é feita de acordo com os roteiros de entrega locais. Finalmente, a mercadoria é entregue aos seus destinatários finais da cidade B, por meio de um sistema de distribuição local.

Nos processos de coleta e entrega, devem ser utilizados veículos adequados a esse tipo de operação, considerando aspectos como: capacidade física, potência, facilidades de manobra, acesso ao compartimento de carga etc. Mais detalhes sobre a escolha do equipamento e sobre o dimensionamento da frota serão dados no exemplo apresentado logo adiante, ainda neste capítulo.

Nas transferências, são normalmente utilizados veículos de maior capacidade, usualmente caminhões do tipo *truck* (com eixo traseiro adicional e 12.000 kg de capacidade) ou carretas com capacidade na faixa de 18.000 a 25.000 kg.

O esquema aqui descrito e representado na Figura 4.10 reflete uma situação padrão. Na prática, pode ocorrer mais de uma transferência entre depósitos antes que a mercadoria seja efetivamente distribuída localmente. A carga é apanhada no cliente-origem pela filial mais próxima ao local em que ele está estabelecido. A mercadoria é então conduzida até o depósito da filial (processo de coleta), de onde ocorre uma transferência até outro depósito troncal. Nova triagem é realizada, sendo a mercadoria transferida para outro terminal, e assim por diante, até chegar à filial mais próxima à localidade de destino final. Nesse depósito, é feita a triagem segundo os roteiros de entrega, efetuando-se, então, a distribuição aos diversos pontos de destino (clientes).

Dessa forma, o prazo total de entrega, de porta a porta, é composto pela soma dos seguintes tempos:

a. tempo reservado para a coleta na localidade de origem;
b. tempo de transferência entre depósitos troncais, intermediários, situados ao longo da rota;
c. tempo reservado à descarga, triagem, espera e carregamento em cada depósito da rota;
d. tempo de distribuição local.

▼▽ **Alguns exemplos**

A seguir, são apresentados alguns exemplos típicos.

Caso 1

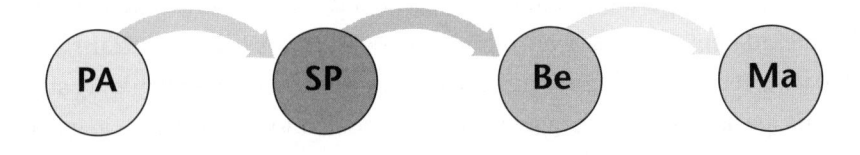

PA → SP → Be → Ma

Inicialmente analisa-se uma rota bastante longa, ligando Porto Alegre a Manaus. Dois depósitos intermediários são utilizados: São Paulo e Belém. A coleta em Porto Alegre é normalmente executada pela manhã. Às 14 horas sai um caminhão carregado, que transfere a carga para o terminal de São Paulo. Essa transferência pode se realizar em aproximadamente 18 horas, com revezamento de motoristas e sem paradas intermediárias para pernoite ou descanso (os motoristas dormem a bordo).

No terminal de São Paulo, é gasto um dia para descarga, triagem e novo carregamento. De São Paulo a Belém, são dois dias de viagem direta em outro veículo.

No terminal de Belém, a carga permanece por três dias, em média, à espera de transferência. Seguindo o rio Amazonas, são consumidos oito dias de viagem. Em Manaus, é gasto mais de um dia para distribuição local. A composição de tempos é a seguinte:

a. Coleta em Porto Alegre e transferência para São Paulo = 1 dia
b. Permanência no terminal de São Paulo = 1 dia
c. Transferências São Paulo-Belém = 3 dias
d. Permanência em Belém = 3 dias
e. Transferência Belém-Manaus = 8 dias
f. Distribuição em Manaus = 1 dia
Total = 17 dias

Caso 2

Analisa-se agora o prazo de transferência e distribuição de mercadoria coletada em Curitiba e entregue em Fortaleza. A coleta e a transferência para o terminal de São Paulo consomem um dia. Em São Paulo, gasta-se um dia para descarga, triagem etc. De São Paulo a Fortaleza, a viagem consome três dias. Finalmente, é gasto um dia para a distribuição local. Resumindo:

a. Coleta em Curitiba e transferência para São Paulo = 1 dia
b. Permanência no terminal de São Paulo = 1 dia

c. Transferência São Paulo-Fortaleza = 3 dias
d. Distribuição local em Fortaleza = 1 dia
Total = 6 dias

Se o destinatário estiver localizado no interior do Ceará, serão necessários mais três dias, em um total de nove, para a entrega final ao destinatário.

Caso 3

Ctba → SP → BH

Outro caso típico é o de mercadorias originadas em Curitiba e destinadas a clientes localizados em Belo Horizonte:

a. Coleta em Curitiba e transferência para São Paulo = 1 dia
b. Permanência no terminal de São Paulo e transferência (à noite) para Belo Horizonte = 1 dia
c. Distribuição local em Belo Horizonte = 1 dia
Total = 3 dias

Caso o destinatário final não se localize em Belo Horizonte, mas sim em uma cidade relativamente próxima atendida por aquela filial, devem-se acrescentar mais dois dias, elevando o prazo para cinco dias no total.

▼▽ **Análise final**

Dos exemplos apresentados, pode-se notar a grande importância da conjugação operacional entre coleta, transferência, triagem e distribuição. Em geral, somente empresas grandes, com ampla estrutura de apoio e um bom esquema operacional, são as que conseguem atender à clientela dentro de prazos e níveis de serviço compatíveis com o padrão logístico moderno.

4.2.6 Custo e nível de serviço nas transferências

▼▽ **Variáveis importantes**

Quando se trata do transporte e da distribuição de carga fracionada com características de um verdadeiro serviço logístico, o custo por tonelada deslocada não pode ser a única variável a ser considerada na definição do sistema. Como o prazo de entrega é de primeira importância nesse tipo de serviço, é necessário manter frequências regulares entre os terminais. Nas grandes empresas de carga fracionada, essa frequência chega a ser diária.

Nas transferências entre os terminais regionais, podem ser utilizados caminhões semipesados, do tipo *truck* (terceiro eixo), com 12 t de carga útil, ou carretas de 18 a 25 toneladas, tracionadas por cavalos mecânicos.

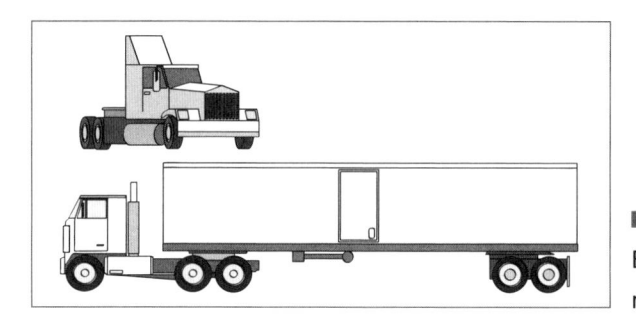

Figura 4.11
Equipamentos utilizados nas transferências.

Alguns aspectos conceituais importantes devem ser considerados na organização da operação. Dependendo do tipo de produto e do mercado, podem ocorrer grandes oscilações na demanda por transporte. Uma forma de contornar esse problema é a contratação de serviços de carreteiros, sempre que o volume a transportar exceda a capacidade da frota própria da empresa, ou seja, seriam contratados carros de mercado para executar o transporte da carga excedente.

Essa prática não é muito recomendada para sistemas logísticos cujo prazo de entrega dos produtos é um elemento fundamental. Isso porque o carro de mercado perde em velocidade média para o serviço realizado com a frota própria. Isso é resultado de fatores diversos, incluindo problemas de manutenção (quebras inesperadas dos veículos na estrada), menor controle das condições de segurança (como fadiga), pouco engajamento do carreteiro nas metas logísticas da empresa etc.

Um modo de contornar essa situação sem incorrer em custos excessivamente altos é evitar rotas e clientes com grandes oscilações na quantidade de carga a ser transportada. Outra forma muito utilizada no mercado norte-americano é a formação de grandes empresas transportadoras e distribuidoras de cargas.

Para essas empresas, as eventuais oscilações dos fluxos de alguns clientes não chegam a perturbar o conjunto, tal seu tamanho.

▼▽ A influência dos agregados

No Brasil, as empresas de maior porte que se especializam no transporte/distribuição de carga fracionada normalmente têm utilizado, além da frota própria, os carros agregados. São veículos de terceiros que trabalham exclusivamente com cargas da empresa, sob contratos de longo prazo. Esse esquema permite imprimir ao caminhoneiro os padrões de serviço da empresa, evitando, por outro lado, as deficiências, os custos adicionais e os encargos que surgem na operação de frota própria.

O acompanhamento de diversos casos no Brasil mostrou que a eficiência dos carros agregados que trabalham com um sistema de remuneração no qual são dados incentivos à produtividade é, pelo menos, duas vezes maior que a normalmente obtida com a frota própria. Essa proporção pode subir para cerca de três vezes, caso os operadores agregados sejam mini ou microempresários, pois, além do incentivo à produtividade, ainda existem as vantagens administrativas desses tipos de empresa.

▼▽ A influência dos autônomos

No caso do transporte de uma forma geral, em que as exigências de nível de serviço não sejam prioritárias, é comum, no Brasil, a utilização de caminhoneiros autônomos (carros de mercado). O custo fixo de um veículo tipo *truck*, de 12 t de carga, é aproximadamente 17% menor, quando operado por um carreteiro, em relação à operação correspondente com frota própria. O custo variável, por sua vez, é 21% menor.

Sabe-se que nem sempre um valor menor significa realmente custos mais baixos. Muitas vezes, é a forma de apropriação das despesas, por parte dos carreteiros, que é deficiente. Mas há fatores institucionais que também explicam parte dessas diferenças. Um fator importante são os níveis de impostos e de obrigações que incidem sobre as empresas, mas não sobre o autônomo ou a microempresa. Por isso, os carreteiros são muito utilizados pelas empresas de forma geral. Muito embora se tenha constatado que a frota de caminhões na mão dos carreteiros está se tornando excessivamente velha, ainda assim seus serviços continuam sendo requisitados.

Outro aspecto que tende a favorecer o carreteiro nas transferências de carga (transportes intermunicipal e interestadual) é a carga de retorno. Para consegui-la, geralmente é preciso deslocar o veículo para uma localidade um pouco fora da rota principal. Além disso, a busca da carga de retorno, as esperas, o carregamento e a entrega no destino podem consumir um tempo relativamente grande no processo.

As empresas que operam serviços regulares, transportando carregamentos urgentes, normalmente não se interessam pela carga de retorno, porque os efeitos negativos no nível de serviço podem superar, em muito, a receita marginal que eventualmente é obtida com esse tipo de carga. Já os carreteiros costumam buscá-la e, como consequência, o frete nas rotas principais tende a baratear um pouco mais.

4.3 O controle da operação

A atividade de planejamento visa determinar um plano de ação e pode ser definida como a previsão do que teoricamente deve acontecer.

Conforme mostra a Figura 4.12, no ciclo normal de administração, o planejamento é seguido pela ação e, posteriormente, pelo controle.

Ciclo clássico da administração

Figura 4.12
Ciclo clássico da administração.

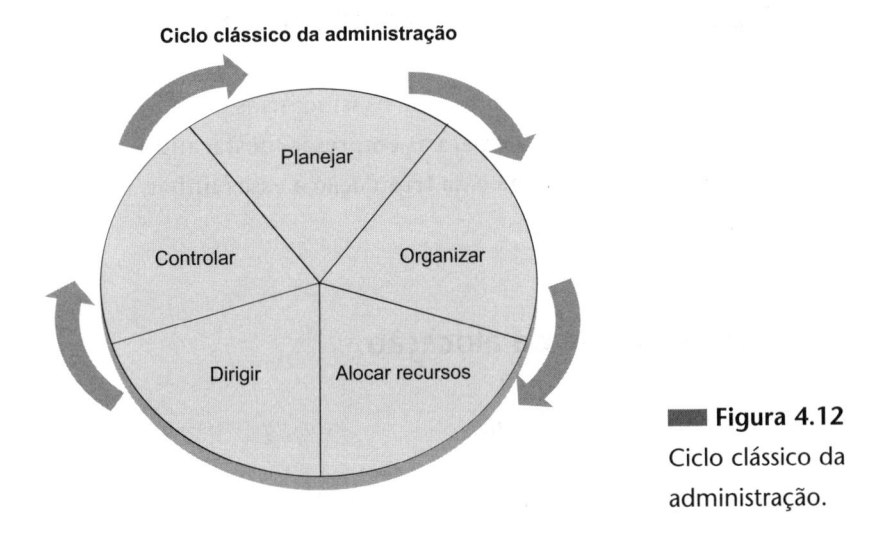

O controle é a verificação do que realmente está ocorrendo, na tentativa de atingir os resultados desejados.

Os relatórios são os instrumentos comuns de controle. Os relatórios de controle repetitivo ou de comportamento são elaborados com periodicidade determinada e seguem padrões constantes. Seu objetivo é atender à administração na tomada de decisões.

Os critérios usados na elaboração de relatórios de controle podem ser resumidos em dez itens:

- atender à estrutura organizacional;
- evidenciar as exceções e fornecer os elementos para uma avaliação;
- ser simples e compreensível;
- conter apenas as informações essenciais;
- adaptar-se às necessidades e às preferências de quem os utiliza;
- objetivar principalmente sua utilização básica;
- ser exato;
- ser preparado e apresentado com rapidez;
- ser mais construtivo que crítico;
- ser padronizado, sempre que possível;

4.4 Operação de frotas no transporte coletivo

Após os órgãos gestores determinarem os itinerários e horários das linhas, surgem problemas complexos para as empresas, destacando-se os relacionados com a alocação da frota e da tripulação a essas linhas, além do controle operacional do serviço.

4.4.1 O problema da alocação

▼▽ Descrição do problema

O problema de alocação de frota, motoristas e cobradores consiste em determinar um programa de distribuição de viagens sobre o conjunto de veículos e pessoas envolvidos na operação de empresas de transporte coletivo.

Como resultado desse processo de alocação, cada viagem (um horário de uma linha) é alocada a um veículo.

Além disso, a tarefa de conduzir os diversos veículos é distribuída entre os motoristas, de modo que, a cada um, seja alocada uma carga de trabalho que atenda às restrições da legislação trabalhista e aos acordos firmados entre empresas e sindicatos de classe.

▼▽ Fatores e restrições a serem considerados

Nesse processo de alocação, diversos fatores devem ser considerados, como:

- relação de linhas, com os respectivos locais de início e término, horários de saída e tempos de viagem;
- características da frota (capacidade, comprimento, distância entre eixos, potência, estado de conservação, autonomia para abastecimento), que determinam a adequação de cada tipo de veículo às diversas linhas operadas pela empresa;

- tamanho da frota, considerando os diversos tipos de veículos;
- custos operacionais, por veículo ou grupo de veículos;
- estrutura da rede viária, com a localização dos pontos de início e término das viagens, além da localização dos terminais, garagens e pontos de substituição de motoristas e cobradores;
- disponibilidade de motoristas (e cobradores, quando não há catracas eletrônicas);
- legislação trabalhista vigente e acordos firmados com os sindicatos, quanto ao regime de contratação e à duração da jornada de trabalho;
- políticas internas da empresa, quanto ao nível de utilização de horas extras, rotatividade do pessoal e distribuição dos veículos aos motoristas.

Dentre as restrições a serem consideradas, algumas são mais importantes que outras. Por exemplo, a não alocação de um veículo novo em uma linha não pavimentada é uma restrição que eventualmente pode ser relaxada. Mas a não alocação de um veículo velho em uma linha bastante acidentada é uma restrição que jamais deveria ser desconsiderada, tendo em vista as consequências de um acidente que pode ser causado por falhas mecânicas.

Figura 4.13
Cuidados na alocação dos veículos.

Além disso, diversos critérios devem ser considerados, pois podem ser conflitantes entre si. Por exemplo, o programa de alocação gerado deve apresentar certo grau de confiabilidade em relação ao cumprimento dos horários estabelecidos, o que requer a existência de alguma folga que seja capaz de absorver eventuais atrasos decorrentes do tráfego enfrentado. Por outro lado, a inclusão de folgas no programa de alocação implica elevar os custos operacionais. Em resumo, para obter aumento no nível de confiabilidade, é necessário, em princípio, elevar os custos.

Todos esses aspectos fazem que a tarefa de programar as atividades de uma empresa de transporte coletivo envolva a manutenção e a manipulação de uma base de dados bastante extensa, na qual a relação entre a solução e as variáveis intervenientes nem sempre é suficientemente compreendida e explorada.

▼▽ Procedimentos usualmente adotados

A sistemática corrente adotada pelas empresas de transporte coletivo urbano, para alocação de frotas e motoristas, é fundamentada em procedimentos manuais desenvolvidos por "práticos" da própria empresa. Tais profissionais detêm o conhecimento para a execução dos planos de operação e são peças fundamentais para a própria empresa.

É comum observar, na aplicação desses procedimentos, que o papel desempenhado pelos custos de operação é secundário. A não ser pela utilização de algumas regras de caráter geral, o custo quase sempre aparece como resultado de uma alternativa de alocação proposta, e não como elemento determinador dessa alternativa.

Outra prática comum – observada em sistemas nos quais o órgão fiscalizador é mais flexível em relação aos horários a serem cumpridos – é a definição desses horários a partir da disponibilidade da frota e de motoristas, e não da demanda existente. Esse procedimento é contrário às filosofias mais modernas de gerência, nas quais é dada mais ênfase ao mercado.

Em outras palavras, as empresas devem adaptar seu produto ao mercado, e não esperar que ele se adapte aos produtos que elas oferecem.

Na prática, diversas são as simplificações realizadas sobre o problema, a fim de possibilitar a elaboração dos programas de alocação. Exemplificando:

- É comum a alocação da frota ser feita de modo independente da alocação de motoristas.
- Normalmente, são utilizados esquemas de alocação independentes para cada linha, não considerando a possibilidade de veículos e motoristas atuarem em duas ou mais linhas distintas.
- Os esquemas de trabalho de cada motorista, em geral, são previamente definidos, tanto em relação à fixação dos horários de descanso como em relação à quantidade de horas extras a serem executadas.

Essas práticas comuns fazem que as soluções que podem apresentar melhores resultados sejam desconsideradas pelo programador da empresa, na obtenção do esquema de operação.

Finalmente, ressalta-se que tais procedimentos, apesar de simplificarem drasticamente o problema real, requerem, para a sua execução, tempos que podem alcançar dias, semanas ou meses, dependendo do porte e da complexidade das operações da empresa.

Até o fim da década de 1970, as experiências realizadas para automatizar a alocação de frotas e motoristas eram voltadas à simulação dos procedimentos efetuados pelos especialistas humanos. A partir do início dos anos 1980, reconhecia-se que a utilização de regras heurísticas, por si só, não era suficiente para aplicações de uso geral. Era necessário utilizar modelos matemáticos capazes de se adaptarem às particularidades de cada empresa, sem a necessidade de reprogramação dos sistemas desenvolvidos. Apesar de conhecidos pelos primeiros pesquisadores da área, os modelos matemáticos não eram utilizados por apresentarem dificuldades em nível computacional.

Com o decorrer do tempo, à medida que os recursos computacionais se desenvolveram, tanto em nível de hardware como de software, os modelos matemáticos voltaram a ser considerados. Para a viabilização do uso desses modelos, os pesquisadores passaram a desenvolver métodos heurísticos de solução que permitem, atualmente, resolver problemas reais de porte significativo.

Com a utilização dos procedimentos sistemáticos, associados a modelos matemáticos, diversos resultados são obtidos. Do ponto de vista qualitativo, podem-se citar os seguintes pontos:

- maior confiabilidade nos programas de operação gerados pelo sistema informatizado, quando comparados com os obtidos manualmente;
- maior agilidade na preparação de novos programas de operação;
- possibilidade de verificar os impactos decorrentes de negociações trabalhistas e/ou modificações nas políticas operacionais da empresa;
- possibilidade de revisão completa do plano de operação, tendo em vista inclusões, exclusões e/ou alterações em alguns horários isolados;
- melhor organização nos procedimentos operacionais da empresa e o consequente aumento no seu controle;
- facilidade em recuperar informações referentes aos planos de operação.

Do ponto de vista quantitativo, verifica-se, com base em diversos trabalhos disponíveis na literatura, a possibilidade de redução dos custos operacionais em até 10%.

Tais reduções são decorrentes da melhor utilização dos recursos disponíveis, fazendo que a mesma quantidade de viagens possa ser executada por um número menor de veículos (redução nos custos de depreciação e/ou emprego dos veículos mais adequados a cada linha) e reduzindo o uso da tripulação (redução do número de motoristas, combinada com o melhor aproveitamento de horas extras).

4.4.2 Programação das linhas

Um conceito muito importante em um estudo de operação da frota de ônibus é o de gráfico de marcha, que representa graficamente toda a programação da linha. Seu traçado é feito após o cálculo dos intervalos e/ou frequências de uma determinada linha para todos os períodos típicos do dia, para ambos os sentidos individualmente e respeitando-se os intervalos máximos e mínimos prefixados. Com base nos módulos de treinamento da Empresa Brasileira de Transportes Urbanos (EBTU) de Brasília (1988), veja a figura a seguir:

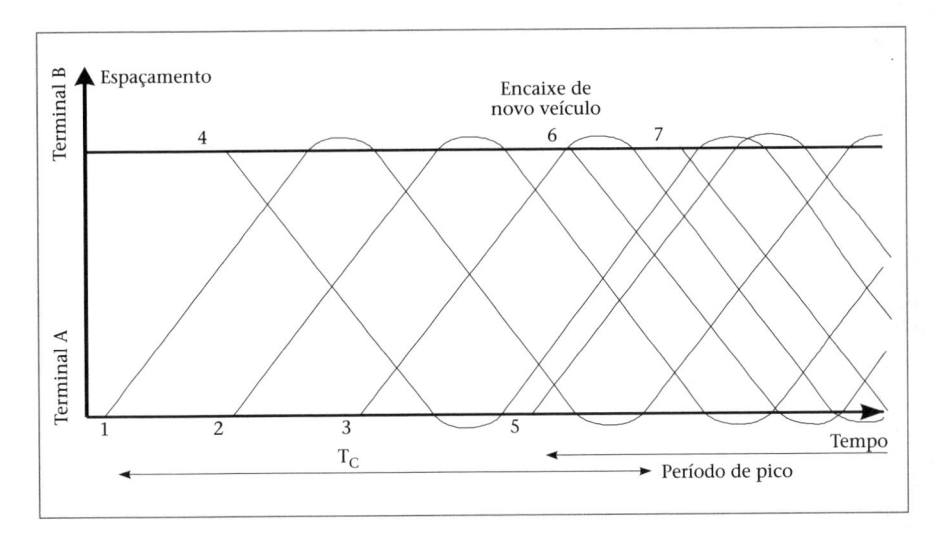

Figura 4.14
Gráfico de marcha.

Com o gráfico da Figura 4.14, é possível visualizar todo o esquema operacional da linha ao longo do dia, pois ele mostra (Empresa Brasileira de Transportes Urbanos, 1988):
- o número de veículos necessários à operação com os terminais de início e fim de operação;
- as velocidades de percurso por sentido, os tempos nos terminais e os respectivos tempos de ciclo em cada um dos períodos em operação;
- a forma de transição entre os períodos típicos (encaixe ou retirada de veículos);
- a possibilidade de ocorrerem problemas operacionais nos terminais (pouco ou muito tempo);
- a possibilidade de ajustes operacionais, como colocar mais ônibus, aumentar a velocidade, diminuir o tempo no terminal.

A Tabela 4.2 mostra os dados necessários para a programação de uma linha de ônibus após o seu dimensionamento.

Tabela 4.2 Cálculo do coeficiente alfa para dez pares de pontos situados na cidade de São Paulo

PROGRAMAÇÃO DE UMA LINHA DE ÔNIBUS: ESPECIFICAÇÃO DA OCUPAÇÃO

Sentido	Períodos típicos	Frota operacional (Veículo)	Intervalo calculado (Mín.)	Tempo de ciclo (Mín.)	Intervalo previsto (Mín.)	Duração do período De	Duração do período A	Número de viagens	Passag. no período	Fluxo médio (Pass./mín.)	Índice de renovação	Ocupação crítica (Pass./Veíc.)	Índice de ocupação (%)	Nível de serviço
A → B	Madrugada	3	36	60	20	5h20	6h20	4	103	1,72	1,04	33	47	B
	Pico da manhã	3	35	60	20	6h20	9h00	8	316	2,26	1,11	41	59	B
	Entrepico manhã	2	50	60	30	9h00	10h30	3	120	1,33	1,25	32	46	B
	Semipico almoço	2	32*	60	30	10h30	13h30	6	487	2,71	1,23	66	94	E
	Entrepico tarde	2	28*	60	30	13h30	16h30	6	422	2,34	1,25	56	80	D
	Pico da tarde	3	28*	60	20	16h30	19h10	8	790	4,94	1,83	54	77	D
	Noite	2	26*	60	30	19h10	20h40	3	192	2,13	1,25	51	73	C
	Vale noturno	1	44*	45	45	20h40	24h25	5	155	0,69	1,04	30	43	A
B → A	Madrugada	3	19*	60	20	4h50	5h50	4	173	2,88	1,06	54	77	D
	Pico da manhã	3	25*	60	20	5h50	9h30	11	1.205	9,48	2,20	60	71	C
	Entrepico manhã	2	21*	60	30	9h30	11h00	3	216	2,40	1,12	64	91	E
	Semipico almoço	2	53	60	30	11h00	14h00	6	414	2,30	1,69	41	59	B
	Entrepico tarde	2	48	60	30	14h00	17h00	6	252	1,40	1,12	38	54	B
	Pico da tarde	3	40	60	20	17h00	19h00	6	221	1,84	1,14	32	46	B
	Noite	2	30	60	30	19h00	21h00	4	229	1,91	1,15	51	73	C
	Vale noturno	1	58	45	45	21h00	24h05	4	102	0,55	1,06	23	33	A

Fonte: STTP – EBTU.

A metodologia utilizada para obter os dados mostrados nessa tabela obedece aos seguintes passos:

- alocar a frota mínima necessária para a operação no sentido dominante, de acordo com os tempos de ciclo estipulados (apontado na tabela com * na coluna do intervalo calculado);
- calcular os intervalos programados e as respectivas durações dos períodos típicos;
- determinar o número de viagens no período e os correspondentes totais de passageiros transportados no período;
- avaliar a programação feita, recalculando o tempo médio, a nova ocupação crítica, os índices de ocupação e o correspondente nível de serviço resultante.

4.4.3 Métodos de controle operacional

▼▽ **Considerações iniciais**

Cabe a cada governo, por meio do respectivo órgão gestor, proporcionar um bom transporte à população. Assim, é importante que os técnicos que atuam no transporte coletivo façam bom uso dos métodos de controle operacional e disponham de indicadores de desempenho atualizados, para melhor avaliar a situação real de cada sistema e atuar com eficiência.

Apresentam-se, a seguir, parâmetros de desempenho operacional utilizados no transporte coletivo urbano:

- total diário de passageiros transportados, subdividido em passageiros gratuitos (idosos e outros), com desconto (estudantes) e passageiros sem desconto;
- total diário de quilômetros percorridos, subdividido em quilometragem útil e ociosa (entende-se como quilometragem útil a soma das quilometragens de todas as viagens realizadas pelos ônibus, do ponto inicial ao final do itinerário, ida e volta);
- total diário de viagens programadas e realizadas;

- total diário de ônibus utilizados, especificando a frota reserva e a média de veículos em manutenção;
- cadastro dos pontos de parada e terminais.

▼▽ Índices de controle operacional

Os dados apresentados no item anterior são utilizados para calcular os índices de controle operacional, que mostrarão a necessidade ou não de adequação das linhas. Esses índices são:

A – Índice de passageiros transportados por quilômetro – IPK

$$IPK = \frac{\text{número médio de passageiros}}{\text{quilometragem rodada média diária}}$$

Esse é um dos índices mais importantes do transporte. É utilizado no cálculo da tarifa e retrata, com outros índices, o desempenho do serviço prestado. O IPK deve ser obtido por linha, por empresa e da cidade como um todo. Considerando o volume de trabalho, cabe ao órgão de gerência definir se a obtenção do IPK deve ser por pesquisa ou por controle direto de todas as linhas da cidade.

B – Índice de passageiros transportados por viagem

É obtido a partir da relação entre o total de passageiros transportados e o número de viagens realizadas e retrata o desempenho da frota, de uma linha ou de uma empresa.

C – Índice de quilômetros percorridos por veículo ao dia

É obtido a partir da relação total de quilômetros rodados/veículos da frota efetiva.

Saber quanto cada veículo circula por dia é conhecer a oferta de transporte à disposição dos usuários. Esse índice é a base para a obtenção do PMM, apresentado a seguir.

D – Percurso médio mensal – PMM
Representa a seguinte relação: total de quilômetros rodados/mês. Essa informação é importante para o cálculo da tarifa e para o controle da oferta de transporte.

E – Índice de regularidade do sistema (IRS)

$$IRS = \frac{\text{número de viagens regulares}}{\text{número total de viagens programadas}}$$

Se acompanhado ao longo do tempo, esse índice retrata nitidamente como está o serviço prestado pela empresa, já que focaliza o padrão de manutenção e a confiabilidade do sistema.

F – Índice de renovação (IR)
Esse índice reflete o embarque-desembarque de passageiros nas linhas e é obtido pela respectiva pesquisa (E-D).

G – Idade média da frota
Índice importante para o cálculo da tarifa. Avalia também o conforto e a segurança dos usuários porque a existência de uma frota nova e bem cuidada é condição necessária a um bom transporte.

H – Índice de conforto (IC)

$$IC = \frac{\text{número de passageiros transportados}}{\text{número de lugares sentados}} \ / \ dia$$

Esse índice avalia o conforto oferecido pelo sistema. É bom lembrar que, quanto maior o conforto, maior será o custo da empresa e maior a tarifa para o usuário, caso não seja subsidiada. Cabe ao órgão de gerência definir esse equilíbrio.

I – Espaçamento médio entre pontos e número de paradas por linha
A avaliação desses itens é fundamental para a otimização do tempo gasto em uma viagem. Pontos em demasia encurtam as distâncias a serem percorridas a pé, mas representam maior tempo gasto em embarque e desembarque, aumentando o tempo total da viagem.

J – Tempo no terminal e tempo total de viagem
Esse índice demonstra possíveis atrasos nos terminais, acarretando diminuição da oferta.

Os índices podem ser utilizados tendo como base o dia, semana, mês e ano e devem ser comparados com os valores determinados na fase de programação operacional.

▼▽ Outros aspectos importantes

Ainda quanto ao desempenho da operação, devem ser analisados outros aspectos importantes para o sistema de transporte, com destaque para:

- condições de segurança dos veículos;
- condições de higiene dos veículos;
- atendimento dado aos passageiros pelos motoristas e cobradores. Esse aspecto depende fundamentalmente da qualidade da mão de obra alocada;
- condições das pistas por onde trafegam os veículos. Cabe aqui um cuidado especial na determinação dos itinerários;
- nível da comunicação visual oferecida ao usuário, desde o instante em que ele procura o ponto inicial até o momento de atingir o ponto final, dentro e fora do sistema.

▼▽ Índices de desempenho econômico

Além desses estudos, a programação dos custos do serviço deve avaliar a necessidade, ou conveniência, de adotar medidas operacionais para aumentar a eficiência do sistema, considerando os seguintes índices de desempenho econômico:

$$\text{Tarifa média} = \frac{\text{tarifas ponderadas}}{\text{número de passageiros transportados}}$$

$$\text{Índice de tarifa social} = \frac{\text{número de passageiros com tarifa social}}{\text{número de passageiros pagantes}}$$

$$\text{Índice de consumo de combustível} = \frac{\text{despesas com combustível no mês}}{\text{PMM}}$$

$$\text{Índice de rentabilidade média} = \frac{\text{receita total}}{\text{número de passageiros transportados}}$$

4.5 Exemplo: operação de frotas

Por vários anos, algumas fábricas pertencentes ao grupo, que será chamado aqui de Grupo A, viveram com a experiência de atrasos contínuos na entrega dos produtos. Os transtornos eram causados, principalmente, pela falta de transportadores autônomos para prestar atendimento ao fluxo de transporte entre as fábricas, por causa da sazonalidade das safras agrícolas.

Os estudos do Grupo A indicavam que, em cem viagens efetuadas no percurso São Paulo-São Luís (2.970 km), ocorriam 30 atrasos. Cerca de 30% dos caminhões que faziam esse trajeto levavam de oito a dez dias para chegar ao destino.

Diante disso, o grupo decidiu organizar uma rota que atendesse às necessidades de suprimento de matérias-primas e de escoamento da produção das três fábricas e, para isso, chamou as transportadoras que já lhe prestavam serviços, a fim de tentar chegar a uma solução.

A reviravolta nesse quadro ocorre quando a Transportadora A, após vencer uma concorrência, coloca em prática a operação *round-trip*, mais conhecida como "viagem redonda", interligando três pontas do sistema operacional do Grupo A. A viagem redonda permite o transporte de produtos em três rotas diferentes, porém integradas.

Os veículos da frota própria da Transportadora A são ocupados com a carga máxima (27 t) e asseguram o cumprimento médio dos horários de saída e de chegada. O objetivo é fazer que cada um cumpra três "viagens redondas" por mês, a fim de diluir ao máximo o custo fixo do caminhão.

Cada *round-trip* é completada em 7.203 quilômetros. Na estrada, o tempo de viagem é de 201 horas, se o caminhão rodar durante 20 horas por dia. Atualmente, o caminhão fica parado nas pontas até 96 horas para carga e descarga, mas a empresa pretende reduzir esse período para 36 horas. Se as operações forem realizadas rapidamente, o veículo permanecerá um dia em cada um dos três terminais e poderá realizar até três "viagens redondas" por mês, rodando 21.609 km cada um.

Cada motorista dirige de quatro a seis horas seguidas, dependendo da dupla, que tem autonomia para determinar a escala de tempo. A Transportadora A concordou com as regras da licitação, que estabeleciam a utilização de dois motoristas por veículo, para garantir pontualidade nas operações de entrega, de transferência e de consolidação de cargas no regime de 24 horas por dia.

4.6 Conclusão

Conforme visto neste capítulo, a utilização de metodologias corretas na operação das frotas e o cuidado com o desempenho operacional e econômico, com um efetivo sistema de controle, permitem ao empresário chegar a bons resultados nos seus negócios.

4.7 Referências bibliográficas

AZEVEDO FILHO, M. A. N. *Procedimento para operação de frotas de veículos de distribuição*. Rio de Janeiro: Universidade Federal do Rio de Janeiro, 1985.

CONGRESSO DE PESQUISA E ENSINO EM TRANSPORTES. *Anais*. São Paulo, Anpet, 1993.

GRANJA, L. *Contribuição ao estudo teórico de modelos de distribuição de viagens*. 1981. Dissertação de Mestrado – Universidade Federal do Rio de Janeiro, Rio de Janeiro.

LEITE, J. G. M. *Logística de transporte de cargas*. Apostila técnica. Universidade Federal do Paraná, 1993.

MERCEDES-BENZ. *Administração e transporte de cargas – planilhas e informações*. Gerência de Marketing, 1988.

NOVAES, A. G. *Sistemas Logísticos*. São Paulo: Edgar Blucher Ltda., 1989.

Programa de Capacitação Gerencial. Gerenciamento de transporte público urbano – Instruções básicas. v. 1. Módulos 3 e 4. Associação Nacional dos Transportes Públicos, 1990.

STPP. Gerência do Sistema de Transporte Público de Passageiros. Módulo de Treinamento. EBTU – Empresa Brasileira de Transportes Urbanos. Brasília, 1988.

UELZE, R. *Logística empresarial*. São Paulo: Pioneira, 1974.

_____. *Transporte e frotas*. São Paulo: Pioneira, 1978.

VALENTE, A. M. *Contribuição à resolução numérica do problema de distribuição de viagens*. 1993. Dissertação de Mestrado – Universidade Federal do Rio de Janeiro, Rio de Janeiro.

_____. *Um sistema de apoio à decisão para o planejamento de fretes e programação de frotas no transporte rodoviário de cargas*. 1994. Tese de Doutorado – Universidade Federal de Santa Catarina, Florianópolis.

CAPÍTULO 5
PREVISÃO DE CUSTOS OPERACIONAIS

5.1 O segredo da boa decisão

"Um sistema eficaz de orçamento e de controle de custos permite a tomada de melhores decisões." Vamos analisar essa afirmativa.

O que se entende por orçamento?

É o documento pelo qual são realizadas as previsões de receitas e despesas referentes a um serviço ou conjunto de atividades que ocorrerão em um determinado período de tempo. Tal documento é fundamental para que a empresa possa obter o máximo rendimento dos recursos empregados e o equilíbrio de suas finanças.

Por seu intermédio, a administração fixa e define as metas a atingir. Convém ressaltar que o orçamento de uma empresa depende do orçamento de cada serviço a ser realizado e, no caso dos transportes, é imprescindível que se faça uma boa previsão dos custos de operação dos veículos.

E quanto ao controle de custos?

A administração precisa sempre avaliar os impactos de suas decisões sobre os custos. O gerente eficaz, por sua vez, deve ter um bom conhecimento sobre eles, de modo a poder converter essas informações em subsídios que propiciem decisões acertadas. A Figura 5.1 ilustra tal sistema de tomada de decisões.

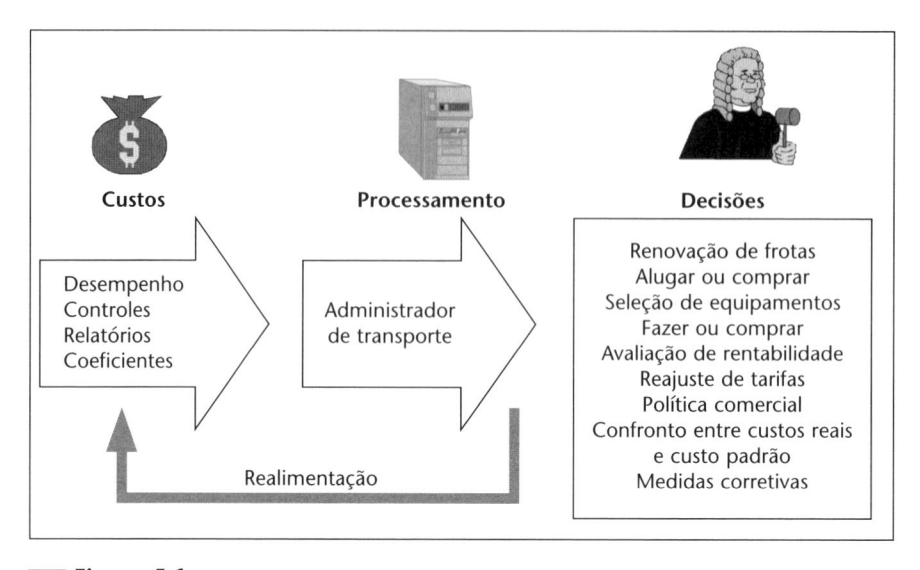

Figura 5.1
Sistema de tomada de decisão.

5.2 Classificação dos custos

A análise econômica costuma fazer a distinção apresentada a seguir, entre os custos de produção.

5.2.1 Tipos de custos

Em nível macro, os custos operacionais dos veículos rodoviários podem ser classificados da seguinte forma:

▼ **Custos diretos**
Correspondem aos custos fixos mais os variáveis.

- **Custos fixos.** Englobam o conjunto de gastos, cujo valor, dentro de limites razoáveis de produção, não varia em função do nível de atividade da empresa ou grau de utilização do equipamento.
- **Custos variáveis.** São proporcionais à utilização.

▼ **Custos indiretos ou administrativos**
- São os custos necessários para manter o sistema de transporte da empresa.

5.2.2 Componentes dos custos

Colocando em prática os conceitos descritos, podem-se apresentar os seguintes componentes para os custos:

▼ **Custos fixos**
- Depreciação: corresponde à redução de valor que o veículo vai sofrendo com o decorrer do tempo.
- Remuneração do capital: qualquer investimento feito pressupõe um retorno ou remuneração do capital aplicado. É isso que o empresário espera ao investir em uma empresa de transportes. Portanto, a cada serviço que ela presta, deve embutir em seus custos a remuneração do capital aplicado pelo investidor em:
    - salário da tripulação: corresponde ao pagamento de motoristas, cobradores, ajudantes etc., e respectivos encargos sociais;
    - licenciamento;
    - seguros.

▼ **Custos variáveis**
- Combustível.
- Óleo lubrificante do motor.
- Óleo lubrificante da transmissão.
- Lavagem e lubrificação.
- Material rodante: corresponde a pneus, câmaras, recapagens e protetores.
- Peças, acessórios e material de oficina.
- Mão de obra para manutenção dos veículos.

▼ **Custos indiretos ou administrativos**
- Pessoal de armazéns, escritórios e respectivos encargos sociais.

- Impressos.
- Publicidade.
- Aluguéis de armazéns e escritórios.
- Comunicações.
- Impostos e taxas legais.
- Construção, conservação e limpeza.
- Viagens e estadias.
- Despesas financeiras.
- Despesas diversas.

5.2.3 Considerações metodológicas

Cabe aqui destacar que essa classificação de custos pode ser feita de maneira diferente, conforme a aplicação a ser realizada. Por exemplo, no caso do cálculo de tarifas de ônibus urbano, segundo a metodologia normalmente utilizada (do extinto Geipot), os custos administrativos estão incluídos nos custos fixos, conforme descrito a seguir:

▼ **Custos variáveis:**
- Combustível.
- Lubrificantes.
- Rodagem.
- Peças e acessórios.

▼ **Custos fixos:**
- Custo de capital.
- Depreciação.
- Remuneração.
- Despesas com pessoal.
- Despesas administrativas.

5.3 Fatores que influenciam nos custos

O administrador deve sempre estar atento ao fato de que muitos fatores determinam variações substanciais nos custos ou na sua composição. Dentre eles, destacamos:

- **Quilometragem desenvolvida**: O custo por quilômetro diminui à medida que o veículo roda, pois o custo fixo é dividido pela quilometragem. Contudo, deve-se observar o uso da velocidade econômica de operação do veículo, pois o aumento da velocidade pode influenciar no consumo de combustível, de pneus e de manutenção, tirando a vantagem obtida com a nova quilometragem.
- **Tipo de tráfego**: É sabido que na cidade o veículo gasta mais combustível por quilômetro rodado e tem um desgaste maior do que em áreas não urbanas.
- **Tipo de via**: O custo varia também em função do tipo de estrada por onde o ônibus ou caminhão vai trafegar. Isso engloba superfície de rolamento, condição de conservação, topografia, sinuosidade etc.

Figura 5.2 Variação dos custos.

- **Região**: Conforme o lugar em que a transportadora atua, os salários, impostos, preços de combustível etc. podem ser diferentes.
- **Porte do veículo:** Um fator de redução do custo por tonelada/quilômetro ou passageiro/quilômetro transportado é a maior capacidade do veículo, desde que bem aproveitada.

- **Desequilíbrio nos fluxos**: Outro fator de variação nos custos é o desequilíbrio nos fluxos. No caso do transporte de passageiros, ele costuma ser pendular (quem vai volta), o que geralmente não ocorre para as cargas.

Esse último fator deve ser avaliado com atenção, pois o tráfego de veículos vazios tem custos menores, sob alguns aspectos, e maiores, em outros. Se, por um lado, o consumo de combustível é menor, por outro, ocorre o aumento do número de carroçarias que quebram por trafegarem vazias. Além disso, o custo do retorno vazio acaba sendo parte do custo de transporte da carga na ida, devido à menor produtividade dos veículos. Daí a necessidade de adicionar um percentual para quantificar o aumento do custo de retorno.

5.4 Métodos de cálculo de custos operacionais

Uma vez constatada a vital importância do conhecimento dos custos operacionais, aborda-se a seguir a questão de como calculá-los.

Tanto a literatura como a prática dispõem de diversos métodos, dos quais os principais são descritos a seguir.

5.4.1 Método dos custos médios desagregados

É amplamente utilizado pelas empresas e também divulgado por revistas especializadas no setor de transportes. Ele oferece estimativas bastante razoáveis para os custos operacionais de veículos rodoviários. Essas estimativas têm como base a apropriação de cada componente desse custo.

O método está baseado em parâmetros médios de consumo. Não é sensível, portanto, a variações específicas de velocidade e carregamento dos veículos nem das condições físicas e de tráfego das rodovias, ou seja, é calculado levando-se em conta as condições médias de tráfego, rodagem, carregamento e velocidade.

Apesar dessas limitações, possui diversos méritos, destacando-se a praticidade e o cálculo desagregado por componente de custo (depreciação, combustíveis, pneus, salários, manutenção etc.). Possibilita ainda que cada empresa possa inserir parâmetros referentes a cada tipo, modelo ou categoria de veículo (de acordo com o nível de precisão com que ela deseje trabalhar).

O método dos custos médios desagregados (MCMD) requer informações sobre preços unitários e parâmetros de consumo por parte dos veículos. A empresa pode alimentar o sistema de cálculo com parâmetros observados em sua frota, o que permite ao MCMD, diferentemente dos demais métodos, calcular os custos também nas vias urbanas, onde há particularidades como tipo de calçamento, fluxos interrompidos etc.

Um exemplo de cálculo de custo operacional por meio desse método é apresentado adiante, ainda neste capítulo. Programas de computador capazes de realizar tais cálculos podem facilmente ser desenvolvidos nas empresas com o uso de planilhas eletrônicas ou adquiridos no mercado de softwares.

5.4.2 Método do comprimento virtual

▼▽ Conceitos, definições e fórmulas

Para uma melhor compreensão sobre sua sistemática de cálculo, apresentam-se a seguir os seguintes conceitos e definições por ele utilizados:

- **Rodovia ideal**: rodovia em nível, tangente e pavimentada, em boas condições de conservação.
- **Comprimento virtual**: extensão de rodovia ideal que equivale, em termos de custos operacionais, a um trecho de rodovia sob determinadas características condicionantes.
- **Características condicionantes de uma rodovia**:
  a) velocidade operacional no trecho;
  b) rampas ou aclives;
  c) contrarrampas ou declives;

d) tipo de superfície de rolamento $\begin{cases} \text{pavimentada} \\ \text{revestimento} \\ \text{terra} \end{cases}$

e) estado de conservação da pista de rolamento $\begin{cases} \text{bom} \\ \text{regular} \\ \text{ruim} \end{cases}$

f) curvas horizontais com raio ≤ 100 m;

g) lombadas e depressões;

h) resistência lateral $\begin{cases} \text{leve} \\ \text{média} \\ \text{pesada} \end{cases}$

i) pontes com largura inferior a 5 m.

Os dados relativos às características condicionantes podem ser obtidos no projeto ou cadastro rodoviário.

- **Fatores virtuais**: são coeficientes que representam a extensão de rodovia-padrão que é equivalente, em termos de custos operacionais, a uma unidade da característica condicionante da rodovia.
  – Cálculo do fator virtual ($F_{\bar{v}i}$):

$$F_{\bar{v}i} = \frac{C_{r\bar{v}}}{CI} - 1$$

onde:

$C_{r\bar{v}}$ = custo operacional/km à velocidade econômica, tendo em vista uma característica condicionante *i* qualquer.

CI = custo operacional/km na rodovia ideal.

– Cálculo do acréscimo virtual (ΔLi):

$$\Delta Li = F_{\bar{v}i} \cdot L_i$$

onde:

L_i = extensão em km ou frequência em que se verifica a característica *i*, no trecho em estudo.

– Classificação da rodovia quanto ao traçado: trata-se de um método simplificado de caracterização do grau de dificuldade com que são vencidas as diferenças de cotas que se verificam ao longo da rodovia. Tem como base o critério dos desníveis acumulados.

$$Dh = \frac{\sum_{i=1}^{n} x_i \times l_i}{2L}$$

onde:
x_i = inclinação da rampa i (%).
l_i = extensão da rampa i (agrupa rampas e contrarrampas).
n = número de tipos de rampas.
L = extensão total da rodovia.
A classificação é feita em função do valor obtido para Dh:

Dh ≤ 1% – Traçado fácil.

1% < Dh ≤ 2% – Traçado médio.
2% < Dh – Traçado difícil.

- **Cálculo das velocidades nas diversas rampas da rodovia:** velocidade na parte plana – V_p

$$V_p = \frac{Vm}{\frac{F_R + F_{CR}}{2}} \begin{cases} F_r = \dfrac{\sum_{i=1}^{n} \left[l_i \times (r_{ii} + r_{is}) \right]}{2L} \\ \\ F_{CR} = \dfrac{\sum_{i=1}^{n} \left[l_i \times (cr_{ii} + cr_{is}) \right]}{2L} \end{cases}$$

$$V_{CRi} = V_p \times cr_i$$
$$V_{ri} = V_p \times r_i$$

onde:
Vm = velocidade média na rodovia.
L = extensão da rodovia (km).

F_R = fator de correção para rampas.
F_{CR} = fator de correção para contrarrampas.
i = intervalo de rampa.
is   = extremo superior do intervalo i.
ii   = extremo inferior do intervalo i.
l_i = extensão da rampa tipo i.
r_i = % da velocidade da rampa (extremo superior do intervalo i) em relação à velocidade no plano.
n   = nº de intervalos de rampa.
cr_i = % da velocidade na contrarrampa (extremo superior do intervalo i) em relação à velocidade no plano.
Vr_i = velocidade na rampa i.
Vcr_i = velocidade na contrarrampa i.

Os valores de Vm, Vr_i, Vcr_i, r_i e cr_i podem ser obtidos por testes ou retirados de tabelas nas bibliografias indicadas.

▼▽ Sistemática de cálculo

O cálculo do custo operacional por tipo de veículo é feito em três etapas:

a. custo operacional na rodovia ideal à velocidade mais econômica (CI);
b. custo operacional na rodovia real à velocidade mais econômica;

$$COP = CI\ (L + \Sigma\Delta L)$$

c. custo operacional na rodovia real à velocidade real.

$$COP = CI\ (L + \Sigma\Delta L + \Sigma\Delta L')$$

onde:
   COP = custo operacional do veículo no trecho considerado.
   CI = custo operacional do veículo, à velocidade mais econômica, na rodovia ideal (em unidades monetárias por quilômetro – UM/km).

L = extensão do trecho (km).

$\Sigma\Delta L$ = soma dos acréscimos virtuais à velocidade mais econômica, considerando as características condicionantes (km).

$\Sigma\Delta L'$ = soma dos acréscimos virtuais, em virtude de a velocidade real ser diferente da mais econômica, considerando as características condicionantes (km).

▼▽ Análise do método

Esse método utiliza resultados de testes de fábrica e de levantamentos feitos no exterior e no Brasil, além de fórmulas mecanísticas e empíricas da literatura técnica, as quais permitem o cálculo para cada tipo de veículo.

É um método consagrado, principalmente para o uso em estudos de viabilidade econômica de projetos rodoviários. Dada a sua sensibilidade às características das rodovias, tem sido muito utilizado para essa finalidade, desde a década de 1970.

Atualmente, tem sido substituído pelo modelo HDM – Banco Mundial (abordado mais adiante).

Apresenta também diversas limitações e peculiaridades, como:

- O modelo de cálculo do consumo de combustível é aplicável em qualquer veículo com suas características conhecidas, apesar de apresentar melhores estimativas nas últimas marchas.
- Dada a época de sua elaboração, os veículos adotados não representam a atual frota brasileira.
- Necessita de revisão para se adequar às inovações tecnológicas alcançadas, como já ocorreu no passado com a radialização dos pneus.
- O fator virtual, a velocidade ideal e a velocidade mais econômica, após tantos anos de uso, deveriam ter seus valores reavaliados.
- É provável que tenha havido alteração na velocidade econômica dos veículos, em função das diversas mudanças tecnológicas já ocorridas.

- Por se tratar de um método construído com base em dados coletados na época de 1970, seu uso devia ser precedido de ampla atualização.

▼▽ Avaliação final

Na prática, como se pode observar, seu uso está mais voltado para órgãos rodoviários do que para transportadoras. Sua utilização por parte destas exige um bom cadastro rodoviário e o uso de banco de dados, muitas vezes não disponíveis nem nos referidos órgãos.

Além disso, um método mais sensível às peculiaridades das rodovias, o HDM – Banco Mundial, é mais atual e vem sendo mais utilizado.

5.4.3 Método do HDM-IV

▼▽ Histórico

O modelo HDM (Highway Design and Maintenance Standards Model) foi desenvolvido pelo Banco Mundial (BIRD), a partir de intensas pesquisas financiadas por ele, e realizadas em diferentes países, entre os quais o Brasil, onde foi feita a Pesquisa sobre o Inter-Relacionamento de Custos Rodoviários (PICR), no período entre 1975 e 1982.

Com os resultados obtidos a partir desses estudos realizados, foi desenvolvida a versão HDM-III, amplamente utilizada, principalmente em estudos rodoviários, a partir do fim da década de 1980 até 1995. Contido nesse modelo, encontra-se o VOC (Vehicle Operating Costs), programa específico para o cálculo de custos operacionais de diferentes tipos de veículos, trafegando em rodovias com características diversas.

Em 1995, o Banco Mundial lançou a versão HDM-IV, similar ao HDM-III, com a diferença básica de que essa nova versão leva em conta a influência do volume de tráfego nas velocidades e, por conseguinte, nos custos operacionais dos veículos. Atualmente, a versão disponível é o HDM-4.2, ou versão 2 de 2007 (ARCHONDO-CALLAO, 2008), uma atualização da versão de 1995 que vem sendo utilizada atualmente, conforme pode ser constatado em cursos rápidos oferecidos pela Escola de engenharia da Universidade de Birminghan.

▼▽ Características básicas

Diferentemente do método do comprimento virtual, os custos operacionais são agora determinados não para as condições ideais da rodovia, mas para as condições reais, obtendo-se diretamente o custo final para trafegar em rodovias em diferentes condições físicas e de tráfego.

Para tanto, com as mencionadas pesquisas fomentadas pelo BIRD, foram obtidos equações e modelos que relacionam parâmetros de operação dos veículos e, consequentemente, os componentes de custo de operação às características das rodovias (ARCHONDO-CALLAO, 2008).

A determinação dos custos operacionais demanda o levantamento das características físicas e geométricas das rodovias, o estabelecimento das características físico-mecânicas dos veículos e a realização de pesquisa de mercado para a obtenção dos preços atuais dos veículos e componentes que interferem na formação dos custos operacionais.

Como resultado, tem-se o custo operacional de cada tipo de veículo, desagregado pelo componente fixo e variável, para diferentes condições de tráfego e de rodovia.

Figura 5.3
Características básicas do modelo HDM.

▼▽ **Avaliação final**

Na prática, a exemplo do que ocorre com o método do comprimento virtual, o HDM-4, na sua versão 2, tem seu emprego mais voltado para órgãos rodoviários do que para transportadoras. Sua aplicação exige um bom cadastro rodoviário e o uso de banco de dados, muitas vezes não disponíveis, nem nos referidos órgãos. Também não é indicado para o cálculo de custos em vias urbanas.

Cursos periódicos sobre o uso dessa ferramenta no gerenciamento de rodovias os quais abrangem projeto, programa e análise estratégica são oferecidos em instituições como a Universidade de Birminghan, na Inglaterra.

Como aspectos positivos, pode-se afirmar que é o método mais preciso de que se dispõe atualmente e que sua utilização, diretamente por meio do VOC, pode proporcionar simplificações e agilização nos cálculos dos custos operacionais para os usuários.

5.5 Considerações sobre o cálculo da depreciação, manutenção e remuneração do capital

Pesquisando no suplemento da revista *Transporte Moderno* (Custos e Fretes n. 20) e em outras fontes da literatura técnica sobre o assunto, pode-se constatar a existência de diferentes métodos de cálculo para a depreciação, manutenção e remuneração do capital.

5.5.1 Métodos de cálculo da depreciação

Para o caso da depreciação, verifica-se, por exemplo, que, em vez do tradicional e cômodo processo de depreciação linear, os modelos de custos decrescentes com a idade dos veículos são, de modo geral, os preferidos, por serem mais realistas. Nesses modelos, os custos são mais bem distribuídos em relação à idade e refletem mais realisticamente a perda de valor dos equipamentos com o tempo. Os modelos de depreciação normalmente utilizados são descritos nesta seção (OYOLA, 1988).

PREVISÃO DE CUSTOS OPERACIONAIS   145

Figura 5.4
Métodos de cálculo de depreciação.

▼▽ **Exponencial**

Esse método parte do princípio de que o valor do equipamento diminui, anualmente, segundo uma porcentagem fixa do valor que possuía no início do período.
Sendo:
V_n = valor do veículo no fim de n anos.
P = valor inicial do veículo.
r = taxa de depreciação.

O valor do veículo no fim de n anos será:

$$V_n = P \times (1 - r)^n$$

Na prática, o valor de r pode ser obtido a partir dos valores inicial e residual. Assim, se, por exemplo, o valor residual de um veículo, após cinco anos, é igual a 20% do novo, tem-se:

$$r = 1 - \left(\frac{L}{P}\right)^{\frac{1}{N}}$$

onde:
L = valor residual do veículo.
N = vida útil do veículo.

Desse modo, no exemplo, o cálculo de r será o seguinte:

$$r = 1 - (0{,}20)^{\frac{1}{5}}$$
$$r = 1 - (0{,}20)^{0{,}20}$$
$$r = 1 - 0{,}725$$
$$r = 0{,}275 = 27{,}5\%$$

Logo, nesse caso, tem-se:

$$V_n = P \times (1 - 0{,}725)^n$$
$$V_n = P \times (0{,}725)^n$$

▼▽ Método dos dígitos ou da soma dos anos

Já pelo método dos dígitos ou da soma dos anos, a depreciação no ano n, de um equipamento com vida útil igual a N anos, é uma fração em que o denominador é a soma dos primeiros n anos e o numerador é a vida útil remanescente em anos.

Sendo:
N = vida útil em anos.
n = ano de cálculo da depreciação.
O coeficiente de depreciação (cn). para o ano n, em relação ao preço do veículo novo (P), será:

$$cn = \left(\frac{N - n + 1}{\Sigma N} \right)$$

A depreciação (Dn) que o veículo sofrerá no ano n será:

$$Dn = DT \times cn$$

onde:
DT = (P − L) = Depreciação total que o veículo sofrerá ao longo de toda a sua vida útil.

O valor do veículo (Vn) para o ano n será então:

$$V_n = P - (D1 + D2 + ... + Dn)$$

onde:
D1, D2, Dn = Depreciação que o veículo sofrerá respectivamente nos anos 1, 2, n.

▼▽ **Taxa média ou linear**

No cálculo de tarifas, em aplicações cujo objetivo é definir um valor médio durante a vida útil e nas quais não há interesse na variação do custo com a idade do veículo, o método linear, embora menos exato que os demais, satisfaz plenamente e é bastante prático para cálculos rápidos.

Normalmente, o que se faz é adotar, como valor residual, o preço de revenda do veículo no fim da sua vida útil, obtendo-se assim uma taxa média de depreciação.

Sendo:
p = preço de compra do veículo novo,
L = valor residual no fim da vida útil,
N = vida útil em anos,

A depreciação anual (da) será:

$$da = \left(\frac{P - L}{N} \right)$$

O valor do veículo no ano n será:

$$V_n = P - n \times \left[\left(\frac{P - L}{N} \right) \right]$$

5.5.2 Comparativo entre os três métodos

Um estudo comparativo dos resultados obtidos com a utilização dos três métodos apresentados mostra que o linear leva a valores mais elevados, normalmente mais distantes da realidade (OYOLA, 1988).

Já os métodos da soma dos anos e exponencial geralmente são mais realísticos. Conduzem a uma depreciação mais rápida e a valores bastante próximos entre si (ver a Figura 5.5). Porém, em uma comparação mais detalhada, observa-se que, enquanto o exponencial proporciona depreciação mais rápida no início da vida útil e mais lenta no fim, o método da soma dos anos conduz ao resultado oposto: os valores residuais são ligeiramente mais altos no início da vida útil e decrescem com mais rapidez no fim.

Tais comportamentos têm reflexos no valor médio do equipamento. O menor valor médio (média calculada pelo valor do início de cada período) é o obtido com o método da soma dos anos. Em outras palavras, esse método é o que mais deprecia o veículo.

Utilizando a depreciação exponencial, o valor obtido é apenas ligeiramente superior. Já o método linear conduz a um resultado maior (igual a 8,70%, segundo os dados adotados no exemplo seguinte).

Exemplo

Calcular a depreciação anual e a depreciação média, segundo os três métodos apresentados, considerando um veículo cujo valor inicial é igual a R$ 100.000,00 e atinge valor residual igual a R$ 20.000,00, em cinco anos.

Tabela 5.1 Valor do veículo em reais, segundo a idade

Idade (N)	Método linear	Método da soma dos anos	Método exponencial
0	100.000	100.000	100.000
1	84.000	73.300	72.500
2	68.000	52.000	52.600
3	52.000	36.000	38.100
4	36.000	25.300	27.600
5	20.000	20.000	20.000

Tabela 5.2 Valor médio do veículo, em reais, ao longo da sua vida útil

Valor médio	Linear	Soma dos anos	Exponencial
(no início de cada ano)	68.000	57.300	58.200
índice de valor médio (%)	108,7	100,0	101,6

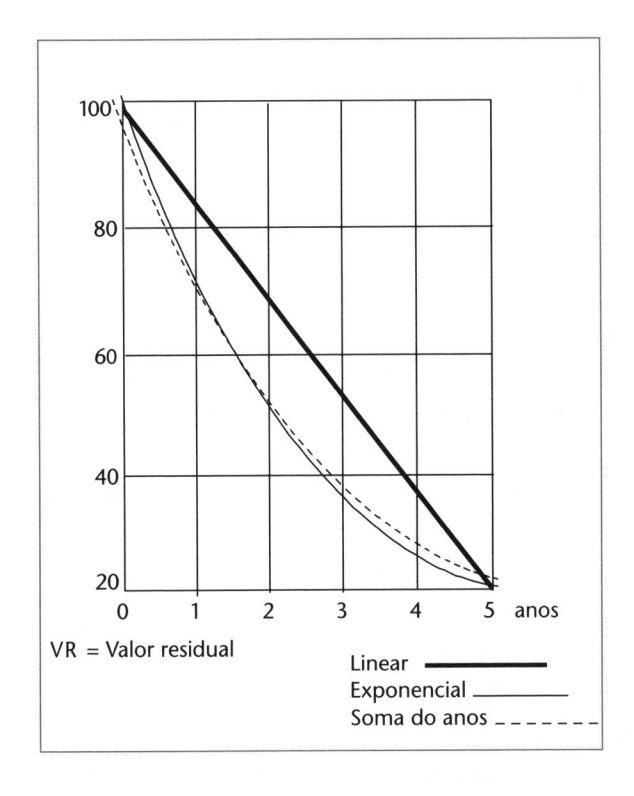

Figura 5.5 Comparativo de métodos de depreciação.

5.5.3 Remuneração do capital

▼▽ **Considerações iniciais**

Os custos de propriedade de um veículo não se limitam à sua desvalorização por desgaste ou obsolescência. Incluem também a remuneração do capital empregado, conhecida como custo de oportunidade.

Operacionalmente, as maiores dificuldades para incluir esses custos nas planilhas não estão só relacionadas à fixação das taxas, mas também à determinação do valor sobre o qual devem ser aplicadas, conforme exposto a seguir.

▼▽ Os custos de oportunidade

A questão no caso é: qual o valor de custo de oportunidade a ser adotado?

Para o setor de transporte público de passageiros, na operação de serviços regulares, existe um controle por parte dos órgãos públicos gestores, que estabelecem tais custos segundo a política tarifária vigente e de modo a preservar a saúde financeira das transportadoras.

Para o transporte de cargas, quem define esses custos é o empresário, em conformidade com o mercado, considerando ainda as metas da empresa e os riscos existentes.

O trabalho de qualquer empresário sempre tem como objetivo buscar retorno para o investimento realizado. No caso de economias que convivem com a inflação, esse retorno deve ter um valor nominal maior que o capital investido, até porque investir significa deixar de consumir, o que só vale a pena se o capital for bem remunerado.

Há também a possibilidade de o retorno se realizar de forma contrária, com prejuízo ou aquém das expectativas. Toda iniciativa em um investimento significa também deixar de alocar esse valor no mercado financeiro, que normalmente oferece uma remuneração menor, porém mais garantida, do capital.

Muitas empresas evitam realizar maiores investimentos, para não ter sua rentabilidade reduzida ou perder um bem em capital em projetos malsucedidos. Mas há também empresas ousadas e ambiciosas que, em serviços nos quais podem fixar preços, chegam até mesmo a definir como custo de oportunidade a média da rentabilidade dos produtos mais lucrativos. No final das contas, nesses casos, quem determina a taxa a ser considerada e avalia os riscos existentes é o próprio empresário.

▼▽ O valor do investimento

A questão agora é: qual o valor a ser adotado para o investimento?

O procedimento mais aceito é adotar o valor contábil bruto (ou valor de reposição corrigido monetariamente). Mas, segundo Willard J. Graham, no livro *Depreciação e reposição de capital em economia inflacionária*, "se o preço de venda do produto ou serviço for suficiente para cobrir todas as despesas, inclusive as de depreciação, a venda do produto ou serviço recuperará todos os custos, inclusive o capital consumido".

Assim sendo, é preferível adotar como base de cálculo o valor líquido do investimento, isto é, deduzir do preço inicial a depreciação acumulada, embora isso possa significar, para um mesmo lucro, taxas crescentes de retorno. O valor a ser deduzido para se chegar ao investimento líquido dependerá do sistema adotado para calcular a depreciação, conforme abordado anteriormente.

Uma vez definido o valor a considerar para o investimento, a remuneração do capital investido será o produto desse valor pelo custo de oportunidade de capital, conforme formulação apresentada no próximo item e o exemplo no fim deste capítulo.

5.5.4 A depreciação e a remuneração em um único cálculo

Esse método procura, em um único cálculo, levar em conta não só a reposição do bem, como também contemplar o juro sobre o capital empatado.

Desse modo, a quantia que será sistematicamente cobrada pelos serviços prestados deve ser tal que o montante acumulado até o fim da vida útil do investimento, mais o valor residual porventura existente, iguale o custo de aquisição do bem mais os juros devidos pelos n períodos.

A formulação matemática para o cálculo conjunto dos custos de depreciação e remuneração do capital investido (CC) fica sendo a seguinte:

$$CC = (P - L) \times FFC + P \times j$$

onde:
- CC = custo de capital em um período (mês ou ano).
- P = investimento inicial no veículo.
- L = valor residual do veículo.
- j = taxa de juros no período (mês ou ano) adotado.
- FFC = fator de formação de capital. Transforma um valor futuro em valores iguais para n períodos (mensais ou anuais, por exemplo), a uma determinada taxa de juros. Seu valor pode ser facilmente encontrado em tabelas de livros de matemática financeira ou até mesmo em calculadoras eletrônicas financeiras.

Outra forma também utilizada para apropriar conjuntamente a depreciação e a remuneração do capital empregado é:

$$CC = (P - L) \times FRC + L \times j$$

onde:
- FRC = Fator de recuperação de capital. Transforma um valor atual em quantias iguais para n períodos (mensais ou anuais, por exemplo), a uma determinada taxa de juros. Seu valor pode ser facilmente encontrado em tabelas de livros de matemática financeira ou até mesmo em calculadoras eletrônicas financeiras.

Calculado conjuntamente, o resultado obtido para o custo de capital será suficiente não só para recuperar o investimento (depreciação), como também para remunerá-lo adequadamente (custo de oportunidade).

Embora o valor residual possa se confundir com o preço de revenda do veículo (e, portanto, com o conceito de depreciação operacional), o custo de capital calculado por esse critério atende muito mais ao conceito econômico do que técnico de depreciação.

Para o economista, não existe, necessariamente, relação direta entre o total da depreciação e o custo de reposição ou o valor comercial do equipamento. O que interessa para ele é o tempo em que a empresa deseja recuperar o investimento e quais os recursos que ele terá à disposição para expandir ou modernizar a empresa, antes mesmo da erosão física do ativo.

5.5.5 Manutenção, um custo estratégico

Para determinar a vida útil de um equipamento, é fundamental pesquisar e estabelecer uma política para sua manutenção.

Para efeito de contabilidade, as despesas são divididas em inspeção, manutenção preventiva e corretiva, limpeza e material de oficina.

Os custos que podem ser capitalizados no ativo fixo são a reforma e os recondicionamentos. Eles contribuem para prolongar o tempo de utilização dos veículos.

Para facilitar o cálculo dos orçamentos para o departamento de manutenção, utilizam-se os manuais fornecidos pelos fabricantes e a própria experiência da empresa. Uma maneira prática de realizar orçamentos preliminares de custo de mão de obra é levantar a relação operário/veículos. O controle de custo deve determinar a vida útil, em quilômetros, de todas as peças sujeitas a um desgaste maior.

■■■ **Figura 5.6**
Custos de manutenção.

Para todos os serviços a executar, o departamento de controle deve abrir uma ordem de serviço, uma espécie de orçamento-programa. É um documento para o acompanhamento da manutenção, além de fonte de informação para o custo operacional e o controle das horas paradas. É sugerido que essa ordem de serviço contenha cinco partes essenciais: serviços a serem executados, oficina de terceiros, material empregado, apropriação de mão de obra e custo de manutenção.

5.6 Exemplo de cálculo do custo operacional

5.6.1 Comentários iniciais

Neste item é apresentado um exemplo de cálculo do custo operacional de um veículo de carga, baseado no método dos custos médios desagregados, muito utilizado pelas empresas transportadoras (ver Seção 5.4). Esse cálculo possibilita a avaliação de cada componente, do ponto de vista monetário. Deve-se levar em conta que o veículo será utilizado em condições preestabelecidas e que os resultados dependem dos dados utilizados.

Esse exemplo constitui uma estimativa de custo operacional, obtida de maneira prática e que possibilita uma avaliação dos custos fixos e variáveis para o empresário. Por isso, os custos administrativos não foram inseridos nesse contexto, pois representam um assunto particular das empresas.

5.6.2 Enunciado

Deseja-se saber o custo operacional do veículo de carga, novo, modelo X, que traciona um semirreboque graneleiro. Os dados do problema, hipoteticamente estabelecidos, são apresentados a seguir.

▼ **Dados gerais e da empresa:**
- período pretendido de uso do chassi e do equipamento (n) = 5 anos
- taxa anual de juros = 12%
- salário mensal médio do motorista = R$ 1.280,00
- número de motoristas por veículo = 2
- encargos sociais = 63,4%
- relação histórica entre custos indiretos e custos diretos para a empresa = 20%

▼ Dados de preços:
  a. Veículo (unidade tratora)
  • preço do chassi zero km, com pneus = R$ 188.505,69
  • valor de revenda do chassi com n anos de uso = R$ 100.000,00
  • seguro obrigatório do chassi = R$ 45,20
  • imposto sobre propriedade de veículos automotores (IPVA) = R$ 782,64
  • valor do pneumático novo do chassi = R$ 1.064,66
  • preço da recapagem/recauchutagem = R$ 266,00
  • preço da câmara = R$ 58,15
  • preço de uma lavagem = R$ 37,00
  • preço de uma lubrificação = R$ 18,00
  • preço por litro de combustível = R$ 0,39
  • preço do óleo para:
    – caixa de mudanças = R$ 3,08
    – eixo traseiro, caixa de transferência = R$ 3,68
    – sistema de direção = R$ 4,88
    – motor = R$ 2,86

  b. Equipamento de carga (semirreboque)
  • preço do semirreboque, sem pneus = R$ 93.234,40
  • valor estimado para revenda do equipamento, com n anos de uso = R$ 30.000,00
  • seguro obrigatório do reboque/semirreboque = R$ 9,94
  • valor do pneumático do equipamento = R$ 1.064,66
  • preço da recapagem/recauchutagem = R$ 266,00
  • preço da câmara = R$ 58,15
  • preço de uma lavagem = R$ 54,00
  • preço de uma lubrificação = R$ 16,00

▼ Dados de operação do veículo:
  a. Unidade tratora (veículo)
  • índice médio de recapagens/recauchutagens = 2,3
  • vida média do pneumático novo = 100.000 km

- vida média do pneumático recapado/recauchutado = 90.000 km
- número de pneumáticos do chassi = 6
- intervalos para lavagem = 10.000 km
- intervalos para lubrificação = 10.000 km
- autonomia média para o combustível = 3,0 km/l
- capacidade para:
  - caixa de mudanças = 12 litros
  - eixo traseiro = 11 litros
  - sistema de direção = 3,5 litros
  - motor = 24,3 litros
- intervalos de troca para:
  - caixa de mudanças = 20.000 km
  - eixo traseiro = 20.000 km
  - sistema de direção = 40.000 km
  - motor = 10.000 km
- índice de manutenção (imc) = 0,01

b. **Unidade de carga (semirreboque)**
- índice médio de recapagens/recauchutagens = 2,3
- vida média do pneumático novo = 90.000 km
- vida média do pneumático recapado/recauchutado = 85.000 km
- número de pneumáticos do semirreboque = 8
- intervalos para lavagem = 10.000 km
- intervalos para lubrificação = 10.000 km

▼ **Dados da operação de transporte:**
- quilometragem mensal estimada do veículo = 20.000 km
- dias de operação no mês = 24 dias
- horas de operação por dia = 16 h
- capacidade de carga líquida do veículo = 25,00 t
- índice de aproveitamento do veículo = 100% na ida e 100% na volta
- índice de manutenção (imc) = 0,005

5.6.3 Solução

▼▽ **A. Custos fixos**

A.1 Chassi

A.1.1 Custo mensal da depreciação do chassi (Cdc)
Utilizando-se o método de depreciação linear, o Cdc é obtido pela seguinte equação:

$$Cdc = \left(\frac{Pc - Vc}{nc}\right)$$

onde:
  Pc = preço do chassi novo, sem pneus.
  Vc = valor de revenda do chassi, com (nc) anos de uso.

$$Cdc = \left(\frac{185.505,69 - 100.000,00}{5}\right)$$

Cdc = R$ 17.101,14 por ano

ou
$$Cdc = \left(\frac{17.101,14}{12}\right)$$

Cdc = R$ 1.425,09 por mês

A.1.2 Custo mensal da remuneração do capital do chassi (Rcc)
Para o cálculo do Rcc, foram considerados os juros sobre o capital empregado, ao longo de todo o período em que se pretende utilizar o veículo. Por esse método, a fórmula de cálculo do Rcc é a seguinte:

$$Rcc = \frac{(Pcp - Vcp) \cdot (nc + 1)}{2 \cdot nc} \cdot j + Vcp \cdot j$$

onde:
  Pcp = preço total do chassi com pneus = R$ 188.505,69.
  Vcp = valor de revenda do chassi com *n* anos de uso =
      R$ 100.000,00

nc = período pretendido de uso do chassi em anos.
j = taxa anual de juros = 12%.

$$Rcc = \frac{(188.505,69 - 100.000,00) \cdot (5+1) \cdot 0,12 + 100.000,00 \cdot 0,12}{2 \cdot 5}$$

$$Rcc = R\$ \ 18.156,41$$

ou

$$Rcc = \frac{18.156,41}{12}$$

$$Rcc = R\$ \ 1.513,03 \text{ por mês}$$

A.1.3 Custo mensal de salário de operação (Cso)

É obtido multiplicando o salário mensal médio da tripulação pelos respectivos encargos sociais.

$$Cso = \frac{Sm \times Nt \times (100 + Es)}{100}$$

onde:
Sm = salário mensal médio da tripulação.
Nt = número de pessoas da tripulação.
Es = encargos sociais.

$$Cso = \frac{1.280,00 \times 2 \times (100 + 63,4)}{100}$$

$$Cso = R\$ \ 4.183,04 \text{ por mês.}$$

A.1.4 Custo mensal do licenciamento do chassi (Clc)

É obtido da seguinte forma:

$$Clc = \frac{Csc + Ipc}{12}$$

onde:
Csc = custo do seguro obrigatório do chassi.
Ipc = imposto sobre propriedade de veículos automotores.

O valor 12 corresponde ao número de períodos ou meses do ano

$$Clc = \frac{45,20 + 782,64}{12}$$

Clc = R$ 68,99 por mês

A.1.5 Custo fixo mensal do chassi (Cfc)
É obtido pelo somatório dos custos calculados até aqui, ou seja:

$$Cfc = Cdc + Rcc + Cso + Clc$$

ou

$$Cfc = 1.425,09 + 1.513,03 + 4.183,04 + 68,99$$
Cfc = R$ 7.190,16 por mês

A. 2 Equipamento (semirreboque)

Figura 5.7
Custos mensais diversos.

A.2.1 Custo mensal da depreciação do equipamento (Cde)
Utilizando o método de depreciação linear, Cde é obtido pela seguinte equação:

$$Cde = \left（\frac{Pe - Ve}{ne}\right)$$

onde:
  Pe = preço do reboque/semirreboque sem pneus.
  Ve = valor de revenda do equipamento, com (ne) anos de uso.

$$\text{Cde} = \frac{(93.234,40 - 30.000,00)}{5}$$

Cde = R$ 12.646,88 por ano

ou

$$\text{Cde} = \frac{12.646,88}{5}$$

Cde = R$ 1.053,91 por mês

A.2.2 Custo mensal da remuneração do capital do equipamento (Rce)
É calculado pela seguinte fórmula:

$$\text{Rce} = \frac{(\text{Pep} - \text{Vep}) \times (\text{nc} + 1)}{2 \times \text{nc}} \times j + \text{Vep} \times j$$

onde:
    Pep = preço total do equipamento com pneus = R$ 102.216,88.
    Vep = valor de revenda do equipamento com n anos de uso = R$ = 30.000,00.
    nc = período pretendido de uso do equipamento em anos = 5.
    j   = taxa anual de juros (12%).

$$\text{Rce} = \frac{(101.751,68 - 30.000,00) \times (5 + 1)}{2 \times 5} \times 0,12 + 30.000,00 \times 0,12$$

Rce = R$ 8.766,12 por ano

ou

$$\text{Rce} = \frac{8.766,12}{12}$$

Rce = R$ 730,51 por mês

A.2.3 Custo mensal do licenciamento do equipamento (Cle)
Obtém-se pela divisão do valor do seguro obrigatório (Cse) do semirreboque por 12 meses do ano.

$$\text{Cle} = \frac{\text{Cse}}{12}$$

$$Cle = \frac{9{,}94}{12}$$

Cle = R$ 0,83 por mês

A.2.4 Custo fixo mensal do equipamento (Cfe)
É obtido pelo somatório dos custos calculados até aqui, ou seja:

$$Cfe = Cde + Rce + Cle$$
$$Cfe = 1.053{,}91 + 730{,}51 + 0{,}83$$
$$Cfe = R\$ \ 1.785{,}25 \text{ por mês}$$

▼▽ B. Custos variáveis

B.1 Chassi

B.1.1 Custo de pneumáticos do chassi por quilômetro (Cpc)
O cálculo é feito seguindo-se as etapas:

- **Cálculo do preço de um pneu e câmara (Ppc)**
  Basta somar o preço do pneumático novo (Ppn) com o preço da câmara (Pca), ou seja:

  $$Ppc = Ppn + Pca$$
  $$Ppc = 1.064{,}66 + 58{,}15$$
  $$Ppc = R\$ \ 1.122{,}81$$

- **Cálculo dos gastos com recapagens (Gre)**
  Deve-se multiplicar o preço da recapagem/recauchutagem (Pre) pelo índice médio de recapagens/recauchutagens (Imr), ou seja:

  $$Gre = Pre \times Imr$$
  $$Gre = 266{,}00 \times 2{,}3$$
  $$Gre = R\$ \ 611{,}80$$

- **Cálculo dos gastos com câmara quando da recapagem (Gcr)**
  Deve-se multiplicar o preço da câmara (Pca) pelo índice médio de recapagens/recauchutagens (Imr):

  $$Gcr = Pca \times Imr$$
  $$Gcr = 58,15 \times 2,3$$
  $$Gcr = R\$ \ 133,75$$

- **Cálculo do custo unitário por pneumático do chassi (Upc)**
  Devem-se somar os três valores obtidos anteriormente, ou seja:

  $$Upc = Ppc + Gre + Gcr$$
  $$Upc = 1.122,81 + 611,80 + 133,75$$
  $$Upc = R\$ \ 1.868,36$$

- **Cálculo da vida útil total do pneumático do chassi (ntp)**
  Deve-se multiplicar a vida média do pneumático recapado/recauchutado (npr) pelo índice médio de recapagens/recauchutagens (Imr). Depois, soma-se a esse resultado a vida média do pneumático novo (npn).

  $$ntp = npr \times Imr + npn$$
  $$ntp = 90.000 \text{ km} \times 2,3 + 100.000 \text{ km}$$
  $$ntp = 307.000 \text{ km}$$

- **Cálculo do custo total em pneumáticos do chassi por quilômetro (Cpc)**
  O custo final é obtido multiplicando-se a quantidade de pneus do chassi (Qpc) pelo custo por quilômetro por pneumático e dividindo-se esse resultado pela vida útil total do pneu do chassi, ou seja:

  $$Cpc = \frac{Upc \times Qpc}{ntp}$$
  $$Cpc = \frac{1.868,36 \times 6}{307.000}$$
  $$Cpc = R\$ \ 0,04 \text{ por km}$$

B.1.2 Custo de manutenção do chassi por quilômetro (Cmc)

É obtido multiplicando o preço do chassi novo sem pneus (Pcn) pelo índice de manutenção do chassi (Imc). O resultado deve ser dividido pelo intervalo médio entre manutenções (Mac), ou seja:

$$Cmc = \frac{Pcn \times Imc}{Mac}$$

$$Cmc = \frac{185.507,69 \times 0,01}{10.000 \text{ km}}$$

$$Cmc = R\$ \; 0,185 \text{ km}$$

B.1.3 Custo de lavagem/lubrificação do chassi por quilômetro (Clc)

O cálculo é feito conforme descrito a seguir:

- **Determinação do custo de lavagem por quilômetro (Cla)**
  Deve-se dividir o preço de uma lavagem (Pla) pelo intervalo entre lavagens (Ila), ou seja:

$$Cla = \frac{Pla}{Ila}$$

$$Cla = \frac{37,00}{10.000 \text{ km}}$$

$$Cla = R\$ \; 0,0037 \text{ por quilômetro}$$

- **Determinação do custo de lubrificação por quilômetro (Clu)**
  Deve-se dividir o preço de uma lubrificação (Plu) pelo intervalo entre lubrificações (Ilu), ou seja:

$$Clu = \frac{Plu}{Ilu}$$

$$Clu = \frac{18,00}{10.000 \text{ km}}$$

$$Clu = R\$ \; 0,0018 \text{ por quilômetro}$$

- **Determinação do custo total de lavagem e lubrificação por quilômetro (Clc)**

    Devem-se somar os resultados até então obtidos, ou seja:

    $$Clc = Cla + Clu$$
    $$Clc = 0,0037 + 0,0018$$
    $$Clc = R\$\ 0,0055 \text{ por quilômetro}$$

B.1.4 Custo de combustível por quilômetro (Ccq)

É obtido pela divisão entre o preço por litro de combustível (Plc) e o valor de autonomia média por litro (Aml).

$$Ccq = \frac{Plc}{Aml}$$

$$Ccq = \frac{0,39}{3,0 \text{ km/l}}$$

$$Ccq = R\$\ 0,13 \text{ por quilômetro}$$

B.1.5 Custo de óleos lubrificantes por quilômetro (Coq)

O cálculo é feito multiplicando o preço por litro pela respectiva quantidade (capacidade do veículo) e dividindo esse resultado pelo intervalo de troca, para cada um dos itens a seguir:

- **Óleo para a caixa de mudanças (Ocm):**

    $$Ocm = \frac{Pcm \times Qcm}{Icm}$$

onde:

Pcm = preço por litro de óleo.
Qcm = quantidade (capacidade) de óleo a ser colocada.
Icm = intervalo para troca de óleo.

$$Ocm = \frac{3,08 \times 121}{20.000 \text{ km}}$$

$$Ocm = R\$\ 0,0018 \text{ por quilômetro}$$

- **Óleo para o eixo traseiro/caixa de transferência (Oct):**

$$Oct = \frac{Pct \times Qct}{Ict}$$

onde:
 Pct = preço por litro de óleo.
 Qct = quantidade (capacidade) de óleo a ser colocada.
 Ict = intervalo para troca de óleo.

$$Oct = \frac{3,68 \times 11 \text{ litros}}{20.000 \text{ km}}$$

Oct = R$ 0,0020 por quilômetro

- **Óleo para o sistema de direção (Osd):**

$$Osd = \frac{Psd \times Qsd}{Isd}$$

onde:
 Psd = preço por litro de óleo.
 Qsd = quantidade (capacidade) de óleo a ser colocada.
 Isd = intervalo para troca de óleo.

$$Osd = \frac{4,88 \times 3,5 \text{ litros}}{40.000 \text{ km}}$$

Osd = R$ 0,00043 por quilômetro

- **Troca de óleo para o motor (Tom)**

$$Tom = \frac{Pom \times Qto}{Ito}$$

onde:
 Pom = preço por litro de óleo.
 Qto = quantidade (capacidade) de óleo a ser colocada.
 Ito = intervalo para troca de óleo.

$$\text{Tom} = \frac{2{,}86 \times 24{,}3 \text{ litros}}{10.000 \text{ km}}$$

$$\text{Tom} = \text{R\$ } 0{,}0070 \text{ por quilômetro}$$

- **Complementação de óleo para o motor (Com)**

$$\text{Com} = \frac{\text{Pom} \times \text{Qco}}{\text{Ico}}$$

onde:
  Pom = preço por litro de óleo.
  Qco = quantidade de óleo a ser colocada.
  Ico = intervalo para complementação do óleo.

$$\text{Com} = \frac{2{,}86 \times 3{,}00 \text{ litros}}{1.000 \text{ km}}$$

$$\text{Com} = \text{R\$ } 0{,}0085 \text{ por quilômetro}$$

- **Custo total para óleos lubrificantes por quilômetro (Coq)**
  O custo final é a soma das parcelas anteriormente calculadas, ou seja:

Coq = Ocm + Oct + Osd + Tom + Com
Coq = 0,0018 + 0,0020 + 0,00043 + 0,0070 + 0,0085 = 0,01973
Coq = R$ 0,01973 por quilômetro

B.1.6 Custo variável por quilômetro do chassi (Cvc)
É obtido pelo somatório dos custos calculados até aqui, ou seja:

Cvc = Cpc + Cmc + Clc + Ccq + Coq
Cvc = 0,0400 + 0,1820 + 0,0055 + 0,1300 + 0,01973
Cvc = R$ 0,37723 por quilômetro

B.2 Equipamento

B.2.1 Custo de pneumáticos do equipamento por quilômetro (Cpe)
O cálculo é feito seguindo estas etapas:

- **Cálculo do preço de um pneu e câmara (Ppc)**
  Basta somar o preço do pneumático novo (Ppn) com o preço da câmara (Pca), ou seja:

  $$Ppc = Ppn + Pca$$
  $$Ppc = 1.064,66 + 58,15$$
  $$Ppc = R\$ \ 1.122,81$$

- **Cálculo dos gastos com recapagens (Gre)**
  Deve-se multiplicar o preço da recapagem/recauchutagem (Pre) pelo índice médio de recapagens/recauchutagens (Imr):

  $$Gre = Pre \times Imr$$
  $$Gre = 266,00 \times 2,3$$
  $$Gre = R\$ \ 611,80$$

- **Cálculo dos gastos com câmara quando da recapagem (Gcr)**
  Deve-se multiplicar o preço da câmara (Pca) pelo índice médio de recapagens/recauchutagens (Imr):

  $$Gcr = Pca \times Imr$$
  $$Gcr = 58,15 \times 2,3$$
  $$Gcr = R\$ \ 133,75$$

- **Cálculo do custo unitário por pneumático do equipamento (Upe)**
  Devem-se somar os três valores obtidos acima, ou seja:

  $$Upe = Ppc + Gre + Gcr$$
  $$Upe = 1.122,81 + 611,80 + 133,75$$
  $$Upe = R\$ \ 1.868,36$$

- **Cálculo da vida útil total do pneumático do equipamento (ntpe)**
  Deve-se multiplicar a vida média do pneumático recapado/recauchutado (npre) pelo índice médio de recapagens/recauchutagens (Imre).

Depois, soma-se a esse resultado a vida média do pneumático novo (npne).

$$ntpe = npre \times Imre + npne$$
$$ntpe = 85.000 \text{ km} \times 2,3 + 90.000 \text{ km}$$
$$ntpe = 285.500 \text{ km}$$

- **Cálculo do custo total em pneumáticos do equipamento por quilômetro (Cpe)**
  O custo final é obtido multiplicando-se a quantidade de pneus do equipamento (Qpe) pelo custo por quilômetro por pneumático e dividindo esse resultado pela vida útil total do pneu do equipamento, ou seja:

$$Cpe = \frac{Upe \times Qpe}{ntpe}$$

$$Cpe = \frac{1.868,36}{285.500} \times 8$$

$$Cpe = R\$ \ 0,0524 \text{ por km}$$

B.2.2 Custo de manutenção do equipamento por quilômetro (Cme)

É obtido multiplicando o preço do semirreboque, sem pneus (Pen) pelo índice de manutenção do equipamento (Ime). O resultado deve ser dividido pelo intervalo médio entre manutenções do equipamento (Mae), ou seja:

$$Cme = \frac{Pen \times Ime}{Mae}$$

$$Cme = \frac{93.234,40 \times 0,005}{10.000 \text{ km}}$$

$$Cme = R\$ \ 0,0466 \text{ por quilômetro}$$

B.2.3 Custo de lavagem/lubrificação do equipamento por quilômetro (Clle)

O cálculo é feito conforme descrito a seguir.

- **Determinação do custo de lavagem do equipamento por quilômetro (Clae)**

Deve-se dividir o preço de uma lavagem (Plae) pelo intervalo entre lavagens (Ilae), ou seja:

$$Clae = \frac{Plae}{Ilae}$$

Clae = 54,00 / (10.000 km)
Clae = R$ 0,0054 por quilômetro

- **Determinação do custo de lubrificação do equipamento por quilômetro (Clue)**

Deve-se dividir o preço de uma lubrificação (Plue) pelo intervalo entre lubrificações (Ilue), ou seja:

$$Clue = \frac{Plue}{Ilue}$$

$$Clue = \frac{16,00}{10.000 \text{ km}}$$

Clue = R$ 0,0016 por quilômetro

- **Determinação do custo total de lavagem e lubrificação por quilômetro (Clle)**

Deve-se somar os resultados até então obtidos, ou seja:

Clle = Clae + Clue
Clle = 0,0054 + 0,0016
Clle = R$ 0,0070 por quilômetro

B.2.4 Custo variável por quilômetro do equipamento (Cve)

É obtido pelo somatório dos custos calculados até aqui, ou seja:

Cve = Cpe + Cme + Clle
Cve = 0,0524 + 0,0466 + 0,007
Cve = R$ 0,106 por quilômetro

Figura 5.8
Quanto gastamos por quilômetro rodado.

C. Custos diretos finais para o veículo

C.1. Custo fixo mensal do chassi e equipamento (CFM)
É obtido pela soma do custo fixo do chassi com o custo fixo do equipamento.

$$CFM = Cfc + Cfe$$
$$CFM = 7.190,16 + 1.785,25$$
$$CFM = R\$ 8.975,41 \text{ por mês}$$

C.2. Custo variável por quilômetro do chassi e equipamento (CVQ)
É obtido pela soma do custo variável do chassi com o custo variável do equipamento.

$$CVQ = Cvc + Cve$$
$$CVQ = 0,37723 + 0,106$$
$$CVQ = R\$ 0,48323 \text{ por quilômetro}$$

À medida que for aumentando a quilometragem percorrida pelo veículo, em um determinado período os custos variáveis terão maior peso no total dos custos.

C.3. Custo direto operacional mensal (CDM)
É obtido multiplicando o custo variável por quilômetro pela quilometragem mensal estimada do veículo (QMV) e somando a esse resultado o custo fixo mensal.

$$CDM = CVQ \times QMV + CFM$$
$$CDM = 0,48323 \times 20.000 \text{ km} + 8.975,41$$
$$CDM = R\$ \ 18.540,01 \text{ por mês}$$

D. Custo indireto operacional mensal para o veículo (CIM)
É obtido a partir da multiplicação do custo direto operacional mensal (CDM) pelo índice que representa a relação histórica entre custos indiretos e custos diretos para a empresa (IDI).

$$CIM = CDM \cdot IDI$$
$$CIM = 18.540,01 \cdot 0,20$$
$$CIM = R\$ \ 3.728,00 \text{ por mês}$$

E. Custo operacional total por mês para o veículo (COM)
É obtido a partir da soma do custo direto operacional mensal (CDM) com o custo indireto operacional mensal para o veículo (CIM).

$$COM = CDM + CIM$$
$$COM = 18.540,01 + 3.728,00$$
$$COM = R\$ \ 22.368,01 \text{ por mês}$$

E.1. Custo operacional total por quilômetro rodado (COQ)
É obtido dividindo o custo operacional total mensal (COM) do veículo pela quilometragem mensal estimada para ele (QME).

$$COQ = \frac{COM}{QME}$$

$$COQ = 22.368,01 \text{ km}$$
$$COQ = R\$ \ 1,12 \text{ por quilômetro}$$

E.2 Custo operacional total por dia trabalhado (COD)

É obtido dividindo o custo operacional mensal (COM) pelo número de dias de operação no mês (NDO).

$$COD = \frac{COM}{NDO}$$

COD = 22.368,01/24 dias
COD = R$ 932,00 por dia de operação

E.3 Custo operacional total por hora trabalhada (COH)

É obtido dividindo o custo operacional total por dia trabalhado (COD) pelo número de horas de operação por dia (NHD).

$$COH = \frac{COD}{NHD}$$

COH = 932,00/16 horas
COH = R$ 58,25 por hora de operação

E.4 Custo total da tonelada transportada por quilômetro (CTQ)

É obtido dividindo o custo operacional por quilômetro rodado (COQ) pelo produto da capacidade líquida de carga para o veículo (CCV) em toneladas pelo índice de aproveitamento de carga para o veículo (IAV).

$$CTQ = \frac{COQ}{CCV \cdot IAV}$$

onde:
    CCV = capacidade líquida de carga para o veículo, em toneladas.
    IAV = índice de aproveitamento de carga para o veículo.

$$CTQ = \frac{1,12}{25 \cdot 1,00}$$

CTQ = R$ 0,0447 por tonelada transportada, por quilômetro.

5.7 Conclusões

Conforme visto neste capítulo, o conhecimento dos custos operacionais dos veículos é fundamental para a política de preços dos serviços. Serve também como referencial para o monitoramento da saúde financeira da empresa e é informação indispensável em qualquer sistema de apoio às decisões a tomar. Esse assunto é completado no Capítulo 6, que abordará o controle de custos operacionais.

5.8 Referências bibliográficas

ARCHONDO-CALLAO, Rodrigo. *Applying the HDM-4 model to strategic planning of road works*. Transporte Papers TP-20. World Bank. Washington, 2008.

CELACADE. Seminário Especial. *Gerência operacional de frota de veículos*. São Paulo.

DESTRI Jr., J. *Simulação empresarial em empresas de transporte rodoviário de cargas*. 1992. Dissertação de Mestrado – Universidade Federal de Santa Catarina, Florianópolis.

HDM 4 COURSE. *Short courses in road safety, road economics and rural roads*. School of Civil Engineering. Birmingham. Disponível em: <http://www.birmingham.ac.uk/Documents/college-eps/civil/brochure/short-courses-road-safety--economics.pdf>. Acesso em: 7 fev. 2016.

LEITE, J. G. M. *Logística de transporte de cargas*. Apostila técnica. Universidade Federal do Paraná, 1993.

MERCEDES-BENZ. *Administração e transporte de cargas* – planejamento e racionalização. Gerência de Marketing, 1988.

OYOLA, J. *Uma nova abordagem na determinação de tarifa no transporte rodoviário de carga*. 1988. Dissertação de Mestrado – Universidade Federal de Santa Catarina, Florianópolis.

Revista *Carga e Transporte,* n. 101. São Paulo: Técnica Especializada.

Revista *Transporte Moderno*, n. 305. São Paulo: OTM.

Revista *Transporte Moderno*, n. 20, 30. Suplemento – Custos e fretes. São Paulo: OTM.

UELZE, R. *Transporte e frotas*. São Paulo: Pioneira, 1978.

CAPÍTULO 6 | CONTROLE DE CUSTOS OPERACIONAIS

6.1 A importância do controle de custos operacionais

Em primeiro lugar, cabe aqui a seguinte pergunta: por que o controle dos custos operacionais?

A resposta é bastante simples, mas fundamental: as variáveis que influenciam o processo de custo são tantas (quilometragem percorrida, tipo de operação, manutenção dispensada ao veículo, local de trabalho, motorista etc.), que seria impraticável calcular um custo operacional e considerá-lo como padrão.

Podemos agora fazer outra pergunta (ULZE, 1978): afinal, vale a pena gastar tempo e dinheiro com funcionários especializados e impressos complicados só para conhecer, a qualquer instante, todas as parcelas que compõem o custo operacional de uma frota?

Em décadas passadas, pesquisas revelavam que a maioria das transportadoras existentes no país não estava preocupada com o assunto. Muitos transportadores viam nos controles de custos pura perda de tempo, dinheiro jogado fora ou ainda um luxo desnecessário. As decisões eram tomadas com base no bom senso e na experiência.

Nos últimos anos, o interesse pelo cálculo e controle de custos operacionais está aumentando de modo considerável, principalmente em decorrência do controle das tarifas por órgãos do governo, como no setor urbano de passageiros. Por sua vez, grandes empresas industriais procuram a fixação de preços CIF (custo, seguro e frete – do inglês *cost, insurance and freight*), o que exige minuciosos estudos do custo de transporte.

Isso mostra que os empresários ligados ao setor começam a reconhecer que o conhecimento exato dos custos operacionais é indispensável para o sucesso de atividades, como:

- Tomar decisões sobre investimentos alternativos. Por exemplo: operar uma nova linha de ônibus ou expandir as atuais?
- Decidir entre o aluguel ou a compra de uma frota.
- Determinar a hora certa de renovar a frota.
- Selecionar o veículo mais adequado: encarroçado ou monobloco? Caminhão médio ou pesado? Diesel ou gasolina?
- Obter reajuste de tarifa pela comprovação dos aumentos de custos ocorridos.
- Decidir entre fazer ou comprar. Por exemplo: desenvolver retífica própria ou se utilizar de terceiros?
- Reduzir custos. O controle possibilita a determinação de padrões de desempenho e produtividade, além do diagnóstico de variações significativas em relação a esses padrões.
- Avaliar a situação real da empresa e estudar medidas eficazes para atenuar a concorrência, como, por exemplo, oferecer descontos ou prazos maiores aos clientes para pagamento dos serviços prestados.

Figura 6.1
Controle dos custos operacionais.

É importante destacar que o controle representa um custo adicional e que só será recuperado quando a administração estiver bem preparada para analisar corretamente os dados obtidos.

Uma boa leitura complementar sobre controle de custos pode ser encontrada no manual da Mercedes-Benz (1988), que nos auxiliou na elaboração deste conteúdo.

6.2 Métodos e formulários de controle

6.2.1 Considerações iniciais

Conforme exposto na seção anterior, as variáveis que influenciam no processo de custo são tantas que seria impraticável calcular um custo operacional e considerá-lo como padrão (Mercedes-Benz, 1988).

A implantação de um sistema de controle de custos operacionais em uma empresa de transportes pressupõe a busca de respostas a perguntas como:

- Por que determinado veículo apresenta um custo mais elevado de peças/manutenção?
- Por que sua frequência na oficina é maior que a de outros veículos?
- Quais as peças de reposição que compensam ser mantidas em estoque? E em que nível se deve fazê-lo?
- Em função do tempo médio de parada dos veículos para reparos, compensaria investir em agregados de reserva (motor, câmbio, diferencial etc.), reduzindo o tempo de parada dos veículos e consequentemente aumentando sua produtividade?
- Qual o modelo de veículo que apresenta o melhor desempenho operacional em determinado tipo de serviço?
- Qual deve ser o consumo-padrão de combustível para os veículos que operam em determinada rota?
- Qual é o consumo médio de óleo lubrificante de determinado tipo de veículo?

- Qual o tipo de pneu que apresenta o melhor desempenho no serviço?
- Os custos administrativos estão em níveis adequados ao tamanho da frota?
- Quantos litros de combustível foram consumidos em postos de terceiros? Em qual filial compensaria a instalação de mais um posto próprio?
- Em função da relação número de horas trabalhadas/número de horas disponíveis, quais setores da oficina continuam viáveis?

Como cada empresa tem uma estrutura administrativa própria e condições peculiares de operação, as prioridades de controle diferem de uma para outra. Daí ser importante que a implantação de um sistema de controle de custos seja precedida de uma análise baseada na estimativa das despesas da frota.

É importante também que a empresa se estruture adequadamente, de forma a atender alguns requisitos básicos, como ter um centro de custos (ver Figura 6.2) com dados atualizados e confiáveis sobre as peças em estoque, frota, pneus, hodômetros e tacógrafos, entre outros.

A empresa deve providenciar ainda o treinamento do pessoal envolvido, a implantação dos formulários e determinar os parâmetros que serão utilizados no gerenciamento do desempenho da frota.

No Capítulo 10, são apresentados alguns softwares disponíveis no mercado, que são voltados à captação de dados e à elaboração automática de relatórios de controle.

6.2.2 Componentes de custos a serem controlados

A exemplo da abordagem sobre orçamentos de custos operacionais (ver o Capítulo 5), o caso do controle também deve envolver todos os componentes de custos diretos (fixos e variáveis) e indiretos, conforme listados a seguir. Afinal, o custo operacional é a soma dos custos fixos e variáveis que direta e indiretamente interferem no aproveitamento e na rentabilidade operacional de um veículo ou equipamento.

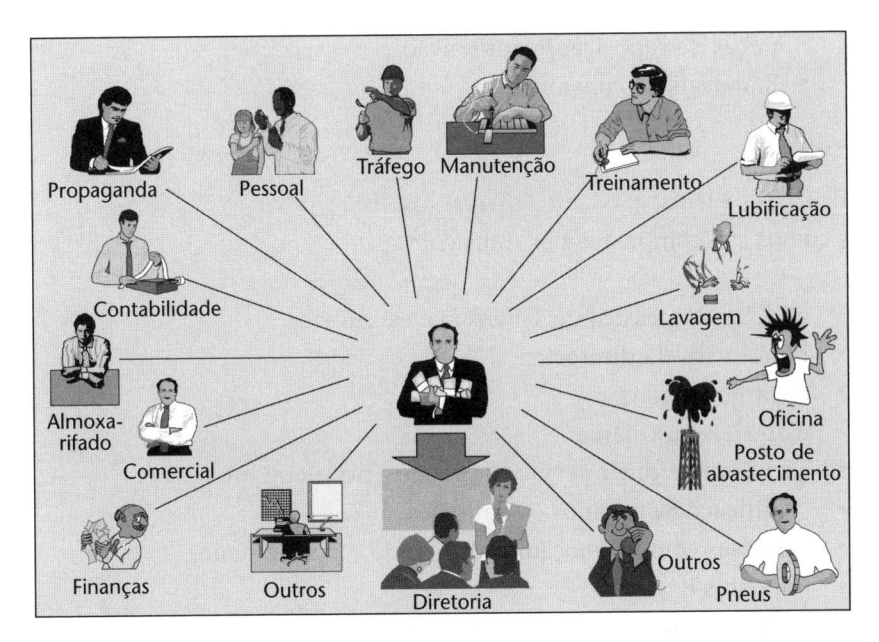

Figura 6.2
Centro de custos.

▼▽ **A. Custos diretos**

Este item é composto por custos fixos e variáveis.

- **Custos fixos:** ocorrem se o veículo estiver rodando ou não e englobam, por exemplo:
    - depreciação;
    - salários;
    - seguros;
    - remuneração de capital;
    - licenciamento.

- **Custos variáveis:** ocorrem somente quando o veículo está operando e englobam, por exemplo:
    - combustível;
    - lubrificantes;
    - pneus;

- peças de reposição/manutenção;
- materiais de consumo.

▼▽ **B. Custos indiretos ou administrativos**
Esses custos são compostos por itens como:

- salários do pessoal de armazém e escritório;
- honorários da diretoria;
- encargos sociais;
- materiais auxiliares;
- correio, telefone e serviços de rede (intranet e internet);
- gratificações, prêmios e comissões;
- despesas com promoção, propaganda e publicidade;
- impostos e taxas;
- despesas com reposição de móveis e utensílios;
- despesas financeiras;
- serviços prestados por terceiros;
- aluguel de armazém e escritórios.

Conforme a seção 5.2.3, essa classificação de custos pode ser feita de maneira diferente, de acordo com a aplicação a ser realizada. Segundo a metodologia desenvolvida pelo Geipot para o cálculo de tarifas de ônibus urbano, por exemplo, os custos administrativos estão incluídos nos custos fixos.

6.2.3 Métodos e formulários de controle

O centro de custos pode ser a base para o planejamento, organização e fiscalização da frota. Os relatórios ali emitidos permitirão que a diretoria tome decisões rápidas e mais seguras.

Como método de controle, uma alternativa que agiliza o levantamento, processamento e disseminação das informações é o controle de custos centralizado.

Quanto aos formulários, sugere-se que cada empresa, em função de suas características, seu porte, política interna etc., desenvolva os modelos que melhor atendam aos seus interesses.

A seguir, será apresentado, a título ilustrativo, um modelo de sistema de controle de custos operacionais, o qual contém importantes itens que podem ser muito úteis no controle de custos de uma frota rodoviária (Mercedes-Benz, 1988).

▼▽ A. Histórico do veículo

Deve-se construir um formulário apropriado, no qual serão lançados todos os dados técnicos e comerciais do veículo. Quando da venda da unidade, esse formulário será retirado do arquivo ativo, passando a fazer parte do arquivo morto de veículos.

Figura 6.3
Dados do veículo para preenchimento de formulário.

▼▽ B. Depreciação

É necessário elaborar um formulário específico, cuja finalidade será fornecer um valor que represente o custo de reposição de cada veículo.

Figura 6.4
Depreciação dos veículos.

▼▽ C. Salários

A criação desse formulário tem por finalidade fornecer uma relação do pessoal com os respectivos salários, encargos sociais e custo/hora da mão de obra. Esses dados são utilizados para compor o quadro geral de custos por veículo (J.l), que será abordado mais adiante.

Figura 6.5
Salário dos funcionários.

▼▽ D. Relatório de viagem

Deve-se elaborar um formulário apropriado, no qual serão relatadas todas as ocorrências de cada viagem, além de servir para controlar todas as despesas dela decorrentes.

Figura 6.6
Relatório de viagem.

▼▽ E. Combustível e lubrificantes

Este item é bastante abrangente. Com o preenchimento de formulários adequadamente construídos, é possível fazer o controle diário, mensal e anual desses insumos. Além disso, consumos médios em km/l ou R$/km podem ser acompanhados periodicamente.

Qualquer variação observada no consumo de um desses itens deve ser averiguada, pois pode ser a indicação de ocorrências anormais no veículo.

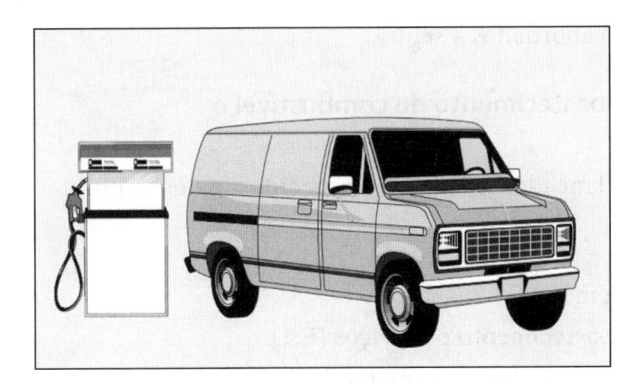

Figura 6.7
Controle de insumos.

Os elementos ou ocorrências que devem ser controlados são expostos a seguir.

E.1 Autorização de abastecimentos e serviços

Esse formulário tem por finalidade o registro dos abastecimentos em postos de terceiros previamente contratados. São registrados os seguintes dados:

- Quantidade de litros.
- Valor da operação.
- Número do veículo.
- Quilometragem (leitura do hodômetro).

Esses dados são necessários para o controle diário de abastecimento de combustível e de óleo do motor, que será visto adiante.

E.2 Relatório do posto de abastecimento e lubrificação

O responsável pelo estabelecimento preenche um formulário com os dados de abastecimento e de identificação do posto para cada veículo, os quais serão lançados nos seguintes formulários:

- Controle diário de abastecimento de combustível e de óleo do motor (E.3).
- Controle diário do óleo do diferencial e do óleo da caixa de mudanças (E.4).

Esses controles serão abordados a seguir.

E.3 Controle diário de abastecimento de combustível e de óleo do motor

Nesse formulário serão lançados os dados fornecidos pelos seguintes documentos:

- Relatório de viagem (D).
- Autorização de abastecimento e serviços (E.1).
- Relatório do posto de abastecimento e lubrificação (E.2).

No fim do mês, podem ser calculados os totais de abastecimento de combustível, que então serão lançados no formulário de análise mensal de consumo de combustível e de óleo do motor (E.5), que será visto adiante.

E.4 Controle diário do óleo do diferencial e do óleo da caixa de mudanças

Esse formulário deve estar adequado para receber os dados fornecidos pelos seguintes documentos:

- Relatório de viagem (D).
- Autorização de abastecimento e serviços (E.1).
- Relatório do posto de abastecimento e lubrificação (E.2).
- Requisição de peças (G.1), item que será abordado mais adiante.

No fim do mês, podem-se calcular os totais de abastecimento de óleo do diferencial e do óleo da caixa de mudanças, que então serão lançados

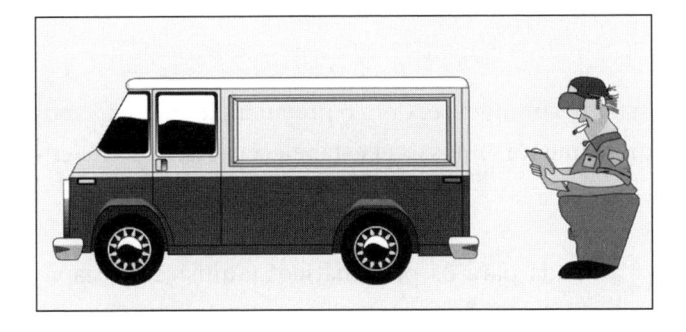

Figura 6.8
Troca de óleo, levantando dados.

no formulário de análise mensal do consumo de óleo do diferencial e de óleo da caixa de mudanças (E.6), o qual será visto adiante.

E.5 Análise mensal do consumo de combustível e de óleo do motor

Nesse formulário serão lançadas as informações obtidas no controle diário de abastecimento de combustível e de óleo do motor (E.3).

Por meio desse formulário serão fornecidos os totais mensal e anual de consumo e o custo por quilômetro referente a esses insumos. Os dados desse formulário vão para os seguintes relatórios:

- Quadro geral de custos por veículo (J.1).
- Quadro comparativo de custos da frota (J.2).

Esses relatórios serão abordados mais adiante.

E.6 Análise mensal do consumo de óleo do diferencial e de óleo da caixa de mudanças

Nesse formulário serão lançadas as informações obtidas no controle diário do óleo do diferencial e do óleo da caixa de mudanças (E.4). Por meio dele, serão fornecidos os totais mensal e anual de consumo e o custo por quilômetro desses insumos.

Os dados desse formulário vão para os seguintes relatórios:

- Quadro geral de custos por veículo (J.1).
- Quadro comparativo de custos da frota (J.2).

Esses relatórios serão abordados mais adiante.

▼▽ F. Pneus

Esse item também é bastante abrangente. Com o preenchimento de formulários elaborados adequadamente, é possível estabelecer critérios eficientes quanto:

- à política a ser adotada para os pneumáticos (aquisição, recapagem, borracharia etc.);
- à escolha de marcas e tipos mais adequados às condições de operação dos veículos.

Um conjunto de formulários que podem ser elaborados para auxiliar a execução de um bom controle dos pneus é apresentado a seguir.

F.1 Controle individual dos pneus

Esse formulário tem por finalidade fornecer o histórico da vida útil de cada pneu.

Todas as ocorrências, os valores gastos e respectivas quilometragens (leituras de hodômetro) serão registrados para posteriores avaliação e análise comparativa com determinados parâmetros de durabilidade.

Esses dados serão lançados no formulário de custo estimado de pneus, por quilômetro e por pneu (F.4), o qual será visto mais adiante.

F.2 Ficha de troca do pneu

Esse formulário visa fornecer todas as informações sobre a movimentação de cada pneu. Os dados registrados nele serão lançados no formulário de controle individual dos pneus visto anteriormente (F.1) e no formulário de localização dos pneus por veículo (F.3), que será visto a seguir.

F.3 Localização dos pneus por veículo

Nesse formulário são registrados os pneus que estão montados em cada veículo, inclusive o sobressalente. Para seu preenchimento, são utilizados os dados do formulário de controle individual dos pneus (F.2), visto anteriormente.

Figura 6.9
Troca de pneus, levantando dados.

F.4 Custo estimado de pneus, por quilômetro e por pneu

Os dados utilizados nesse formulário, como a quilometragem percorrida, são obtidos no formulário de controle individual dos pneus (F.1), após um determinado período de acompanhamento.

Os valores obtidos neste item serão lançados no formulário de custo estimado mensal de pneus por veículo (F.5), que será visto a seguir.

F.5 Custo estimado mensal de pneus por veículo

Nesse formulário são utilizados os dados atualizados mensalmente, que estão registrados no formulário de custo estimado de pneus, por quilômetro e de pneu (F.4), visto anteriormente, e os dados de localização dos pneus por veículo (F.3).

Os valores obtidos, multiplicados pela quilometragem registrada no formulário de controle diário de abastecimento de combustível e de óleo do motor dos veículos (E.3), indicarão o custo por quilômetro de cada pneu, para cada veículo.

Esse custo será lançado no quadro comparativo de custos da frota (J.2), que será visto mais adiante.

▼▽ G. Peças e oficinas

Com formulários apropriados, é possível verificar dados importantes referentes à manutenção, peças e oficinas, como, por exemplo, o tempo médio de parada dos veículos para reparos, o tamanho ideal da oficina para a frota, entre outros.

Comparando as despesas com consertos efetuados em oficinas próprias e nas de terceiros, os empresários poderão decidir onde efetuar a manutenção.

Para uma boa gestão de peças e oficinas, sugere-se que sejam preparados formulários para o controle dos subitens apresentados a seguir.

G.1 Requisição de peças

Esse formulário tem por finalidade facilitar o controle das peças que saem do almoxarifado.

Os dados aqui utilizados são obtidos do formulário de ficha de estoque (L.1), que será visto mais adiante.

Os dados de requisição de peças serão anexados à ordem de serviço (G.2), vista a seguir.

Figura 6.10
Controle de peças e manutenção.

G.2 Ordem de serviço

Esse formulário visa fornecer os custos de mão de obra e peças por veículo, a cada reparo, e nele devem-se, portanto, registrar tais informações.

G.3 Materiais de consumo

Esse formulário deve ser emitido mensalmente. Ele possibilita o levantamento de gastos com materiais de consumo não requisitáveis, como:

- arame de solda;
- eletrodos;
- lixas;
- tintas;
- removedores;
- solventes;
- óleo diesel para oficina;
- pedra de esmeril;
- fita adesiva;
- arame;
- água destilada;
- ácidos;
- sabões;
- correias;
- mangueiras;
- estopa;
- graxas.

Os valores obtidos aqui devem ser lançados nos seguintes itens de controle:

- Quadro geral de custos por veículo (J.1).
- Quadro comparativo de custos da frota (J.2).
- Quadro geral de custos dos semirreboques e reboques (H.2).

Esses itens serão vistos adiante.

G.4 Análise do total de despesas com manutenção e reparos

Nesse formulário devem ser lançados os dados obtidos nas ordens de serviço (G.2). Por seu intermédio, no fim de cada mês, serão totalizados os valores gastos com oficina própria e de terceiros para cada veículo.

▼▽ H. Semirreboques e reboques

Os formulários sobre tais itens permitem o levantamento dos custos e da utilização desses equipamentos. Importantes subitens a serem controlados são apresentados a seguir.

H.1 Controle de quilometragem dos semirreboques e dos reboques
Nesse formulário devem ser lançados os dados obtidos no relatório de viagem (D).

Os totais mensais das quilometragens devem ser transcritos no quadro geral de custos dos semirreboques e reboques (H.2), visto a seguir.

Figura 6.11
Quilometragem, levantando dados.

H.2 Quadro geral de custos dos semirreboques e reboques
Por meio desse formulário, calcula-se o custo dos semirreboques e reboques por veículo trator (cavalo mecânico) da frota.

Nele, o custo total dos semirreboques e dos reboques deve ser dividido proporcionalmente pelo número de caminhões tratores da frota que operaram durante o mês.

Os dados obtidos aqui devem ser lançados no quadro geral de custos por veículo (item J.1), que será visto mais adiante.

▼▽ I. Administração

Esse formulário tem por finalidade fornecer as despesas indiretas ou administrativas que cabem a cada veículo da frota.

Uma alternativa a ser adotada para tal cálculo é identificar a relação percentual entre o total de despesas indiretas e o de custos diretos da frota e aplicar o valor obtido sobre os custos diretos de cada veículo.

As despesas de administração podem ser muito significativas na formação do custo operacional de um veículo. Daí a necessidade de saber a sua origem e de ser feita uma análise sobre elas, objetivando sempre mantê-las em níveis adequados.

▼▽ J. Relatórios finais

Os formulários preenchidos aqui permitem uma visão geral de todos os custos dos veículos da frota.

Essa visão é de fundamental importância para o estabelecimento de parâmetros adequados para um determinado modelode veículo ou de toda a frota e no gerenciamento do desempenho de cada veículo. Ela é importante também para identificar melhor as características de operação e de manutenção da frota, objetivando sua melhor racionalização. Sugerem-se os seguintes quadros de controle a serem adotados:

J.1 Quadro Geral de Custos por Veículo

O propósito desse quadro é fornecer o total mensal das despesas diretas e indiretas de cada veículo. Os valores obtidos aqui serão lançados no quadro comparativo de custos da frota (J.2) apresentado a seguir.

■ **Figura 6.12**
Relatórios finais.

J.2 Quadro comparativo de custos da frota

Esse quadro tem por objetivo fornecer à diretoria da empresa um resumo geral de todas as despesas mensais por veículo e da frota.

▼▽ L. Formulários auxiliares

Os formulários apresentados a seguir permitem estabelecer controles que contribuirão para o bom funcionamento da empresa.

Os dados a serem levantados por meio deles podem até não ter aplicação direta na composição dos custos operacionais de uma frota, mas auxiliam na organização da transportadora, servindo também como informações de apoio ao controle de custos.

L.1 Ficha de estoque
Esse formulário tem por fim possibilitar um controle de estoque, tanto no que diz respeito às peças como aos seus valores.

L.2 Relatório de socorro
Esse formulário visa fornecer dados referentes a despesas e tempo gasto com atendimento, fora da oficina, de veículos avariados.

L.3 Ficha de prateleira
Esse formulário tem por objetivo fornecer dados de entrada e saída de peças do estoque.

L.4 Fichas de cadastro e histórico de manutenção de agregados e componentes
Nesse item são utilizadas fichas de controle de componentes substituíveis do veículo, como:

- motor;
- bomba injetora;
- caixa de mudanças;
- diferencial.

Esse controle também é muito importante, pois a sua perda ou o seu extravio onerará os custos da empresa.

6.3. O uso dos resultados do controle

A rentabilidade de um veículo só pode ser otimizada se forem conhecidos o custo e a receita gerados por ele.

Com a implantação de um sistema de controle de custos, as informações sobre cada veículo poderão ficar centralizadas, permitindo uma análise mais eficiente do desempenho econômico de cada veículo que compõe a frota. Com isso, as decisões a serem tomadas serão mais rápidas e seguras.

Serão apresentados a seguir alguns exemplos de empresas, denominadas aqui Empresa A, B, C etc., que utilizam dados de seus sistemas de controle de custos na tomada de decisões.

Observaremos que, obviamente, cada uma delas tem o próprio sistema, em função de suas características, seu porte, política interna etc.

Por outro lado, sabe-se também que, respeitando-se tal adequação, quanto mais eficiente for esse sistema, melhores os resultados para a transportadora.

6.3.1. Empresa A

Nessa empresa, o controle de custos assegura o limite certo do desconto, na hora de negociar o frete. São utilizados apenas três formulários:

- Relatório de serviços, preenchido pelo motorista em cada viagem.
- Relatório de controle da quilometragem, preenchido pelos vigias de plantão no terminal.
- Relatório de consumo de combustível, preenchido pelo responsável pelo tráfego no ponto de abastecimento da empresa (o raio de atuação da empresa não ultrapassa 100 km).

Foi desenvolvido um software na empresa, o qual, a partir de informações básicas sobre o transporte a ser feito, faz os cálculos com o custo de cada item (custos fixos e variáveis) e simula os valores da operação solicitada.

6.3.2 Empresa B

A operação dessa empresa se caracteriza pelo transporte de grandes tonelagens a curtas distâncias. Assim, os itens carga/descarga são os que mais afetam a produtividade da frota em operação.

Figura 6.13
Controle de carga/descarga.

Esse fato obrigou a transportadora a alocar recursos para o desenvolvimento de um sistema de controle operacional que permitisse medir, com razoável eficiência, custos de manutenção, de pessoal e produtividade por veículo, além de servir como parâmetro para a implantação de novos projetos.

Essa empresa utiliza os seguintes formulários de controle:

- **Relatório diário dos pesados (RDP).** É preenchido pelo motorista tão logo ele entre no veículo. Importantes dados podem ser obtidos a partir dele, como:

- tempo de espera pela carga;
- quantidade de carga;
- trajeto percorrido com o veículo carregado (em quilômetros);
- tempo de carga/descarga;
- trajeto percorrido com o veículo vazio (em quilômetros);
- oficina;
- revisão;
- quebra;
- abastecimento;
- lubrificação;

Esses dados são compilados e vão gerar o gráfico diário de transporte.

- **Gráfico diário de transporte.** Apresenta um resumo geral da operação de cada veículo e demonstra o desempenho dos veículos para um período de 24 horas, projetando valores médios, por veículo, do tempo de carga, tempo de espera e tempo de descarga, entre outros, de grande utilidade para a empresa.
- **Relatório mensal da manutenção.** Aponta os gastos com peças e materiais diversos, além de relatar despesas com itens como lubrificação, pneus, câmaras e mão de obra.

6.3.3 Empresa C

Essa empresa, subsidiada pelo controle de custos, substituiu com sucesso boa parte da sua frota (o controle sinalizou elevado custo/km de alguns veículos, em comparação com os demais que estavam em operação).

A diretoria, valendo-se de dados comparativos, pôde tomar decisões rápidas e acertadas, o que permitiu imediata redução de custos.

A empresa utiliza-se dos seguintes formulários para controle de custos:

- **RDV ou relatório de viagem.** Contém dados importantes, como:
  - consumo de combustíveis e lubrificantes;
  - reparos de pneus;

Figura 6.14
Tomar decisões que reduzam os custos.

- despesas de manutenção;
- pedágios;
- diárias de motorista;
- rota utilizada;
- leituras de hodômetro (inicial, final e a cada ocorrência relevante).

- **Relatório mensal de produtividade da frota.** Reúne, em um só relatório, os seguintes itens:
    - custos variáveis em viagem;
    - custos de oficina;
    - custos fixos;
    - faturamento.

Os dados obtidos com esses formulários permitem que se proceda a análises comparativas. Um dos itens considerados mais relevantes pela transportadora refere-se ao consumo de diesel. Se ele for elevado, a empresa retira imediatamente o veículo de circulação. Os custos variáveis da frota são medidos com checagens mensais e por viagem, e os de manutenção englobam gastos com a mão de obra e peças.

A empresa utiliza ainda o conhecimento dos custos fixos e variáveis para identificar o "ponto ótimo de renovação da frota".

A partir dos formulários preenchidos em serviço, os dados são digitados e lançados no sistema de custos da empresa. São então emitidos relatórios que possibilitam uma análise rápida e eficiente de receitas e custos operacionais por veículo, frota da matriz, de filiais e a comparação dos custos reais com os estimados.

O programa que cadastra a frota contém especificações técnicas de todos os veículos, dando origem a diversos relatórios: frotas por filial, veículos transferidos, vendidos e comprados. Esse programa permite também medir a produtividade da frota em operação.

6.3.4 Empresa D

Para apropriar seus custos, essa empresa utiliza 13 formulários, preenchidos por 16 funcionários (matriz e oito filiais):

- **Formulário 1.** Nele são registradas as despesas de cada um dos 186 veículos da frota. É montada, então, uma planilha com esses dados, mais os custos fixos mensais (remuneração de capital e depreciação). Com isso, é obtido o custo operacional por quilômetro rodado, o qual é distribuído entre as filiais. Assim, os gerentes passam a ter os parâmetros para negociação do frete do mês seguinte, sem riscos de prejuízo.
- **Formulário 2.** Coleta informações necessárias à elaboração do resumo mensal de despesa com veículos.
- **Formulário 3.** Trata do custo operacional de veículos e/ou equipamentos.
- **Formulário 4.** Serve para registrar as alterações na situação de cada veículo, como transferência de filial ou venda, bem como a atualização de seu valor patrimonial.

- **Formulário 5.** Trata da ficha de tráfego, que foi criada para controlar toda a movimentação dos veículos. É preenchida toda vez que um veículo deixa as dependências da empresa.
- **Formulário 6.** Refere-se ao controle de movimentação/faturamento da frota. Esse controle é feito com base nas informações apuradas na ficha de tráfego. É elaborado para cada veículo, mesmo que seu uso não tenha proporcionado faturamento ou que o veículo tenha permanecido na filial. Nesse caso, os dados registrados vão indicar a sua ociosidade e seu peso nos custos fixos da frota.
- **Formulário 7.** Trata do controle de despesas e receitas por cliente no transporte. Nesse caso, a empresa apura as vantagens e desvantagens de operar com frota própria ou de terceiros (normalmente feita na base de 50% para cada um, na média das operações realizadas). Esse controle é feito por cliente, mesmo que, no caso dos habituais, não tenha havido nenhum serviço no mês. Esses dados, além de apurar a lucratividade, dão à gerência geral informações sobre os clientes e possibilitam estudos de dimensionamento da frota.
- **Formulário 8.** Faz o registro e controle dos pneus.
- **Formulário 9.** Trata da manutenção dos pneus.
- **Formulário 10.** Refere-se ao demonstrativo mensal dos custos operacionais por tipo de veículo. É feito com base nas informações fornecidas pelos demais formulários. Apura os custos operacionais por quilômetro rodado, o custo por quilômetro/hora e o custo da hora parada tanto para a frota própria como para a de terceiros. Para conhecimento da diretoria, o relatório inclui uma coluna do custo médio, que agrega as duas frotas. Esse estudo serve para facilitar a opção dos gerentes das filiais pela utilização de frota própria ou de terceiros.
- **Formulário 11.** Trata do controle geral de despesas e receitas no transporte por filial. Aqui são apurados as receitas, os custos e os lucros da frota própria e de terceiros, além do resultado geral por unidade da empresa.

- **Formulário 12.** Trata do controle geral de despesas e receitas no transporte por cliente. Como no Formulário 11, são apurados as receitas, os custos e os lucros da frota própria e de terceiros, além do resultado geral, só por cliente.
- **Formulário 13.** Refere-se ao resumo mensal da movimentação e faturamento da frota de veículos de cada filial. Constam dados sobre dias trabalhados, quilometragem percorrida, receita obtida, despesas efetuadas, lucro em valor e porcentagem, dias parados e suas causas, além de importantes observações.

6.4 Conclusões

Pelo que foi visto neste capítulo, pode-se concluir que o controle de custos é uma das ferramentas que possibilitam ao empresário a otimização dos resultados das suas atividades, ganhos de competitividade, além de maior agilidade e segurança nas decisões.

O desenvolvimento de um bom sistema de controle de custos operacionais em uma empresa de transportes pode se constituir, dessa forma, não em um peso para a empresa, mas em um elemento fundamental à boa gestão de sua frota e da própria organização.

6.5 Referências bibliográficas

MERCEDES-BENZ. *Administração e transporte de cargas* – controle de custo operacional. Gerência de Marketing, 1988.

Revista *Carga e Transporte*, n. 96, 101, 103. São Paulo: Técnica Especializada.

UELZE, R. *Logística empresarial*. São Paulo: Pioneira, 1974.

_____. *Transporte e frotas*. São Paulo: Pioneira, 1978.

VIEIRA, J. C. E. *Metodologia para o cálculo de custos no transporte rodoviário de cargas e implicações*. 1986. Dissertação de Mestrado – Instituto Militar de Engenharia, Rio de Janeiro.

CAPÍTULO 7
PLANEJAMENTO DA MANUTENÇÃO

7.1 A importância da manutenção

A manutenção de veículos consiste em procurar manter a frota em boas condições de uso, dentro dos limites econômicos, de forma que a sua imobilização seja mínima.

Ela é uma medida importante para aumentar a produtividade e reduzir custos para a empresa. Além de reparar os equipamentos, a manutenção é responsável por evitar e prevenir novos consertos. Contudo, a realidade tem mostrado que muitos empresários a consideram um item dispendioso e não produtivo, colocando-a, assim, em segundo plano.

Mas trabalhar com essa visão traz resultados negativos que são notados, principalmente, com o aumento dos custos da frota. Esses aumentos são resultantes, justamente, dos problemas originados pela falta de manutenção adequada.

Em geral, essa atividade é reduzida, ou até cortada, para diminuir custos, criando inicialmente a ilusão de que os lucros aumentaram. Mas esse efeito é passageiro, pois os custos voltam a subir a partir do momento em que os reparos começam a aparecer. Deixar quebrar para depois reparar – costume de uma parcela de empresários – é o motivo do comprometimento financeiro e até do fechamento de muitas empresas.

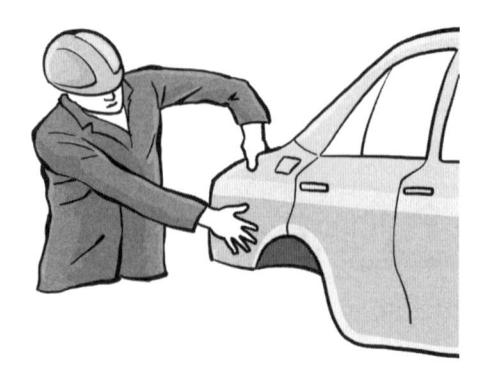

Figura 7.1
A manutenção dos veículos.

Cabe aqui reforçar o entendimento do que é manutenção. Na literatura existente, há diferentes definições que expressam o mesmo conceito. Por exemplo, pode-se dizer que é um conjunto de medidas e operações que têm como objetivo manter os veículos em condições adequadas de uso, de modo a evitar problemas que resultem em reparos e no comprometimento técnico, econômico e de segurança da frota.

Se a manutenção for bem feita, além da redução dos custos, essa conduta implicará também maior confiança aos clientes. Entretanto, o tamanho da estrutura dos serviços de manutenção vai depender do número de veículos que compõem a frota e das características da empresa. De qualquer maneira, essa estrutura deve ter as seguintes preocupações:

- cuidados diários de manutenção e inspeção dos veículos por parte de seus motoristas;
- manutenção preventiva periódica dos veículos;
- manutenção corretiva;
- recuperação de conjuntos e reformas de unidades.

7.2 Alternativas de apoio à manutenção de frotas

Uma vez ressaltada a importância da manutenção, apresentam-se a seguir duas estratégias que podem servir, em determinados casos, como soluções alternativas para uma boa manutenção da frota.

7.2.1 Terceirização

Dependendo das características da transportadora e de suas atividades, essa alternativa pode se constituir em uma boa solução para os serviços de manutenção; pelo menos é o que se pode constatar em diversos casos observados, como, por exemplo, o da empresa que aqui será denominada Empresa A. Ela lançou um serviço de manutenção que conquistou muitos frentistas, conduzindo-os às concessionárias da marca, e conseguiu mostrar que a terceirização pode reduzir significativamente o número de horas de revisão, por ano, dos veículos.

Como, para as transportadoras, boa parte dos custos é fixa (salários dos motoristas, taxas, depreciação, administração, seguros etc.), o programa de manutenção lançado pela Empresa A mostrou-se vantajoso, pois, com isso, o veículo fica menos tempo parado. Assim, a transportadora, além de dispor de um serviço bem estruturado e especializado, consegue também reduzir uma série de tarefas em sua rotina de trabalho.

Nesse serviço, são mantidas revisões periódicas dos veículos, desde os mais novos até os mais antigos da frota. As vantagens estão nos serviços realizados com maior garantia e planejamento e na maior disponibilidade da frota para a operação. Consequentemente, pode-se obter também uma rentabilidade mais elevada para os veículos.

7.2.2 *Pool* de compras

Outra solução muitas vezes adotada é formar um *pool* entre as empresas, para comprar peças de maior rotatividade a preços mais acessíveis. Com essa iniciativa, pode-se conseguir uma redução dos custos operacionais para as transportadoras, pois as compras são feitas em grandes quantidades, com os melhores preços do mercado.

7.3 Objetivos de um programa de manutenção de frotas

Um bom programa de manutenção de frotas deve ter sempre entre seus objetivos:

- Conservar os veículos em operação o maior tempo possível, evitando que os carros parados sejam depenados. Lembre-se de que um veículo enguiçado não dá nenhum lucro.
- Prevenir quebras, reboques, débitos de consertos nas estradas e perda de carga ou de serviço, com a manutenção preventiva, que evita desperdícios de tempo e problemas que exigem consertos de alto custo.
- Seguir o objetivo principal dos programas de qualidade, ou seja, atender às necessidades dos clientes ou passageiros de forma eficiente, cumprindo principalmente os horários e prazos determinados e reduzindo ao máximo a perda de mercadorias perecíveis.
- Desenvolver boas relações com o público e os empregados com iniciativas e programas, como, por exemplo, manter os veículos limpos e conservados. Isso melhora a imagem da empresa e eleva o moral dos motoristas e empregados.

7.4 Sistemas de manutenção

7.4.1 Considerações iniciais

Os trabalhos de manutenção, para melhor atender às diferentes necessidades e características dos veículos, podem ser divididos em quatro tipos:

- manutenção de operação;
- manutenção preventiva;
- manutenção corretiva;
- reforma de unidades.

A importância de adotar essa divisão está nas vantagens que tal procedimento oferece:

- utilização das instalações, dos equipamentos e ferramentas de maneira coordenada;
- seleção e treinamento de pessoal com elevado critério profissional;
- maximização no aproveitamento da frota e minimização dos custos por meio de controles específicos;
- conhecimento das condições reais dos veículos e equipamentos, possibilitando melhor avaliação quanto ao desempenho econômico, durabilidade etc.

Mas tudo isso depende de uma infraestrutura que ofereça condições de trabalho para maior agilidade nas operações e na distribuição adequada das tarefas. Essa rotina vai variar conforme as características de cada empresa, no que se refere, por exemplo, a tipos de manutenção que serão realizados, condições de operação da frota, número de veículos e quantidade de mão de obra disponível.

Adiante, será apresentado um modelo para representar a rotina que envolve a manutenção de uma frota rodoviária. Ele fornece uma ideia do desenrolar das atividades, desde o momento da chegada do veículo à empresa até a sua liberação para nova jornada de trabalho.

7.4.2 Manutenção de operação

É a manutenção primária. O bom desempenho do veículo ou equipamento depende dessa manutenção, e o principal responsável por ela é o motorista (UELZE, 1978).

Uma condução adequada dará ao ônibus ou caminhão boas condições de conservação, com menor desgaste das peças e maior longevidade do veículo. Para que isso ocorra, é preciso treinar o motorista, a fim de que ele tenha uma condução voltada também para a manutenção. Além de preservar melhor o veículo, os cuidados dispensados por ele trarão benefícios para si mesmo, uma vez que a sua produção, o seu conforto, bem-estar etc. dependem das boas condições do veículo. Quando ele entender essa ideia, a manutenção de operação passará a ter o máximo de eficiência.

Entre as tarefas relacionadas com a manutenção de operação, destacam-se as seguintes:

- condução do veículo;
- verificação constante dos instrumentos e indicadores do veículo ou equipamento;
- inspeção constante do veículo, recorrendo-se à oficina quando qualquer irregularidade for notada;
- verificação dos níveis de óleo e água, completando-os, se for o caso.
- verificação de pneus, bateria etc;
- limpeza do veículo ou equipamento;
- local de guarda do veículo ou equipamento;

A manutenção de operação deve ser acompanhada por meio de:

- ficha de inspeção diária;
- diário de viagem.

Neles são anotados os dados necessários para o controle de manutenção de veículo, e cada empresa pode definir os próprios formulários.

7.4.3 Manutenção preventiva

▼▽ **Importância e objetivos**

Esse tipo de manutenção é tão importante quanto o primeiro. Por mais que o motorista tenha uma boa condução, o uso do veículo vai provocar desgastes e gerar necessidade de regulagens e ajustes, que precisam, periodicamente de uma manutenção preventiva (UELZE, 1978).

Essa manutenção tem como principal objetivo não apenas a melhor conservação do veículo, mas também evitar o seu retorno à oficina por quebras e outros problemas que exigem correções. Se esse serviço for

PLANEJAMENTO DA MANUTENÇÃO 207

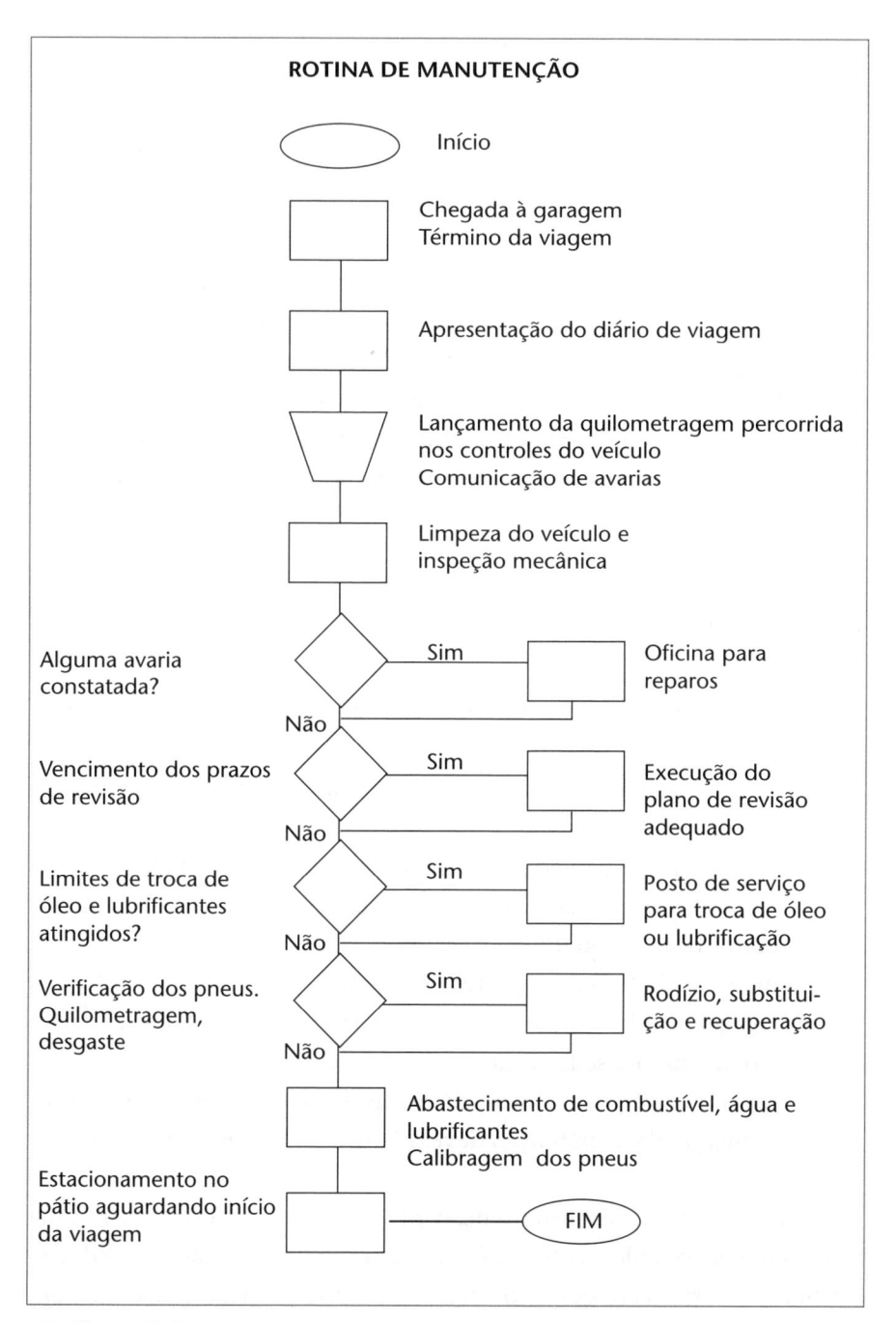

ROTINA DE MANUTENÇÃO

Início

Chegada à garagem
Término da viagem

Apresentação do diário de viagem

Lançamento da quilometragem percorrida nos controles do veículo
Comunicação de avarias

Limpeza do veículo e inspeção mecânica

Alguma avaria constatada? — Sim → Oficina para reparos
Não ↓

Vencimento dos prazos de revisão — Sim → Execução do plano de revisão adequado
Não ↓

Limites de troca de óleo e lubrificantes atingidos? — Sim → Posto de serviço para troca de óleo ou lubrificação
Não ↓

Verificação dos pneus. Quilometragem, desgaste — Sim → Rodízio, substituição e recuperação
Não ↓

Abastecimento de combustível, água e lubrificantes
Calibragem dos pneus

Estacionamento no pátio aguardando início da viagem

FIM

■ **Figura 7.2**
Rotina de manutenção.

eficiente, a existência de uma oficina própria pode trazer vantagens econômicas para a empresa.

Para frotas que operam em condições e locais diferentes, a manutenção preventiva deve ser realizada de forma diferenciada em cada veículo. A periodicidade dessa manutenção será estabelecida em função da quilometragem percorrida ou do número de horas de uso de cada um dos ônibus ou caminhões. Deve-se também esquematizar, de forma individualizada, a necessidade de troca de peças ou conjuntos, antes que os problemas apareçam.

Outro ponto importante é o tempo de execução da manutenção. A partir da identificação de tempos-padrão, fica mais fácil determinar a quantidade de mão de obra, a previsão de entrega do veículo e também a programação dos veículos para essa manutenção. Com mais organização, é possível fazer ainda uma previsão orçamentária das ações preventivas.

▼▽ Ações preventivas

Esse tipo de manutenção deve atender a serviços como (UELZE, 1978):

- revisão da parte mecânica (substituição de peças ou conjuntos, regulagens etc.);
- revisão da parte elétrica (verificação dos cabos, contatos, instrumentos de medição, sistemas de iluminação, bateria, dínamo e motor de arranque);
- inspeção de funilaria, pintura e chassi;
- lavagens, lubrificação, troca ou verificação de níveis de óleo, (completando, se for o caso);
- revisão dos equipamentos adicionais do veículo. Nesse caso, a programação da manutenção deverá basear-se na hora trabalhada.

A boa execução da manutenção preventiva vai proporcionar vida mais longa ao veículo, melhor desempenho, maior utilização e redução das horas ociosas. Para que isso ocorra, é preciso preparar a mão de obra e conscientizá-la sobre o aumento da produtividade que seu serviço acarreta. Pode-se, inclusive, programar para que a execução do serviço seja feita por dois mecânicos, simultaneamente, em um mesmo veículo. Isso evita perda de tempo ou que o mecânico deixe de executar algum serviço, o que só seria percebido na sua inspeção final.

O serviço deve ser controlado por uma ficha de operação, o que garante mais rapidez, segurança e qualidade para a manutenção preventiva.

A substituição de um conjunto por outro já recondicionado proporciona não só mais rendimento, mas também melhor qualidade na sua manutenção. A preparação do conjunto fora do veículo, em bancadas próprias, oferece melhores condições para a execução do serviço.

▼▽ Vantagens advindas da manutenção preventiva

As vantagens relacionadas a seguir ressaltam a importância da manutenção preventiva e podem servir como estímulo para que os empresários adotem tais serviços em suas empresas. Podem-se destacar então as seguintes vantagens (UELZE, 1978):

- maior produtividade da oficina;
- melhor qualidade de serviço;
- vida mais longa do veículo;
- melhor desempenho do veículo;
- melhor controle da frota e mais informações para revisões orçamentárias;
- melhor controle de estoque de peças de reposição;
- melhor controle da vida dos conjuntos, com consequente padronização da substituição de peças e conjuntos;
- mais segurança.

▼▽ Descrição de casos

A título de ilustração, é apresentado um modelo do formulário "Alerta de revisão" (Figura 7.3), que visa chamar a atenção da chefia da manutenção para que realmente efetue as revisões no tempo previsto.

O exemplo descrito a seguir mostra que a prática de manutenção preventiva, embora bastante conhecida no setor de transporte, não é uma constante entre os transportadores e requer ampla reflexão por parte dos empresários.

		ALERTA DE REVISÃO				Nº
Veículo nº	Hodômetro nº	Plano de revisão				
		Tipo	Tipo	Tipo	Tipo	Outros

1ª via = Oficina
2ª via = Tráfego

Depto. de Controle

Figura 7.3
Formulário "Alerta de revisão".

A vistoria realizada por três institutos plenamente capacitados e credenciados pelo Inmetro, em uma amostra de 218 ônibus, apresentou como resultado a identificação dos seguintes tipos de problemas em boa parte deles: sistema de freios deficiente, folga na direção, problemas na suspensão, pneus carecas e bancos soltos.

O resultado dessa vistoria leva ainda a pensar que o estado dos veículos que rodam nas estradas pode ser até pior, uma vez que esse trabalho foi programado e contratado pelas próprias empresas, que tinham conhecimento dos itens da vistoria.

Os critérios utilizados para essa vistoria foram: inspecionar os veículos quando estacionados e examiná-los em baixa e em alta velocidade, da maneira mais específica e minuciosa, para registrar as reações às solicitações durante a operação.

Como resultado, observou-se que apenas 3% dos veículos foram considerados sem problemas. Os defeitos mais observados (aproximadamente em 90% dos casos) foram os de sinalização e do sistema elétrico, seguidos de problemas na direção, com 80%, e de poltronas soltas e freios, com aproximadamente 70%. Problemas com bancos soltos também foram bastante frequentes, sendo detectados em aproximadamente 50% dos casos.

Contudo, existem também muitas empresas preocupadas e zelosas com a manutenção preventiva. Como exemplo, pode-se citar o caso de uma transportadora, aqui denominada Grupo A, que construiu mais uma oficina e almoxarifado para manter melhor os veículos, em função do aumento da frota. Mesmo que o veículo não apresente problemas, é realizada uma rigorosa vistoria preventiva periodicamente, assim que ele retorna à transportadora.

Um modelo para a manutenção preventiva, envolvendo alguns itens dos veículos, é apresentado na Tabela 7.1.

Tabela 7.1 Exemplo de tabela de serviços de manutenção preventiva

ITEM	SERVIÇO	Periodicidade					
		5.000	10.000	15.000	20.000	25.000	30.000
Embreagem	Nível fluido: vazamento	X				X	
Grampos de molas	Reapertar	X	X	X	X	X	X
Freio motor	Lubrificar		X		X		X
Cabeçote	Reapertar	X				X	

Outro exemplo de empresa preocupada com a manutenção preventiva é o da aqui chamada Empresa B. Ela adotou a denominada tecnologia do *checkup* para a redução dos custos de manutenção. Esse sistema permite diagnosticar e antever possíveis falhas nos motores, câmbios e diferenciais, com uma rápida análise de 60 mililitros de óleo retirado do equipamento. A amostra é enviada para um laboratório, e o diagnóstico do veículo é apresentado em até 48 horas.

7.4.4. Manutenção corretiva

Pode-se definir a manutenção corretiva como o conjunto de serviços que devem ser executados para reparar quebras ou avarias nos veículos, depois de ocorridas (UELZE, 1978).

Esse tipo de manutenção deve sempre ser considerado, mesmo quando há uma boa execução das manutenções de operação e preventiva. É bastante comum que peças e conjuntos sofram algum desgaste não previsto e apresentem defeitos ou quebras. A própria forma de operar o veículo, por parte do condutor, também pode causar desgastes imprevistos. Além disso, o condutor, muitas vezes, não pode escolher as melhores vias de tráfego, tendo de se sujeitar a trepidações, umidade, choques, freadas bruscas etc., os quais podem causar danos, principalmente se a frequência dessas ocorrências for significativa.

A manutenção corretiva, de modo geral, pode ser realizada em poucas horas, desde que o diagnóstico do problema seja dado de forma ágil e correta. Tem-se observado que, muitas vezes, as causas que motivaram o defeito levam mais tempo para serem descobertas do que o próprio defeito leva para ser sanado. Podem ocorrer também serviços mais demorados e especializados, envolvendo, por exemplo, remoção ou desmonte do motor, câmbio, diferencial, suspensão e outras partes do veículo.

Contudo, deve haver sempre muito cuidado para a perfeita análise do problema, além de zelo e qualidade na execução do serviço. Se não for assim, o veículo pode voltar à oficina com as mesmas deficiências.

Outro aspecto importante a ser destacado é em relação ao tipo de mão de obra a ser utilizado. Nesse caso, ela deve ter melhor preparação que a da manutenção preventiva e estar treinada para executar serviços não rotineiros, que aparecem, a cada dia, de forma diferente. Assim, o mecânico deve estar bem familiarizado com os defeitos que um veículo pode apresentar, principalmente aqueles cujas causas são menos perceptíveis e merecem um estudo mais cauteloso.

Além disso, há casos em que é indispensável uma atuação de emergência. Muitas empresas, visando cumprir corretamente os prazos e compromissos assumidos, colocam-se quase que na obrigatoriedade de realizar esse tipo de atuação. Para isso, estabelecem pontos auxiliares ou oficinas de apoio para o atendimento dos seus veículos. No caso de operação dos serviços em rotas não regulares, pode-se considerar também, se o veículo exigir, o uso de postos de abastecimento ou oficinas autorizadas para realizar a manutenção. Deve-se ter muita cautela nesse procedimento, pois uma intervenção de má qualidade pode comprometer todo o bom trabalho das manutenções de operação e preventiva.

Ainda em relação à atuação de emergência, é conveniente que toda oficina esteja equipada e preparada para esse tipo de atendimento. Para tais situações, há empresas que mantêm um serviço de socorro, com equipes experientes que trabalham, sempre que possível, com conjuntos para substituição. Outras dispõem de carros-oficina. Elas se baseiam no argumento de que o pronto atendimento reduz em muito o custo de manutenção e de operação, dado que evita o transporte do veículo até a oficina e, com isso, ganham-se tempo e dinheiro.

7.4.5 Reforma de unidades

Para a reforma de unidades, o que mais conta é o momento em que ela deve ser executada, segundo o ponto de vista econômico. Devem-se sempre comparar todos os custos envolvidos, incluindo-se aí o preço da reforma e o da substituição do veículo (UELZE, 1978).

Mesmo quando a política da empresa estiver voltada para a substituição de veículos em função da quilometragem ou da idade, sempre vão existir situações que fugirão a essa regra. Muitas vezes, algo pode interferir no processo normal, como algum acidente ou o tipo de uso do veículo, o ambiente em que ele normalmente trabalha ou a influência do clima, que o desgastam mais do que se espera, mesmo que a manutenção seja eficiente. Tais fatores podem levar o veículo a necessitar de uma reforma.

A análise dessa reforma deve ter como base a curva do custo médio anual. Comparando as alternativas existentes, a opção economicamente recomendada será a que apresentar o menor custo. Em função desse critério, pode-se dizer também que a reforma será tão mais vantajosa quanto mais novo for o veículo.

Se for possível, no estudo da melhor alternativa convém levar também em conta o preço de mercado de veículos usados. Essa opção pode dar um novo panorama no estudo da melhor decisão a ser tomada.

Convém comentar também que, quando da execução de uma reforma geral, não se deve deixar nada por fazer. Em outras palavras, isso significa que não se devem poupar esforços apenas para aliviar os custos. Uma economia dessa natureza pode comprometer a recuperação da unidade e trazer problemas futuros que afetarão o seu desempenho.

No caso de reforma em veículo acidentado, sua realização não deve ser avaliada somente sob o ponto de vista econômico. É preciso verificar, também, se é possível realmente recuperá-lo, de modo que ele possa novamente ser útil para a empresa e operar com eficiência e segurança. Essa verificação deve recair principalmente sobre a estrutura do veículo, que, se não for corrigida com perfeição, pode provocar defeitos na montagem dos componentes, ocasionando funcionamento inadequado e, em consequência, encarecendo as manutenções após o reparo.

O pessoal encarregado da mão de obra deve ter conhecimentos técnicos e experiência suficiente para poder realizar tal serviço. É preciso, por exemplo, conhecer as folgas e regulagens necessárias para montagem dos conjuntos, pois, muitas vezes, elas não fazem parte das tarefas relacionadas com outros tipos de manutenção, por não haver desmontagem do veículo.

Os dois aspectos mais importantes a serem considerados no caso de reforma de veículos são a análise econômica e a viabilidade técnica para realizá-la. Satisfazendo a esses dois aspectos, a reforma torna-se vantajosa.

7.5 O controle da manutenção

7.5.1 Atribuições do controle da manutenção

O processo de controle da manutenção consiste em verificar se tudo está sendo realizado em conformidade com o que foi planejado e com as ordens que foram dadas. Nesse processo, são analisados as faltas e os erros cometidos, a fim de evitar que eles se repitam.

Apresenta-se, a seguir, um conjunto de atribuições básicas relacionadas com o controle da manutenção de frotas:

- avaliação do desempenho;
- comparação do desempenho real com os objetivos, planos, políticas e padrões preestabelecidos;
- identificação dos desvios existentes;
- estabelecimento de ações corretivas, a partir da análise dos desvios detectados;
- acompanhamento e avaliação da eficiência das ações de natureza corretiva;
- adição de informações ao processo de planejamento para desenvolver ciclos futuros nas atividades administrativas.

7.5.2 Estrutura básica de um sistema de controle de manutenção

Visando descrever a estrutura básica de um sistema de controle de manutenção, é apresentado, a seguir, um modelo ilustrativo. Obviamente, trata-se de um exemplo, e cada empresa pode desenvolver seu próprio sistema, de acordo com suas necessidades.

O conjunto de itens componentes desse sistema é descrito a seguir.

▼▽ A. Ordem de serviço

A ordem de serviço é essencial para o acompanhamento da manutenção, sendo também uma fonte de informações para o cálculo do custo operacional, o preenchimento da ficha técnica e o controle de horas imobilizadas. As partes que compõem a ordem de serviço são as seguintes:

A.1 Serviços a serem executados
É preenchida no ato da inspeção do veículo, geralmente por recepcionistas com conhecimentos técnicos de mecânica. Indica todos os defeitos e o

tipo de manutenção necessário. Se a frota de veículos for de grandes dimensões, aconselha-se determinar o tempo-padrão para cada tarefa. Também é aconselhável anotar os defeitos verificados pelo condutor do veículo.

A.2 Oficina de terceiros

É necessária, no caso de serviços que a oficina da empresa não execute, como retífica de motor, estofamentos etc. Essa operação deve ser precedida de uma autorização, liberando o fornecedor para executar o serviço, na qual devem ser registrados também os trabalhos a serem realizados. Posteriormente, eles devem ser conferidos com o conteúdo da nota fiscal.

A.3 Material empregado

Trata-se de um formulário reservado para anotações das peças utilizadas na operação de reparo. Esse conteúdo deve ser confirmado por meio da ficha de requisição de materiais, fornecida pelo almoxarifado de peças, ou pela nota fiscal, caso não haja em estoque o material utilizado.

A.4 Tempo de mão de obra

Nesse item é registrado o tempo gasto na manutenção, anotando-se os momentos de início e de término de cada operação. A ordem de serviço, no caso, deve ficar em poder do apontador ou mesmo do setor de programação, dependendo da estrutura da oficina.

A.5 Custo de manutenção

Consiste na apropriação dos custos gerados pela manutenção. Trata-se de um quadro demonstrativo que contém os vários itens do custo que, somados, fornecem o custo de manutenção.

A.6 Ficha técnica

Contém, para cada unidade da frota, um resumo das operações efetuadas. É feito o registro, no término de cada manutenção, para um acompanhamento posterior do veículo.

A.7 Controle da produção de mão de obra direta

Esse controle deve ser efetuado por meio de um boletim de serviço, que funciona simultaneamente com a ordem de serviço. É um documento individual por funcionário, no qual são registradas, em horas, todas as suas tarefas diárias, como:

- **tempo trabalhado.** É o tempo em que o funcionário executou qualquer tarefa, dentro das suas atribuições.
- **tempo ocioso.** Corresponde ao tempo em que o funcionário ficou à disposição, por falta de serviço.
- **tempo improdutivo.** Corresponde ao tempo em que o funcionário permaneceu fora das suas atribuições, executando atividades alheias ao seu trabalho.
- **falta ao serviço.** Registra os períodos em que o funcionário não se encontrava na empresa, por motivos de doença, atraso etc.

▼▽ B. Avaliação

Os boletins de serviço devem ser enviados diariamente ao centro de controle e registrados na ficha mensal de cada funcionário. Com os dados coletados, podem-se avaliar o desempenho da mão de obra e a produção do grupo tanto para fins de dimensionamento como para remanejar o pessoal quando necessário.

▼▽ C. Cálculo dos índices

O sistema de controle deve prever o cálculo de índices que retratam o rendimento do sistema de manutenção, como:

C.1 Produtividade (P)

É calculado em função da relação entre o tempo trabalhado pelo funcionário e seu tempo disponível.

$$P = \frac{SV + SB + SE \times 100}{DP}$$

onde:
SV = tempo de serviço no veículo;
SB = tempo de serviço na bancada;
SE = tempo referente a serviços especiais;
DP = tempo disponível.

C.2 Improdutividade (I)
É calculado em função das horas improdutivas do empregado.

$$I = \frac{FS + SO \times 100}{DP}$$

onde:
FS = tempo transcorrido na falta de serviço;
SO = tempo transcorrido na realização de serviços gerais de oficina;
DP = tempo disponível.

C.3 Horas perdidas (L)
É calculado da seguinte forma:

$$L = \frac{FAD \times 100}{DP}$$

onde:
FAD = tempo transcorrido no caso de falta, atraso ou dispensa;
DP = tempo disponível.

C.4 Rendimento (R)
Corresponde ao cálculo do rendimento da mão de obra. Esse item somente será utilizado se a empresa trabalhar com tempo-padrão para os serviços de manutenção.

$$R = \frac{SV + SB + SE \times 100}{PV}$$

onde:
PV = tempo previsto ou tempo-padrão.

▼▽ D. Demonstração gráfica

Para melhor visualização do desempenho dos grupos de trabalho, é oportuno construir e manter atualizados gráficos demonstrativos dos diversos índices calculados, conforme modelo apresentado na Figura 7.4.

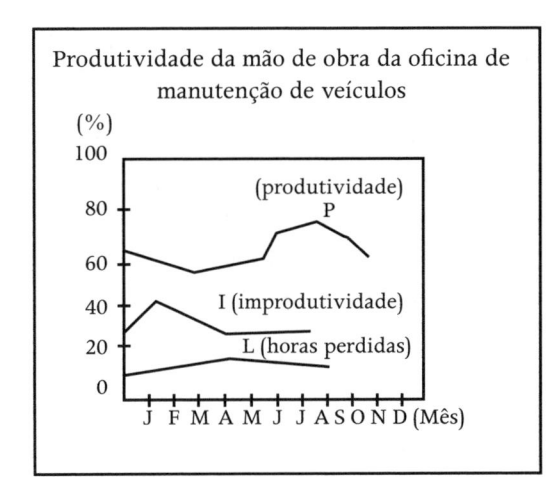

Figura 7.4
Desempenho de mão de obra.

▼▽ E. Controle de pneus

Esse custo também é relevante e deve ser acompanhado para permitir uma análise estatística da quilometragem percorrida. Com base nesses dados, podem ser tomadas providências quanto aos seguintes aspectos técnicos:

- marca do pneu, facilitando a opção por determinada marca;
- calibragem;
- tipo de pneu;
- balanceamento da roda;
- alinhamento da direção;
- rodízio etc.

Com essas providências, pode-se aumentar a vida útil do pneu. É aconselhável numerar cada pneu para facilitar o controle.

▼▽ F. Recapagem de pneus

Também deve ser mantida sob controle, a fim de evitar gastos desnecessários para a empresa.

▼▽ G. Controle dos conjuntos

É o registro do início de operação de cada conjunto, até o momento em que ele necessite de um recondicionamento. Deve-se dar destaque ao controle do motor, por ser o componente mais caro do veículo.

Para avaliar o rendimento dos motores da frota e alertar a manutenção, se necessário, devem-se realizar levantamentos estatísticos periódicos e emitir relatórios.

▼▽ H. Controle de horas imobilizadas

Para que a disponibilidade do veículo seja controlada, é necessário manter sob registro toda entrada do veículo em manutenção. Dessa forma, toda vez que ele estiver em manutenção, será considerado imobilizado. Consequentemente, o inverso será a disponibilidade da frota.

Esse controle serve para registrar a entrada e a saída de cada veículo na oficina e fornecer dados para relatórios demonstrativos das imobilizações ocorridas.

Para a oficina, fica a responsabilidade de manter uma boa qualidade dos serviços e evitar, ao máximo, a imobilização de cada unidade da frota. Com o controle, podem-se localizar os pontos de estrangulamento e racionalizar o fluxo de veículos nos setores de reparo, visando à minimização do tempo do veículo em manutenção.

O elemento básico para esse planejamento é ter conhecimento da disponibilidade da frota. Portanto, isso passa a ser um dos objetivos da oficina. Ela, por sua vez, deve manter um determinado percentual de imobilização ao mês, para que seus objetivos sejam alcançados. Para isso, pode valer-se do cálculo do índice de imobilização, apresentado a seguir.

▼▽ **I. Índice de imobilização (I)**

Com o cálculo desse índice, a empresa pode analisar o desempenho real e compará-lo com o desempenho previsto.

$$I = \frac{\text{Tempo de imobilização} \times 100}{\text{Tempo previsto}}$$

▼▽ **J. Ficha técnica**

Tem por finalidade registrar as peças e serviços que foram aplicados no veículo. Quanto melhor for a qualidade dos elementos controlados, mais fácil será para controlar os dados da ficha. Sua atualização deve ser feita a cada reparo do veículo.

Nessa ficha devem constar os elementos essenciais do veículo, para evitar, por exemplo, a dupla troca de peça em curta quilometragem. Visa também detectar possíveis defeitos dos serviços, o que ajuda no controle da qualidade da manutenção.

7.6 Considerações finais

Pelo que foi visto neste capítulo, pode-se afirmar que a informação é uma ferramenta fundamental para a atividade de manutenção. Por isso, a aplicação de um sistema de informações gerenciais e de apoio à decisão é essencial para facilitar o acesso dos funcionários aos dados necessários em tempo hábil e com atualização e confiabilidade compatíveis com o nível de serviço que se deseja prestar à frota.

Além disso, a atividade de manutenção produz uma quantidade enorme de informações. Por essa razão, a informatização do sistema de informações pode contribuir bastante com a eficiência da empresa. Com a informática, os dados são coletados e processados de forma ágil e confiável, permitindo rápido acesso aos parâmetros de avaliação técnica, econômica e operacional. Esses relatórios de avaliação constituem a base de informações e referências, que fundamentam todo o processo de tomada de decisões.

7.7 Referências bibliográficas

CELACADE. Seminário Especial. *Gerência operacional de frota de veículos*. São Paulo.

MERCEDES-BENZ. *Administração e transporte de cargas* – renovação de frota. Gerência de Marketing, 1988.

Revista *Carga e Transporte*, n. 70, 74, 96, 100, 101, 103, 104, 110. São Paulo: Técnica Especializada, 1988.

Revista *Transporte Moderno*, n. 349, 357, 359, 366. São Paulo: OTM, 1978.

UELZE, R. *Transporte e frotas*. São Paulo: Pioneira, 1978.

VIEIRA, J. C. F. *Metodologia para o cálculo de custos no transporte rodoviário de cargas e implicações*. 1986. Dissertação de Mestrado – Instituto Militar de Engenharia, Rio de Janeiro.

CAPÍTULO 8
SUBSTITUIÇÃO DE FROTAS

8.1 Introdução

Os veículos e equipamentos (empilhadeiras, guindastes, contâineres) desgastam-se com o uso, exigindo reposição após certo tempo de operação. Os equipamentos sujeitos a grandes e rápidas mudanças tecnológicas, como os computadores, são muitas vezes substituídos por outros, mais modernos, não por razões técnicas (quebras ou falhas constantes, custo de manutenção elevado), mas porque se tornam funcionalmente obsoletos.

No caso dos transportes, os veículos e equipamentos normalmente utilizados não se enquadram nessa última categoria. A reposição desses bens se dá, em geral, em função do desgaste mecânico e do uso. É verdade que a indústria automobilística procura aperfeiçoar seus produtos de forma a melhorar seu desempenho, reduzir seus custos operacionais e torná-los mais confiáveis. Isso, no entanto, não chega a gerar uma obsolescência tecnológica em relação aos equipamentos mais antigos. O que prevalece, então, são as considerações econômicas, baseadas no desgaste natural e no uso intensivo do bem.

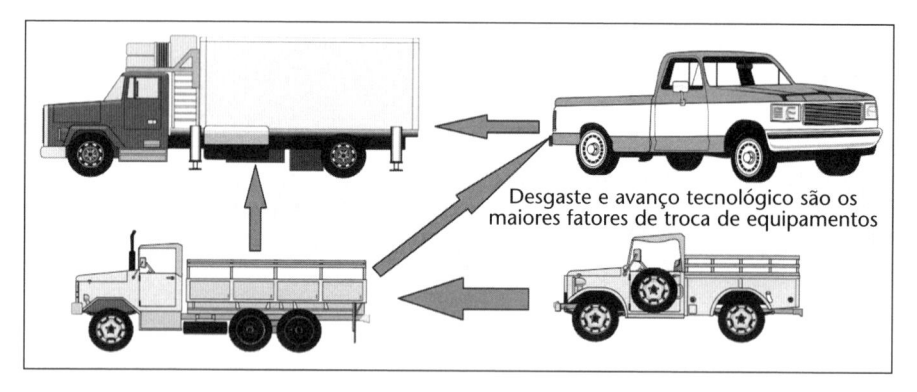

Figura 8.1
O desgaste tecnológico e seus avanços.

8.2 Por que substituir equipamentos

O presidente de uma empresa proprietária de uma grande frota faz uma visita à oficina e vê um de seus veículos antigos submetido a um conserto caro e imprevisível. O chefe da oficina, com sua franqueza de 20 anos de casa, diz:

– Doutor, este veículo está na hora de ser vendido. Está dando muita oficina. Já está bem velhinho.

O presidente não concorda:

– A pintura externa está ótima – disse. O motor foi retificado há pouco tempo. O estouro da caixa de câmbio poderia ter acontecido com qualquer veículo.

Pode parecer estranha essa discordância entre o presidente e o chefe da manutenção. Quem teria razão, o presidente ou o homem da oficina?

Todo mundo sabe que a vida de um veículo pode ser prolongada indefinidamente. Para isso, seria necessário realizar reformas constantes. Mas isso seria razoável do ponto de vista puramente econômico, sem qualquer sentimentalismo?

As razões sentimentais para não substituir veículos antigos da frota não são satisfatórias, na quase totalidade das vezes, se o problema é encarado pelo lado econômico de forma racional. A questão que se coloca é sobre o que é mais importante para a empresa: uma sobrevida forçada para o veículo, com os custos de manutenção aumentando cada vez mais e produzindo cada vez menos, ou a sua troca na data mais adequada?

O objetivo deste capítulo é discutir as formas de calcular, com razoável precisão, o momento correto para substituir um veículo ou equipamento.

8.3 Fatores que influem na vida útil dos veículos

Enquanto o veículo é novo, os custos de manutenção são baixos, cobrindo basicamente as revisões de rotina e a substituição de componentes como pneus, lonas de freio etc. Depois de certa idade, esses custos vão aumentando mês a mês, em consequência de desgastes mecânicos, falhas elétricas, problemas na carroceria etc. É o que mostra esquematicamente a curva A da Figura 8.2.

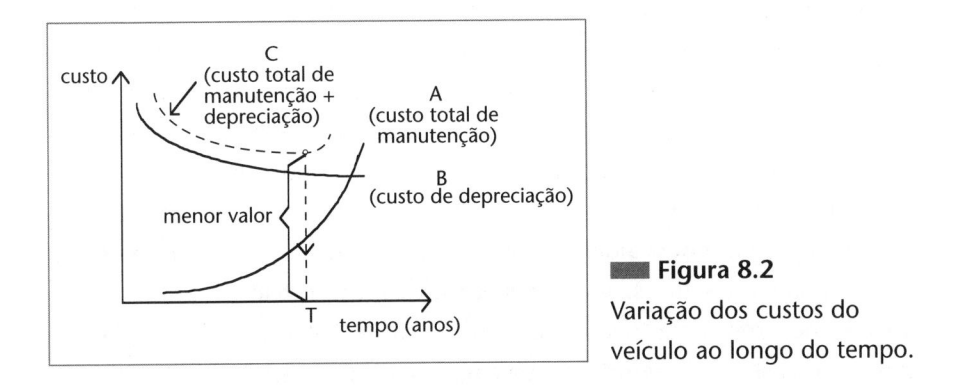

■ **Figura 8.2**
Variação dos custos do veículo ao longo do tempo.

O custo de depreciação, no entanto, está ligado ao preço inicial do veículo novo: quanto mais caro o veículo novo, maior será o valor da depreciação.

Ocorre que, se a empresa usar o veículo por mais tempo, o valor inicial, isto é, o preço do veículo novo, vai se diluir por um período de tempo maior. Então, o valor mensal da depreciação tende a cair com a idade do veículo. É o que mostra a curva B da Figura 8.2.

Ao somar as curvas A e B da Figura 8.2, obtém-se a curva pontilhada C. Existe um tempo T para o qual a soma dos custos com o veículo atinge o menor valor. Esse tempo T corresponde à melhor época, em termos econômicos, para trocá-lo, porque o custo total é mínimo.

A idade T, correspondente ao custo total mínimo (ponto mínimo) da curva pontilhada da Figura 8.2, é denominada vida econômica útil do veículo.

8.4 Idade do veículo e custo

Suponha que a empresa A utilize seus veículos por um período de apenas um ano, trocando-os então por caminhões novos. A empresa B, entretanto, adota a política de usar seus veículos por um prazo de cinco anos. Para um mesmo número de veículos na frota, o custo mensal de capital da empresa A é maior que o da empresa B. Isso porque a desvalorização dos veículos e equipamentos, de uma forma geral, é mais rápida nos primeiros anos, diminuindo bastante o ritmo à medida que a idade aumenta.

Para caminhões, a desvalorização no primeiro ano é de, aproximadamente, 30%. No segundo ano, a desvalorização é menor, da ordem de 20%. Daí por diante, observa-se uma queda de valor de mais ou menos 15% no terceiro ano, outros 15% no quarto e apenas 5% no quinto ano, ou seja, o veículo desvaloriza-se aproximadamente 85% em um período de cinco anos. Assim, se a empresa utilizar o caminhão durante um ano apenas, ocorrerá uma desvalorização média de 30% do valor inicial, ao fim desse período. No entanto, se a empresa usar o veículo por cinco anos, a desvalorização média anual será igual a 85% ÷ 5 = 17% ao ano.

Quanto maior for o prazo para a renovação da frota, menor será a desvalorização média anual, ou seja, para a empresa parece vantajoso, à primeira vista, manter o veículo em operação por prazos bastante longos. Na realidade, há fatores negativos que se contrapõem a esse aspecto positivo, como já foi visto. O custo de manutenção cresce bastante quando o veículo vai ficando velho, eliminando, a partir de certo ponto, a queda no custo de depreciação.

Figura 8.3
Os veículos desvalorizam-se com o passar dos anos.

O custo de manutenção inclui, basicamente, peças de reposição, material de consumo (arame de solda, lixas, removedores, estopa, graxas etc.) e custos com oficina (mão de obra, instalações, ferramentas). No início da vida útil, os custos de manutenção são pequenos. À medida que o equipamento vai ficando velho, as despesas com manutenção vão aumentando significativamente. Surgem problemas mecânicos, torna-se necessário, em certo momento, fazer a retífica do motor e mesmo a carroceria começa a apresentar sinais de desgaste e deterioração. Quando isso ocorre com intensidade, o custo excessivo de manutenção pode superar, em muito, a economia de capital que se poderia obter a partir da utilização do equipamento por um período mais longo.

Além dessa desvantagem (despesas excessivas de manutenção), deve-se considerar ainda o fato de que o veículo deixa de produzir receita quando está parado na oficina. À medida que o veículo vai se desgastando com o tempo, exigindo maior esforço de manutenção, as paralisações também serão mais frequentes e mais longas. Como resultado disso, o nível de produção da empresa (toneladas/quilômetro transportadas por mês, por exemplo) tenderá a cair.

Outro problema associado à utilização do veículo por mais tempo é a maior incerteza quanto ao desempenho do equipamento (menor confiabilidade). Ele pode quebrar durante a execução do serviço, com prejuízos ainda maiores. Ocorrerão despesas adicionais de socorro, prejuízos decorrentes da retenção de carga, efeitos negativos na imagem da empresa etc.

8.5 Um método simplificado

Com a finalidade de ilustrar o problema da determinação da vida útil econômica para certo equipamento, em determinado tipo de operação, será considerado inicialmente um esquema simplificado de cálculo. Posteriormente, uma metodologia mais rigorosa será adotada.

8.5.1 Desvalorização anual

Em primeiro lugar, vai ser calculada a desvalorização média anual do veículo, à medida que o período de utilização vai aumentando. Suponha que o valor de compra do veículo novo seja de R$ 120.000,00 (o investimento inicial). Já foi visto que, no primeiro ano, o veículo se desvaloriza 30% aproximadamente. Então, se a empresa utilizá-lo durante um ano apenas, ele sofrerá uma desvalorização de 30%, ou R$ 36.000,00.

Suponha agora que a empresa retenha o veículo por dois anos. Já se sabe que há uma desvalorização adicional de 20%, aproximadamente. Ou seja, nos dois anos, o veículo se desvaloriza cerca de 50%. Nesse período, há então uma desvalorização média anual de 50% ÷ 2 = 25%, ou R$ 30.000,00 por ano. Portanto, ao manter o veículo por mais um ano, a empresa obtém uma redução de R$ 6.000,00 no custo médio anual.

Se a empresa utilizar o veículo por três anos, a desvalorização acumulada será de aproximadamente 65% (30% no primeiro ano, 20% no segundo e 15% no terceiro). Dividindo esse valor acumulado por três, obtém-se uma desvalorização média anual de 21,7%, ou R$ 26.000,00.

Considerando agora um período de utilização de quatro anos, ocorrerá uma desvalorização acumulada de aproximadamente 80%, levando então a uma desvalorização média anual de 80% ÷ 4 = 20%. Note que, à medida que o período de utilização aumenta, a desvalorização média

SUBSTITUIÇÃO DE FROTAS   229

anual vai decrescendo: 30% para um ano, 25% para dois anos, 21,7% para três anos e 20% para quatro anos.

Na Tabela 8.1, é apresentado o cálculo da desvalorização média anual para o tempo de uso, variando de 1 a 12 anos.

Além da desvalorização média anual, deve-se considerar também o custo financeiro envolvido, ou seja, os juros. Assim, se a taxa de juros real for de 15% ao ano, no primeiro ano de uso do veículo, a empresa arcará com um custo financeiro igual a 15% do investimento, ou seja, R$ 18.000,00.

Ao fim do primeiro ano, o veículo estará valendo 70% do valor (R$ 84.000,00). Durante o segundo ano de uso, os juros incidirão sobre esse valor. O custo financeiro, no segundo ano de uso, será então igual a 15% de R$ 84.000,00, ou R$ 12.600,00.

Tabela 8.1 Desvalorização média anual de um caminhão em função do tempo de uso (valor de aquisição: R$ 120.000,00)

(a) Tempo de uso do veículo (anos)	(b) Desvalorização acumulada (% do valor do veículo novo)	(c) Desvalorização média anual (R$)
1	30	36.000,00
2	50	30.000,00
3	65	26.000,00
4	80	24.000,00
5	85	20.400,00
6	90	18.000,00
7	93	15.942,86
8	95	14.250,00
9	95	12.666,67
10	95	11.400,00
11	95	10.363,64
12	95	9.500,00

8.5.2 Custo financeiro

À medida que o veículo vai se desvalorizando com o tempo, os juros sobre o valor empatado vão caindo. Na Tabela 8.2, é apresentado o cálculo dos juros para a vida útil variando de 1 a 12 anos.

Para calcular o custo financeiro médio, são somados os valores do custo financeiro e, a seguir, divide-se o resultado da soma pelo número de anos em que o veículo é utilizado. Por exemplo, para vida útil de três anos, têm-se, extraídos da coluna (c) da Tabela 8.2, os seguintes valores do custo financeiro: R$ 18.000 no primeiro ano; R$ 12.600 no segundo ano e R$ 9.000, no terceiro. Somando esses valores (acumulando-os), tem-se R$ 39.600, na coluna (d). Dividindo agora esse resultado por n = 3, obtém-se R$ 13.200, que é colocado na coluna (e) da tabela.

Tabela 8.2 Cálculo do custo financeiro em função do tempo de uso do veículo (valor de aquisição R$ 120.000,00)

(a) Tempo de uso (anos)	(b) Valor no início do período (%)	(c) Juros no ano (i) R$	(d) Juros acumulados (ii) R$	(e) Custo financeiro médio anual (iii) R$
1	100	18.000	18.000	18.000
2	70	12.600	30.600	15.300
3	50	9.000	39.600	13.200
4	35	6.300	45.900	11.475
5	20	3.600	49.500	9.900
6	15	2.700	52.200	8.700
7	10	1.800	54.000	7.714
8	7	1.260	55.260	6.908
9	5	900	56.160	6.240
10	5	900	57.060	5.706
11	5	900	57.960	5.269
12	5	900	58.860	4.905

(i) Calculado com base na taxa de juros anual de 15%, multiplicando-a pelos valores da coluna (b).
(ii) Valores acumulados da coluna (c).
(iii) Coluna (d) dividida pela coluna (a).

8.5.3 Custo de manutenção

Passamos a analisar agora o custo de manutenção. Sabe-se que esse tipo de despesa aumenta bastante quando o veículo vai se tornando velho. O bom senso indica que, ao atingir certa idade, o veículo deve ser trocado por um novo, a fim de evitar despesas elevadas e paradas excessivas para consertos. Há diferentes formas de expressar o custo de manutenção. Uma maneira bastante usual é a de exprimi-lo em função do valor do veículo novo. Assim, a soma das despesas de manutenção que ocorrem em um determinado ano é relacionada com o valor do investimento no veículo. Esses custos devem ser levantados diretamente a partir da contabilidade da empresa, pois variam bastante em função da sistemática de manutenção adotada, campanha e programas de treinamento de motoristas, tipo de carga transportada, condições das vias percorridas etc.

■ **Figura 8.4**
Gastos e custos de manutenção.

Para o exemplo em questão, foram adotadas as porcentagens indicadas na coluna (b) da Tabela 8.3. Essas porcentagens, aplicadas sobre o valor do veículo novo (R$ 120.000,00), fornecem estimativas do custo anual de manutenção (coluna c). Por exemplo, para o quinto ano de vida útil, o custo anual de manutenção é estimado em 17,8% do valor do veículo novo, ou seja, R$ 21.360,00. Na coluna (d), aparecem os valores acumulados da coluna (c) e, na coluna (e), finalmente, são colocados os valores médios anuais. Para isso, os valores acumulados da coluna (d) são divididos pelo número de anos correspondente. Por exemplo, para a idade de cinco anos, há um custo acumulado de R$ 84.600,00. Dividindo esse valor por cinco (a idade do veículo), obtém-se o valor médio anual de R$ 16.920,00, e assim por diante.

Tabela 8.3 Custos anuais médios de manutenção (estimados)

(a) Tempo de uso (anos)	(b) Custo anual de manutenção em % do valor do veículo novo	(c) Custo anual de manutenção (R$)	(d) Custo acumulado (R$)	(e) Custo anual médio (R$)
1	11,20	13.440,00	13.440,00	13.440,00
2	12,30	14.760,00	28.200,00	14.100,00
3	13,50	16.200,00	44.400,00	14.800,00
4	15,70	18.840,00	63.240,00	15.810,00
5	17,80	21.360,00	84.600,00	16.920,00
6	20,10	24.120,00	108.720,00	18.120,00
7	22,30	26.760,00	135.480,00	19.354,29
8	25,50	30.600,00	166.080,00	20.760,00
9	28,80	34.560,00	200.640.00	22.293,33
10	32,40	38.880,00	239.520,00	23.952,00
11	36,80	44.160,00	283.680,00	25.789,09
12	41,70	50.040,00	333.720,00	27.810,00

Já foram determinadas as três parcelas de custos a considerar:

a – depreciação ou desvalorização (Tabela 8.1);
b – custo financeiro ou juros (Tabela 8.2);
c – custo de manutenção (Tabela 8.3).

Sabe-se, por outro lado, que a produção de um veículo, em quilômetros rodados por mês, tende a cair com a idade. Em nosso exemplo, um veículo percorre cerca de 8.500 km por mês, realizando serviços de transporte. A quilometragem vai caindo suavemente, até atingir, em nosso exemplo, um total de 6.250 km por mês para 12 anos de idade.

Na Tabela 8.4, são apresentados os custos médios anuais de depreciação (coluna b), os custos financeiros (coluna c), os custos médios de manutenção (coluna d) e a soma dos três custos (coluna e). Na coluna (f), indica-se a quilometragem média mensal e, na coluna (g), a quilometragem anual correspondente.

Dividindo o custo médio anual da coluna (e) pela quilometragem anual da coluna (g), obtém-se finalmente o custo médio por quilômetro na coluna (h).

Tabela 8.4 Cálculo do custo médio por quilômetro

(a) Tempo de uso (anos)	(b) Depreciação média anual (R$)	(c) Custo financeiro médio anual (R$)	(d) Custo médio de manutenção (R$)	(e) Custo anual total (R$)	(f) Quilometragem média mensal	(g) Quilometragem média anual	(h) Custo médio por quilômetro R$/km
1	36.000,00	18.000,00	13.440,00	67.440,00	8.500	102.000	0,661
2	30.000,00	15.300,00	14.100,00	59.400,00	8.410	100.920	0,589
3	26.000,00	13.200,00	14.800,00	54.000,00	8.305	99.660	0,542
4	24.000,00	11.475,00	15.810,00	51.285,00	8.183	98.196	0,522
5	20.400,00	9.900,00	16.920,00	47.220,00	8.040	96.480	0,489
6	18.000,00	8.700,00	18.120,00	44.820,00	7.876	94.512	0,474
7	15.942,86	7.714,29	19.354,29	43.011,43	7.688	92.256	0,466
8	14.250,00	6.907,50	20.760,00	41.917,50	7.472	89.664	0,467
9	12.666,67	6.240,00	22.293,33	41.200,00	7.224	86.688	0,475
10	11.400,00	5.706,00	23.952,00	41.058,00	6.942	83.304	0,493
11	10.363,64	5.269,00	25.789,09	41.421,82	6.620	79.440	0,521
12	9.500,00	4.905,00	27.810,00	42.215,00	6.250	75.000	0,563

Observa-se que o custo médio por quilômetro atinge seu valor mínimo para a vida útil de sete anos. Para o exemplo dado, essa seria a idade recomendada para renovar a frota.

Nota-se também que o aumento de custo, de sete para oito anos, é mínimo. Isso significa que o custo não sobe rapidamente ao vencer a vida útil do veículo. A empresa pode agir com certa flexibilidade na troca dos seus veículos. Se o processo atrasar seis meses ou mesmo um ano, o impacto no custo e na produção não será apreciável. Mas é preciso, é claro, que a manutenção não seja desleixada.

Deve-se lembrar que podem ocorrer outros problemas quando a frota for se tornando muito velha. Um deles é a redução da confiabilidade: quando o veículo quebra durante o serviço, ocorrem despesas adicionais de socorro mecânico, reboque, atrasos no serviço, impacto negativo na imagem da empresa etc.

8.6 Análise por meio da matemática financeira

Para aplicar o método clássico de renovação da frota, é necessário conhecer alguns conceitos básicos de matemática financeira, que não são relativamente difíceis, mas cujo estudo detalhado foge ao escopo deste livro.

A ideia básica, no entanto, é fácil de ser entendida. Se você vai ao banco com uma duplicata no valor de R$ 10.000,00, que vence daqui a 60 dias, e quer descontá-la, então é natural esperar que o banco lhe desconte os juros correspondentes aos dois meses.

Suponha então que o veículo custou R$ 120.000,00 e vai ser usado durante seis anos. Considera-se que, ao fim da vida útil, ele seja vendido por um preço igual a 10% do valor original, ou seja, R$ 12.000,00. Ocorreu, assim, uma depreciação de R$ 120.000,00 − R$ 12.000,00 = R$ 108.000,00.

No entanto, a depreciação não ocorre no primeiro ano, mas é distribuída igualmente ao longo de seis anos. Admita-se que a taxa real de juros é de 15% ao ano. Por meio de uma tabela de matemática financeira, para t = 6 anos e juros de 15% ao ano, calcula-se o valor anual da depreciação (equivalente a seis prestações anuais iguais, a juros de 15% ao ano):

$$R\$\ 108.000,00 \times 0,26424 = R\$\ 28.537,92$$

O índice 0,26424 é denominado FRC (fator de recuperação do capital) e pode ser calculado em planilha eletrônica ou encontrado em tabelas de matemática financeira, considerando o prazo e a taxa de juros. Esse resultado indica que uma depreciação de R$ 108.000,00, na data de hoje, é equivalente a seis valores anuais e consecutivos de R$ 28.537,92, à taxa de juros de 15% ao ano.

Outro tipo de cálculo financeiro relaciona-se com a transferência de um valor futuro para a data presente. Por exemplo, ao se vender o veículo no fim do sexto ano obtém-se, como já foi visto, uma receita de R$ 12.000,00. Ocorre que a empresa só vai receber esse dinheiro no fim do sexto ano. Ao pensar-se de forma análoga ao exemplo da duplicata no banco, pode-se calcular o valor equivalente da receita da venda do veículo no sexto ano de vida, atualizado para a data atual ou o valor presente da venda.

Para isso, calcula-se ou extrai-se de uma tabela de matemática financeira o FVP (fator de valor presente). Entrando com o prazo (seis anos) e a taxa de juros (15% ao ano), obtém FVP = 0,4323. Esse fator, multiplicado pela importância, fornece o valor atual equivalente. No caso, temos:

$$0{,}4323 \times 12.000{,}00 = \text{R\$ } 5.187{,}60$$

Ou seja, descontando hipoteticamente hoje uma duplicata de R$ 12.000,00 a juros de 15% ao ano, a qual vence daqui a seis anos, a importância recebida do banco seria de R$ 5.187,60.

Calculam-se a seguir os custos médios anuais de capital (depreciação mais o custo financeiro) e de manutenção. Para o cálculo do custo anual de capital (depreciação mais custo financeiro) utiliza-se a seguinte expressão:

$$C_n = [I - VR] \times FRC + J \times VR$$

onde:
    C_n = custo médio anual de capital para um veículo que vai ser usado durante n anos;
    I = investimento inicial (valor de aquisição do veículo novo);

FRC = fator de recuperação do capital (extraído da tabela de matemática financeira);
VR = valor de revenda do veículo depois de n anos de uso;
J = taxa de juros anual, dividida por 100.

Os cálculos do custo de capital, para T variando de 1 a 12 anos, são apresentados na Tabela 8.5. Por exemplo, na linha referente a T = 5 anos, o valor inicial do veículo é I = R$ 120.000,00. Após cinco anos de uso, o veículo vale, por hipótese, VR = R$ 18.000,00. Admita-se uma taxa de juros de 15% ao ano e, assim, J = 15 ÷ 100 = 0,15.

Entrando em uma tabela de matemática financeira, com a taxa de juros de 15% ao ano e T = 5 anos, obtemos FRC = 0,29832.

Aplicando a equação de C_n para n = 5, resulta:

$C_5 = [120.000,00 - 18.000,00] \times 0,29832 + 0,15 \times 18.000,00$
$C_5 = 30.428,64 + 2.700,00$
$C_5 = R\$ 33.128,64$

Esse valor aparece na linha T = 5 anos, coluna (g), da Tabela 8.5. Os valores para as demais linhas são calculados de forma análoga, pela equação de C_n.

Tabela 8.5 Cálculo do custo médio anual de capital

(a) Tempo de uso	(b) Desvalorização (I – VR)	(c) FRC (juros de 15% a.a.)	(d) (I – VR) × FRC R$	(e) Valor residual R$	(f) VR × J R$	(g) (d) + (f) R$
1	36.000,00	1,1500	41.400,00	84.000,00	12.600,00	54.000,00
2	60.000,00	0,61512	36.907,20	60.000,00	9.000,00	45.907,20
3	78.000,00	0,43798	34.162,44	42.000,00	6.300,00	40.462,44
4	96.000,00	0,35027	33.625,92	24.000,00	3.600,00	37.225,92
5	102.000,00	0,29832	30.428,64	18.000,00	2.700,00	33.128,64

continua

continuação

Tabela 8.5   Cálculo do custo médio anual de capital

(a) Tempo de uso	(b) Desvalorização (I – VR)	(c) FRC (juros de 15% a.a.)	(d) (I – VR) × FRC R$	(e) Valor residual R$	(f) VR × J R$	(g) (d) + (f) R$
6	108.000,00	0,26424	28.537,92	12.000,00	1.800,00	30.337,92
7	111.600,00	0,24036	26.824,18	8.400,00	1.260,00	28.084,18
8	114.000,00	0,22285	25.404,90	6.000,00	900,00	26.304,90
9	114.000,00	0,20957	23.890,98	6.000,00	900,00	24.790,98
10	114.000,00	0,19925	22.714,50	6.000,00	900,00	23.614,50
11	114.000,00	0,19107	21.781,98	6.000,00	900,00	22.681,98
12	114.000,00	0,18448	21.030,72	6.000,00	900,00	21.930,72

Agora será abordado o custo de manutenção. Para isso, é necessário voltar à Tabela 8.3, coluna (c), em que aparecem os valores estimados do custo anual de manutenção em função do valor do investimento. Esses valores são repetidos na Tabela 8.6, coluna (b).

Como os custos de manutenção são valores anuais, devem ser convertidos à data presente (t = 0), por meio do fator de valor presente (FVP), extraído de uma tabela de matemática financeira.

Tabela 8.6   Cálculo do custo médio anual de manutenção

(a) Tempo de uso	(b) Custo anual de manutenção (i) R$	(c) FVP (ii) j = 15%	(d) Valor presente (iii) R$	(e) Valor presente acumulado (iv) R$	(f) FRC	(g) Custo anual de manutenção (v) R$
1	13.440,00	0,869570	11.687,02	11.687,02	1,1500	13.440,07
2	14.760,00	0,756140	11.160,63	22.847,65	0,6151	14.054,04
3	16.200,00	0,657520	10.651,82	33.499,47	0,4380	14.672,10

continua

continuação

Tabela 8.6 Cálculo do custo médio anual de manutenção

(a) Tempo de uso	(b) Custo anual de manutenção (i) R$	(c) FVP (ii) j = 15%	(d) Valor presente (iii) R$	(e) Valor presente acumulado (iv) R$	(f) FRC	(g) Custo anual de manutenção (v) R$
4	18.840,00	0,571750	10.771,77	44.271,24	0,3503	15.506,89
5	21.360,00	0,497180	10.619,76	54.891,01	0,2983	16.375,08
6	24.120,00	0,432330	10.427,80	65.318,81	0,2642	17.259,84
7	26.760,00	0,375940	10.060,15	75.378,96	0,2404	18.118,09
8	30.600,00	0,326900	10.003,14	85.382,10	0,2229	19.027,40
9	34.560,00	0,284260	9.824,03	95.206,13	0,2096	19.952,35
10	38.880,00	0,247180	9.610,36	104.816,48	0,1993	20.884,68
11	44.160,00	0,214940	9.491,75	114.308,23	0,1911	21.840,87
12	50.040,00	0,186910	9.352,98	123.661,21	0,1845	22.813,02

(i) Extraído da coluna (c) da Tabela 8.3.
(ii) Extraído da tabela de matemática financeira.
(iii) Coluna (b) multiplicada pela coluna (c).
(iv) Valores acumulados da coluna (d).
(v) Coluna (e) multiplicada pela coluna (f).

Multiplicando os valores do custo de manutenção (coluna b da Tabela 8.6) pelo coeficiente FVP (coluna c), obtêm-se os respectivos valores presentes. Os valores indicados na coluna (d) da Tabela 8.6, devem ser somados agora, de forma a totalizar o custo de manutenção para cada valor de n.

Por exemplo, se o veículo for utilizado durante cinco anos (n = 5), o valor presente total do custo de manutenção é a soma dos valores indicados na coluna (d), começando com n = 1 até n = 5. Em outras palavras, devemos acumular os valores da coluna (d) da Tabela 8.6, colocando os resultados parciais na coluna (e) dessa Tabela.

Finalmente, obtém-se o valor presente total dos custos anuais de manutenção (coluna e da Tabela 8.6). Pode-se então calcular o custo anual médio equivalente. Para isso, multiplicam-se os valores da coluna (e) pelo respectivo coeficiente FRC. Na coluna (f) da Tabela 8.6, são apresentados os valores de FRC, obtidos para j = 0,15 e *n* variando de 1 a 12 anos. Multiplicando os valores indicados na coluna (e) pelos valores de FRC, coluna (f), obtêm-se os custos médios anuais que são registrados na coluna (g) da Tabela 8.6.

Podemos somar agora o custo médio anual de capital, indicado na coluna (g) da Tabela 8.5, com o custo médio anual de manutenção apresentado na coluna (g) da Tabela 8.6. As somas, ano a ano, são apresentadas na coluna (b), da Tabela 8.7.

Tabela 8.7 Cálculo do custo médio anual por quilômetro

(a) Tempo de uso	(b) Custo de capital + custo de manutenção (anual) R$	(c) Km por mês	(d) Km por ano	(e) Custo médio por quilômetro (R$/km)
1	67.440	8.500	102.000	0,661
2	59.961	8.410	100.920	0,594
3	55.135	8.305	99.660	0,553
4	52.733	8.183	98.196	0,537
5	49.504	8.040	96.480	0,513
6	47.598	7.876	94.512	0,504
7	46.202	7.688	92.256	0,501
8	45.332	7.472	89.664	0,506
9	44.743	7.224	86.688	0,516
10	44.499	6.942	83.304	0,534
11	44.523	6.620	79.440	0,560
12	44.744	6.250	75.000	0,597

Na coluna (d) da Tabela 8.7, são apresentadas as quilometragens médias anuais referentes ao exemplo, as quais variam em função da idade do veículo. Dividindo agora os valores do custo anual, coluna (b), pela quilometragem anual, obtém-se o custo médio por quilômetro.

Note-se que, à exceção das despesas de manutenção, não se incorporam aos resultados as parcelas referentes ao custo variável (combustível, pneus etc.), porque tais custos não variam com a idade do veículo, sendo expressos em R$/km. Assim, não influem na determinação do período ideal para renovação da frota.

Por meio dos resultados, observamos que o menor custo médio por quilômetro rodado (R$/km) corresponde a um tempo de uso do caminhão igual a seis ou sete anos. No entanto, a variação do custo no entorno desse ponto é pequena, ou seja, é possível que o custo por quilômetro aumente muito pouco, se aumentado o período da troca para, digamos, oito ou nove anos. Mas a vida útil econômica média, calculada por esse método, gira em torno de sete anos.

Se compararmos os custos médios unitários da coluna (e) da Tabela 8.7, com os outros – obtidos anteriormente pelo método simplificado (coluna h, Tabela 8.4) – notaremos diferenças entre eles. É que os valores indicados na Tabela 8.7 são "descontados", isto é, incorporou-se o efeito dos juros nas parcelas futuras. Convém destacar ainda que o mais importante a ser identificado não são os valores absolutos do custo unitário, e sim a data ótima de substituição do veículo.

Outro aspecto importante a considerar refere-se à sensibilidade dos resultados. Podemos observar que os custos unitários em torno dos sete anos (de cinco a nove anos de vida útil) variam muito pouco. Assim, se sua empresa não trocar o veículo exatamente quando ele tiver sete anos de uso, mas trocá-lo, digamos, com oito anos, o efeito é pouco significativo. Portanto, pode-se esperar uma época mais vantajosa para trocá-lo por um novo, sem grande prejuízo.

8.7 Dificuldades e estratégias na substituição da frota

Há um ditado que diz: "Na prática, a teoria é outra". O tipo de análise aqui apresentado pressupõe uma visão econômica pura, em que a empresa de transportes analisa o melhor momento para renovar sua frota, formando um fundo financeiro para, na hora apropriada, comprar veículos novos.

Mas, na prática, é assim que as coisas acontecem?

Nos momentos difíceis por que passamos, é muito improvável que a empresa junte todo o dinheiro necessário para efetuar a compra de novos veículos na hora certa. E então é necessário lançar mão de financiamento ou de *leasing*, que também é uma forma de financiamento. Surgem então os fantasmas dos juros, das garantias etc.

Como consequência dessas dificuldades, tem-se observado certa lentidão no processo de renovação da frota nacional de caminhões e de ônibus, o que implica o aumento gradual da idade média da frota brasileira.

As fábricas de chassis e carroçarias do país, por outro lado, tendem a melhorar seus produtos com o tempo. Introduzem veículos mais potentes, dotados de inovações tecnológicas e de novos padrões de conforto, que constituem um avanço inevitável, mas que acabam custando mais.

Isso obriga as empresas de transportes a melhorarem continuamente seus padrões de eficiência, de forma a reduzir custos e maximizar seus resultados. Caso contrário, estarão sempre aquém das necessidades, não conseguindo acompanhar as evoluções tecnológicas e vencer a concorrência.

Uma forma criativa de atacar esse problema é a formação de *pools* de operadoras de transportes, verdadeiros mutirões liderados por sindicatos patronais ou grandes clientes. Por exemplo, uma associação brasileira de distribuidoras de bebidas liderou a compra de 3.300 caminhões, na faixa de 12 toneladas, obtendo um desconto compensador. Outro exemplo: um grupo de transportadoras, por meio de um sindicato patronal, efetuou a compra de 1.000 caminhões, obtendo um desconto médio de 32%.

Para as montadoras, a aquisição na forma de *pools* é positiva, porque permite uma melhor programação da produção, com redução de estoques e outros efeitos benéficos, que acabam se refletindo em preços mais reduzidos.

Outro aspecto importante a considerar é a variação cíclica de nosso mercado de veículos novos ao longo do tempo. Há épocas em que o mercado se retrai, levando as concessionárias a correrem atrás dos compradores e oferecerem preços e condições de pagamento vantajosos. Há momentos, no entanto, em que o comprador tem de correr atrás das revendedoras para poder encontrar um veículo, o que acaba gerando ágio e de filas de espera para a compra durante algum tempo.

É preciso ter em mente que a vida econômica útil de um veículo não é algo exato, inexorável. Se o cálculo econômico, conforme já foi discutido, resultou em uma vida útil prevista de sete anos, não significa que nessa data seu veículo vai se desintegrar e lhe dar prejuízos constantes. Há um período de tolerância, como em tudo na vida, que o empresário pode usar de forma a programar melhor a renovação. Se ele, se esperar um ano a mais, os custos do veículo não vão disparar de forma incontrolável.

Deve-se lembrar, no entanto, que essa folga não deve ser usada continuamente, sem controle. Por exemplo, suponha que o veículo completa oito anos de idade e a empresa nada faz para obter recursos e substituí-lo. Passa-se mais um ano e nada acontece. Mais outro, e tudo na mesma. É óbvio que tal situação só pode trazer prejuízos apreciáveis com o tempo, com o agravamento dos custos e súbitas paralisações dos serviços por quebra do equipamento.

A lição que se pode tirar dessa discussão é: "A empresa de transportes deve planejar com cuidado a renovação da sua frota, definindo com antecedência as datas de aquisição de novos veículos e prevendo os recursos financeiros para a operação".

No entanto, não se devem encarar os resultados do cálculo da idade ideal de substituição de veículos como algo absoluto. A empresa deve encarar esses resultados com certa flexibilidade, procurando aproveitar de condições mais vantajosas de preços, descontos, formas de pagamento etc.

8.8 Referências bibliográficas

MERCEDES-BENZ. *Administração e transporte de cargas* – renovação de frota. Gerência de Marketing, 1988.

NOVAES, A. G.; ALVARENGA, A. C. *Logística aplicada*. São Paulo: Pioneira, 1994.

Revista *Carga e Transporte*, n. 101-104. São Paulo: Técnica Especializada, s/d.

Revista *Transporte Moderno*, n. 305. São Paulo: OTM, s/d.

Revista *Transporte Moderno,* n. 20, 30. Suplemento – Custos e fretes. São Paulo: OTM, s/d.

VACA, O. C. L. *Política para substituição da frota de transporte rodoviário de cargas.* 1989. Dissertação de Mestrado – Universidade Federal de Santa Catarina, Florianópolis.

CAPÍTULO 9
ACOMODAÇÃO DE CARGAS E DE PASSAGEIROS

9.1 Introdução

Os aspectos relacionados com a acomodação adequada de cargas e de passageiros nos veículos de transporte rodoviário envolvem diversos princípios e regras práticas, bem como procedimentos que devem seguir a legislação pertinente. Em função disso, este capítulo aborda essas questões, dando também destacada atenção às leis que regem o trânsito dos veículos.

A Legislação de Trânsito é composta de leis, decretos e resoluções.

- As leis estabelecem as normas de trânsito de caráter geral. Sua criação é de competência do Poder Legislativo.
- Os decretos têm por finalidade regulamentar, detalhar e disciplinar a aplicação das leis. São baixados pelo Poder Executivo.
- As resoluções são normas ou referem-se a normas estabelecidas pelos órgãos normativos do Sistema Nacional de Trânsito, que tratam detalhadamente dos preceitos contidos nas leis e nos decretos.

A Legislação de Trânsito cuida das regras gerais de circulação, da sinalização das vias públicas, das condições necessárias ao veículo para poder transitar e, especialmente, das exigências relacionadas ao condutor.

O Contran (Conselho Nacional de Trânsito) é o órgão normativo e coordenador, isto é, aquele que baixa as normas e coordena o Sistema Nacional de Trânsito.

O Código de Trânsito Brasileiro e sua regulamentação são desconhecidos pela maioria dos condutores, o que é alarmante, pois neles estão contidos todas as normas e todos os procedimentos que disciplinam o trânsito.

9.2 Acomodação de cargas

O assunto "acomodação de cargas nos veículos" é da maior importância não só para os transportadores como também para aqueles que zelam pelo estado de conservação da rede rodoviária brasileira.

Conforme material publicado pela Gerência de Marketing da Mercedes-Benz (1988 a, b), referência para este tema, todos os procedimentos a serem adotados devem ser calculados cuidadosamente, a fim de não comprometer a segurança e a economia de veículos, empresas e sistemas de transportes.

9.2.1 Princípios que regem sua distribuição

A distribuição adequada da carga no veículo é fundamental para uma operação segura e econômica. Entre os efeitos observados pela distribuição incorreta da carga no veículo, destacam-se:

- os problemas de estabilidade;
- a falta de aderência nos pneus;
- prejuízo à eficiência da iluminação;
- má distribuição do peso, com sobrecarga desequilibrada entre os eixos;
- o desgaste prematuro de diversos componentes, como pneus, freios, eixos, molas, amortecedores, sistema de direção;
- a elevação do consumo de combustível.

ACOMODAÇÃO DE CARGAS E DE PASSAGEIROS   247

Como se pode observar, os efeitos são numerosos e extremamente prejudiciais ao veículo e à segurança no trânsito, causando à empresa gastos adicionais desnecessários que podem ser facilmente evitados, conforme será visto nos próximos itens.

9.2.2 Estudo do centro de gravidade dos veículos, carroçarias e cargas

Por que é importante a determinação do centro de gravidade dos veículos e carroçarias? Porque, se for aplicada uma carga nesse ponto, os esforços serão distribuídos proporcionalmente entre os eixos do veículo, evitando sobrecarga em algum deles. As fórmulas apresentadas a seguir são úteis para o cálculo do centro de gravidade dos veículos e carroçarias. Essas equações podem também ser estudadas no material publicado pela Mercedes-Benz (1988a).

▼▽ **Centro de gravidade para o conjunto carga e carroçaria**

Nos caminhões com carroçarias convencionais ou do tipo furgão, a posição do centro de gravidade do conjunto carga e carroçaria coincide com o centro geométrico da carroçaria. Esse princípio é válido, e pode ser assim considerado, se a carga estiver uniformemente distribuída em toda a carroçaria.

▼▽ **Determinação da posição adequada (P) no veículo, em que deve Incidir o centro de gravidade do conjunto carga e carroçaria (CG)**

A posição mais adequada (P) no veículo, para a colocação do ponto (CG) do conjunto carga e carroçaria, é aquela que propicia o maior aproveitamento possível da sua capacidade de carga.

Em outras palavras, isso significa obter o máximo de aproveitamento do peso admissível em cada um dos eixos, dianteiro e traseiro, do veículo. Se o ponto (P) do veículo coincidir com o ponto (CG) do conjunto carga e carroçaria, as capacidades de carga dos eixos dos veículos podem ser atingidas simultaneamente. Não haverá, dessa forma, ociosidade nem sobrecarga.

Esses pesos admissíveis são especificados pelo fabricante e, se o transportador souber utilizá-los até os seus limites, podem, de forma segura, maximizar o aproveitamento do veículo.

A – Descrição das variáveis consideradas para determinação do ponto (P)

A Figura 9.1 ilustra as variáveis que devem ser consideradas para a determinação do ponto (P), no qual deve incidir o centro de gravidade (CG) do conjunto carga e carroçaria. Nessa figura, têm-se as seguintes variáveis:

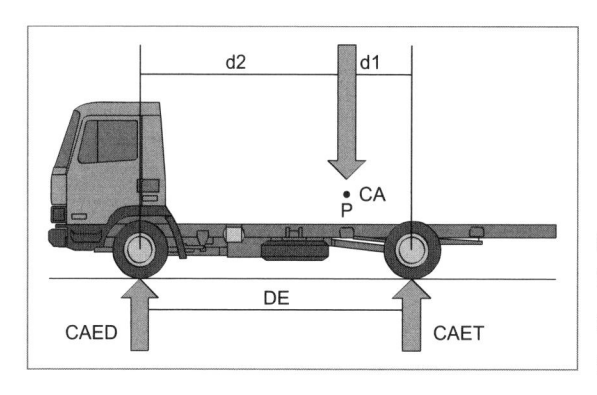

Figura 9.1
Variáveis consideradas para a determinação do ponto de apoio (P) do veículo.

Variáveis consideradas:

P = posição adequada do veículo em que deve incidir o centro de gravidade do conjunto carga e carroçaria.

CA = carga útil do veículo. Considera-se que ela vá atuar na estrutura do veículo, na posição do ponto CG do conjunto carga e carroçaria (já demonstrado anteriormente). O valor de CA é calculado subtraindo, do peso bruto total admissível, o peso do chassi vazio.

CAED = carga útil que se apoia no eixo dianteiro. É calculada diminuindo-se, do peso bruto admissível no eixo dianteiro, o peso do chassi vazio no eixo dianteiro.

CAET = carga útil que se apoia no eixo traseiro. É calculada diminuindo-se, do peso bruto admissível no eixo traseiro, o peso do chassi vazio no eixo traseiro.
DE = distância entre os centros dos eixos.
d1 = distância entre o ponto (P) e o centro do eixo traseiro.
d2 = distância entre o ponto (P) e o centro do eixo dianteiro.

Os valores de pesos e medidas podem ser obtidos em folhetos e tabelas fornecidos pelos fabricantes e por meio de medições específicas.

B – Formulação matemática

As fórmulas úteis para a determinação do ponto (P) são apresentadas a seguir e provêm dos princípios da estática, abordados na física newtoniana.

Fórmula considerando a carga útil no eixo dianteiro (CAED)

$$DE \times CAED = d1 \times CA$$
$$d1 = \frac{DE \times CAED}{CA}$$

Fórmula considerando a carga útil no eixo traseiro (CAET)

$$DE \times CAET = d2 \times CA$$
$$d2 = \frac{DE \times CAED}{CA}$$

Embora essa fórmula para (d2) também atenda ao cálculo, na prática pode-se medir mais facilmente a distância (d1), sendo possível buscar ainda uma expressão auxiliar para o seu cálculo, da seguinte forma:
Sabe-se que:
$$d2 = DE - d1$$

Substituindo essa expressão na equação anterior, tem-se:

$$DE - d1 = \frac{DE \times CAED}{CA}$$

Conclui-se que d1 pode ser calculado também do seguinte modo:

$$d1 = DE - \frac{DE \times CAET}{CA}$$

C – Exemplos

C.1 – Exemplo 1

Determinar a posição longitudinal do ponto (P) do caminhão V1, no qual deve incidir o centro de gravidade (CG) do conjunto carga e carroçaria. O veículo dispõe das características apresentadas a seguir:

Dados:
a – Peso bruto total admissível para o veículo = 16.000 kg
    a.1 Peso bruto admissível no eixo traseiro = 10.000 kg
    a.2 Peso bruto admissível no eixo dianteiro = 6.000 kg
b – Peso do veículo vazio = 7.000 kg
    b.1 Peso do veículo vazio no eixo traseiro = 2.500 kg
    b.2 Peso do veículo vazio no eixo dianteiro = 4.500 kg
c – Distância entre eixos (DE) = 4.000 mm

Cálculo:
Carga útil (CA) = 16.000 kg – 7.000 kg = 9.000 kg
Carga útil no eixo traseiro (CAET) = 10.000 kg – 2.500 kg = 7.500 kg
Carga útil no eixo dianteiro (CAED) = 6.000 kg – 4.500 kg = 1.500 kg

$$d1 = DE - \frac{DE \times CAET}{CA}$$

$$d1 = 4.000 - \frac{4.000 \times 7.500}{9.000}$$

$$d1 = 667 \text{ mm}$$

O valor encontrado indica que a posição adequada para o centro de gravidade do conjunto carga e carroçaria está a 667 mm do centro do eixo traseiro do caminhão V1.

C.2 – Exemplo 2
Determinar a posição longitudinal do ponto (P) do caminhão V2, que apresenta as seguintes características:

Dados:
a – Peso bruto total admissível para o veículo = 10.000 kg
   a.1 Peso bruto admissível no eixo traseiro = 7.100 kg
   a.2 Peso bruto admissível no eixo dianteiro = 3.100 kg
b – Peso do veículo vazio = 3.500 kg.
   b.1 Peso do veículo vazio no eixo traseiro = 1.500 kg
   b.2 Peso do veículo vazio no eixo dianteiro = 2.000 kg
c – Distância entre eixos (DE) = 4.000 mm

Análise dos dados:
No exemplo em análise, têm-se:
PBED = peso bruto admissível no eixo dianteiro = 3.100 kg
PBET = peso bruto admissível no eixo traseiro = 7.100 kg
Soma dos pesos brutos admissíveis = 10.200 kg
Porém, o peso bruto total admissível (PBTA) é de 10.000 kg

Conforme ocorrido nesse caso, é possível que a soma dos pesos brutos admissíveis nos eixos dianteiro e traseiro seja maior que o peso bruto total admissível do veículo. Em tais casos, tem-se certa flexibilidade na posição do ponto (P) do chassi, em que o centro de gravidade (CG) do conjunto carga e carroçaria deve incidir.

Pode-se, então, optar por aproveitar a capacidade total do eixo dianteiro ou traseiro. Para tal aproveitamento, deve-se fazer o cálculo considerando a carga útil no eixo dianteiro (Situação 1) ou traseiro (Situação 2).

Cálculo:
Carga útil (CA) = 10.000 – 3.500 = 6.500 kg

Carga líquida no eixo traseiro (CAET) = 7.100 − 1.500 = 5.600 kg
Carga líquida no eixo dianteiro (CAED) = 3.100 − 2.000 = 1.100 kg

Situação 1: Aproveitamento da carga admissível no eixo dianteiro

$$d1 = \frac{4.000 \times 1.100}{6.500}$$

$$d1 = 677 \text{ mm}$$

Esse número corresponde ao valor máximo para d1 nas condições estudadas.

Situação 2: Aproveitamento da carga admissível no eixo traseiro

$$d1 = 4.000 - \frac{4.000 \times 5.600}{6.500}$$

$$d1 = 554 \text{ mm}$$

Esse número corresponde ao valor mínimo para d1 nas condições estudadas.

▼▽ Estudo do comprimento da carroçaria

A – Considerações iniciais

A partir da determinação do ponto P do chassi do caminhão, no qual deve se apoiar o centro de gravidade do conjunto carga e carroçaria, pode-se determinar o seu comprimento adequado, de forma que seja aproveitada ao máximo a capacidade de carga do veículo.

Quando o ponto P é definido de forma exata, conforme visto no Exemplo 1 do item anterior, o cálculo do comprimento adequado da carroçaria indicará um valor exato para essa dimensão.

Contudo, se houver uma flexibilidade para o valor de d1 e consequentemente da posição do ponto P, conforme visto no Exemplo 2 do item anterior, o comprimento adequado da carroçaria também poderá variar entre um valor mínimo e outro máximo.

B – Fórmula de cálculo

Levando-se em conta as hipóteses até aqui assumidas, ou seja, a carroçaria é convencional, com o centro de gravidade e centro de simetrias coincidentes, além de a carga estar igualmente distribuída sobre ela. Deste modo, fica facilitado o cálculo do comprimento adequado da mesma.

A partir da Figura 9.2, podem-se identificar as variáveis necessárias ao referido cálculo:

onde:
- CET = distância entre a parede traseira da cabina e o centro do eixo traseiro do veículo.
- a = distância entre a parede traseira da cabina e a parede dianteira da carroçaria.
- b = distância entre o centro do eixo dianteiro do veículo e a parede traseira da cabina.
- L = comprimento externo da carroçaria.
- d1 = distância entre o centro de gravidade do conjunto carga mais carroçaria e o centro do eixo traseiro do veículo (dado que, no caso, CG deve coincidir com P).

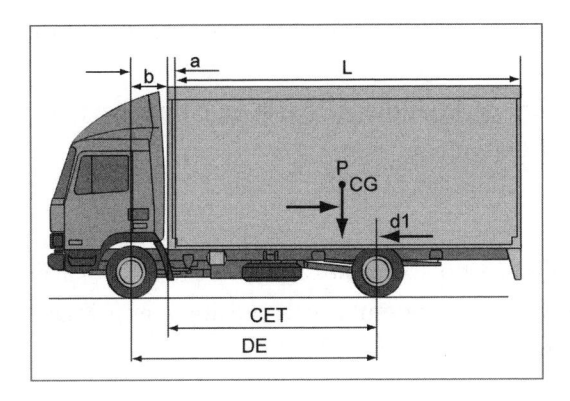

■ **Figura 9.2**
Variáveis consideradas para o cálculo do comprimento adequado da carroçaria.

O comprimento (externo) adequado da carroçaria é calculado, então, pela seguinte equação:

$$L = (CET - a - d1) \times 2$$

Como $CET = DE - b$, tem-se:

$$L = (DE - b - a - d1) \times 2$$

C – Exemplo 3
A título de ilustração, podem-se tomar como referência para esse cálculo o veículo V2 e os respectivos dados utilizados no Exemplo 2 do item anterior, ou seja:

C.1 – Dados:
- Peso bruto total admissível para o veículo = 10.000 kg
- Peso bruto admissível no eixo traseiro = 7.100 kg
- Peso bruto admissível no eixo dianteiro = 3.100 kg
- Peso do veículo vazio = 3.500 kg
- Peso do veículo vazio no eixo traseiro = 1.500 kg
- Peso do veículo vazio no eixo dianteiro = 2.000 kg
- Distância entre eixos (DE) = 4.000 mm

Considere-se ainda que:
a = distância entre a parede traseira da cabina e a parede dianteira da carroçaria = 100 mm.
b = distância entre o centro do eixo dianteiro do veículo e a parede traseira da cabina = 1.000 mm.

C.2 – Cálculo
Nesse caso, conforme já analisado no Exemplo 2, a posição de P varia dentro de um intervalo. Assim sendo, podem-se calcular um comprimento mínimo e outro máximo para a carroçaria.

C.2.1 Comprimento mínimo da carroçaria

Tem-se o comprimento mínimo para a carroçaria quando d1 (já calculado no Exemplo 2 do item anterior) assume seu valor maior, ou seja, 677 mm.

$$L = (DE - b - a - d1) \times 2$$
$$Lmín = (4.000 - 1.000 - 100 - 677) \times 2$$
$$Lmín = 4.446 \text{ mm}$$

C.2.2 Comprimento máximo da carroçaria

Tem-se o comprimento máximo para a carroçaria quando d1 (já calculado no Exemplo 2 do item anterior) assume seu valor menor, ou seja, 554 mm.

$$L = (DE - b - a - d1) \times 2$$
$$Lmáx = (4.000 - 1.000 - 100 - 554) \times 2$$
$$Lmáx = 4.692 \text{ mm}$$

D – O uso de carroçaria com comprimento diferente do calculado

D.1 – Considerações iniciais

Esse procedimento pode trazer alguma economia em termos de reaproveitamento da carroçaria, por exemplo, mas trará outros prejuízos, pois restringirá o uso da capacidade de carga do veículo. Se a carroçaria a ser utilizada for menor que a adequada (calculada), o eixo dianteiro logo atingirá sua capacidade, enquanto o eixo traseiro ficará ocioso. Entretanto, se a carroçaria a ser reaproveitada for maior que a adequada (calculada), o eixo traseiro logo atingirá sua capacidade, enquanto o dianteiro ficará ocioso.

Nesses casos, portanto, é necessário reduzir a carga líquida total a ser transportada, para evitar uma sobrecarga em um dos eixos do veículo.

D.2 – Cálculo da redução da carga útil

O cálculo do peso da carga a ser reduzido, no caso de a carroçaria adotada ter comprimento maior que o valor recomendado, é feito da seguinte forma: inicialmente, calcula-se o novo posicionamento do centro de gravidade do conjunto carga e carroçaria em relação ao eixo traseiro do veículo (aqui chamado de 1).

$$d1 = CET - \frac{\text{comprimento da carroçaria que se quer utilizar}}{2} - a$$

De posse do novo valor de d1, pode-se calcular a nova capacidade de carga líquida do veículo (CA reduzida) pela fórmula:

$$CA\ reduzida = \frac{DE \times CAET}{DE - d1}$$

A perda de carga líquida passa a ser:

$$Perda = CA - CA\ reduzida$$

No caso em que a carroçaria a ser adotada tiver comprimento menor que o valor recomendado, o centro de gravidade do conjunto carga e carroçaria ficará mais próximo do eixo dianteiro.

Nessa condição, a redução da carga útil total do veículo deve ocorrer para evitar sobrecarga no eixo dianteiro, e a formulação a ser utilizada é análoga à anterior, considerando, porém, a aplicação da carga útil no eixo dianteiro, ou seja:

$$CA\ reduzida = \frac{DE \times CAED}{d1}$$

A perda de carga líquida passa a ser:

$$Perda = CA - CA\ reduzida$$

D.3 – Exemplo 4

Uma empresa comprou um chassi novo e deseja aproveitar uma carroçaria seminova de cinco metros de comprimento, a qual se encontra em sua garagem e que pertencia a um caminhão acidentado.

Considerando que esse veículo é igual ao caminhão V2 visto anteriormente, qual seria a redução da carga útil para evitar sobrecarga?

Dados:
- Peso bruto total admissível para o veículo = 10.000 kg
- Peso bruto admissível no eixo traseiro = 7.100 kg
- Peso bruto admissível no eixo dianteiro = 3.100 kg
- Peso do veículo vazio = 3.500 kg
- Peso do veículo vazio no eixo traseiro = 1.500 kg
- Peso do veículo vazio no eixo dianteiro = 2.000 kg
- Distância entre eixos (DE) = 4.000 mm
- Comprimento mínimo da carroçaria = L mín. = 4.446 mm
- Comprimento máximo da carroçaria = L máx. = 4.692 mm

▼▽ **Cálculo da redução da carga útil**

Conforme se pode observar, a carroçaria a ser utilizada é maior que a recomendada. Portanto a perda ocorrerá em função do eixo traseiro, e o cálculo é feito da seguinte forma:

$$\text{Carga útil (CA)} = 10.000 - 3.500 = 6.500 \text{ kg}$$

$$d_1 = 3.000 - \frac{5.000}{2} - 100$$

$$d_1 = 400 \text{ mm}$$

$$\text{CA reduzida} = \frac{4.000 \times 5.600}{4.000 - 400}$$

$$\text{CA reduzida} = 6.222 \text{ kg}$$

$$\text{Perda} = 6.500 - 6.222$$

$$\text{Perda} = 278 \text{ kg}$$

▼▽ Implicações da posição da carga na carroçaria do veículo e análise dos limites de carga Impostos pelos fabricantes e pela legislação

Para atender aos limites determinados pelas leis e aos estabelecidos pelos fabricantes, é fundamental considerar não somente o peso como também a posição em que a carga é colocada na carroçaria do veículo.

Assim, é possível calcular a incidência de peso em cada um dos seus eixos e verificar se os valores encontrados respeitam esses limites.

Esse cálculo pode ser demonstrado pelo exemplo apresentado a seguir.

Exemplo 5

A – Cálculo do peso próprio da carroçaria nos eixos do veículo
Nesse caso, considera-se que o caminhão V2, descrito no Exemplo 2, esteja equipado com uma carroçaria de comprimento (L) igual a 4,60 metros e peso (X) igual a 1.200 kg. Conforme os cálculos realizados no Exemplo 3, visto anteriormente, esse comprimento de carroçaria é adequado.

Distância entre o centro da carroçaria e o eixo traseiro do veículo
Para essa dimensão de carroçaria, a distância entre o eixo traseiro do veículo e o seu CG (aqui chamado de d1) é:

$$d1 = DE - b - a - \frac{L}{2}$$

$$d1 = 4.000 - 1.000 - 100 - \frac{4.600}{2}$$

$$d1 = 600 \text{ mm}$$

Cálculo do peso da carroçaria em cada eixo
Conhecendo agora o valor exato de d1, pode-se calcular a incidência do peso da carroçaria em cada eixo:

Carga no eixo dianteiro (XD)
A fórmula a ser empregada é a seguinte:

$$XD = \frac{X \times d1}{DE}$$

$$XD = \frac{1.200 \times 600}{4.000}$$

$$XD = 180 \text{ kg}$$

Carga no eixo traseiro (XT)

$$XD + XT = X$$
$$XT = X - XD$$
$$XT = 1.200 - 180$$
$$XT = 1.020 \text{ kg}$$

A carga no eixo traseiro (XT) ainda pode ser calculada da seguinte forma:

$$XT = \frac{X \times d2}{DE}$$

onde: $\quad d2 = DE - d1$

$$XT = \frac{1.200 \times (4.000 - 600)}{4.000}$$

$$XT = 1.020 \text{ kg}$$

B – Cálculo do peso da carga a ser transportada sobre os eixos do veículo

Considere-se agora que o centro de uma carga (K), pesando 4.800 kg, seja colocado em determinado ponto da carroçaria, a uma distância (z) igual a 900 mm da parede dianteira da carroçaria do Caminhão V2.

Distância entre o centro da carga e o eixo dianteiro do veículo

Para essa posição de K, a distância entre o eixo dianteiro do veículo e o centro da carga (aqui chamado de d2) é:

$$d2 = b + a + z$$
$$d2 = 1.000 + 100 + 900$$
$$d2 = 2.000 \text{ mm}$$

A distribuição do peso dessa carga sobre os eixos será:

Carga no eixo traseiro (KT)

$$KT = \frac{K \times d2}{DE}$$

$$KT = \frac{4.800 \times 2.000}{4.000}$$

$$KT = 2.400 \text{ kg}$$

Carga no eixo dianteiro (KD)

$$KD + KT = K$$
$$KD = K - KT$$
$$KD = 4.800 - 2.400$$
$$KD = 2.400 \text{ kg}$$

C – Análise dos limites de peso nos eixos do caminhão V2

C.1 – Cálculo do total das cargas

Somando-se em cada eixo as incidências dos pesos do chassi vazio, da carroçaria e da carga, pode-se montar a seguinte tabela:

Tabela 9.1	Peso nos eixos do caminhão V2		
Tipo de carga	**Eixo dianteiro**	**Eixo traseiro**	**Total**
Peso do chassi vazio (kg)	2.000	1.500	3.500
Peso da carroçaria (kg)	180	1.020	1.200
Peso da carga (kg)	2.400	2.400	4.800
Total (kg)	4.580	4.920	9.500
Limites (kg)	3.100 (PBED)	7.100 (PBET)	10.000 (PBT)

C.2 – Análise dos resultados

Analisando os resultados da Tabela 9.1, observa-se que o limite de peso bruto total do veículo (PBT = 10.000 kg) não é atingido. Entretanto, o posicionamento da carga fora do local recomendado (d2 = 2.000 mm em vez do correto d2 = 3.400 mm) gerou sobrecarga no eixo dianteiro (4.580 kg, contra o limite máximo de 3.100 kg). Enquanto isso, no eixo traseiro, apenas parte de sua capacidade está sendo utilizada (4.920 kg contra o limite máximo de 7.100 kg).

D – Correção do carregamento

D.1 – Reposicionamento da carga

Para sanar esse problema, deve-se reposicionar a carga deslocando-a mais para trás, de modo que seu centro se posicione junto ao da carroçaria (a 600 mm do eixo traseiro, ou seja, em d1). Assim sendo, d2 passa a ser igual a 3.400 mm.

D.2 – Cálculo total das cargas

Neste caso, a incidência da carga a ser transportada em cada eixo será a seguinte.

Carga no eixo dianteiro (KD′)

$$KD' = \frac{K \times d1}{DE}$$

$$KD' = \frac{4.800 \times 600}{4.000}$$

$$KD' = 720 \text{ kg}$$

Carga no eixo traseiro (KT′)

$$KD' + KT' = K$$
$$KT' = K - KD'$$
$$KT' = 4.800 - 720$$
$$KT' = 4.080 \text{ kg}$$

E – Reanálise dos limites de peso nos eixos do caminhão V2

E.1 – Novo cálculo do total das cargas

O novo cálculo do total das cargas nos eixos, a partir da alteração da posição da carga a ser transportada, é apresentado na Tabela 9.2.

Tabela 9.2 Novos pesos nos eixos do caminhão V2

Tipo de carga	Eixo dianteiro	Eixo traseiro	Total
Peso do chassi vazio (kg)	2.000	1.500	3.500
Peso da carroçaria (kg)	180	1.020	1.200
Peso da carga (kg)	720	4.080	4.800
Total (kg)	2.900	6.600	9.500
Limites (kg)	3.100 (PBED)	7.100 (PBET)	10.000 (PBT)

E.2 – Análise dos resultados

Como se pode observar, essa nova distribuição de peso nos eixos está dentro dos limites técnicos do veículo. Uma condução segura do veículo exige que se mantenha a distribuição de peso nos eixos dentro dos respectivos limites.

F – Incidência mínima de carga no eixo dianteiro
Além da análise dos limites técnicos de peso nos eixos, é necessário que seja observada também a incidência mínima de peso no eixo dianteiro, conforme mostrado a seguir.

Dados:
No caso do caminhão V2, admitindo que se trata de um veículo 4 × 2, deve-se ter no mínimo 25% do seu peso total incidindo sobre o eixo dianteiro.
Peso total no eixo dianteiro = 2.900 kg
Peso total do veículo = 9.500 kg

Formulação:

$$\text{PIED} = \frac{\text{Peso total no eixo dianteiro do veículo}}{\text{Peso total do veículo}} \times 100$$

onde:

PIED = percentual do peso total do veículo que incide em seu eixo dianteiro.

$$\text{PIED} = \frac{2.900}{9.500} \times 100$$

$$\text{PIED} = 31\%$$

Dessa forma, como a incidência de peso no eixo dianteiro é superior a 25%, comprovou-se que o posicionamento da carga sobre a carroçaria no ponto indicado proporciona uma correta distribuição de peso sobre os eixos, bem como uma dirigibilidade segura do veículo.

É importante salientar ainda que, em um veículo de dois eixos (4 × 2 ou 4 × 4), deve ser observada uma incidência mínima de peso da ordem de 25% do PBT sobre o eixo dianteiro. No caso de veículos com três eixos (6 × 2 ou 6 × 4), essa incidência mínima de peso sobre o eixo dianteiro deve ser da ordem de 20% do PBT.

9.2.3 Implicações da distribuição da carga no comportamento dos veículos

Nos itens a seguir, veremos o comportamento dos veículos de acordo com a distribuição da carga, de acordo com as deliberações do Contran.

▼▽ **Posicionamento correto da carga**

Calculado o centro de gravidade da carroçaria, o centro de gravidade da carga deve ser colocado sobre esse ponto, com a maior área de apoio da carga voltada para o piso.

O procedimento é o mesmo para os caminhões tratores que operam com semirreboques, nos quais a carga deve ser distribuída de forma que o seu peso incida proporcionalmente sobre os diversos eixos.

▼▽ **Efeitos da carga mal distribuída**

A – No eixo dianteiro

Se a carga estiver com a maior parte do seu peso sobre o eixo dianteiro, pode sobrecarregá-lo, tornando a direção pesada e, com isso, prejudicando a dirigibilidade do veículo. Essa situação se agrava nos declives, conforme mostra a Figura 9.3.

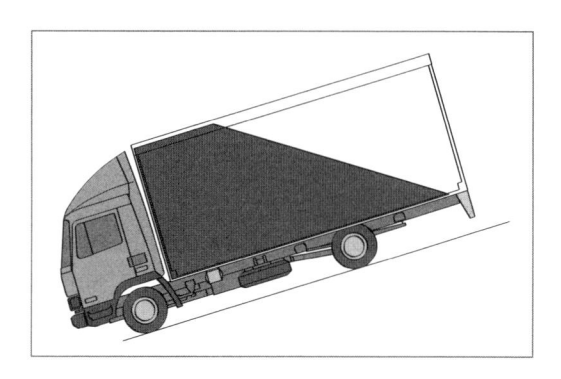

Figura 9.3
Situação de sobrecarga no eixo dianteiro.

B – No eixo traseiro

Se a carga estiver concentrada no balanço traseiro, pode provocar excesso de peso no eixo traseiro e falta de peso no dianteiro, tornando a direção leve, com aderência insuficiente.

Em aclives ou depressões da via, pode-se, em casos extremos, perder o contato das rodas dianteiras com o solo.

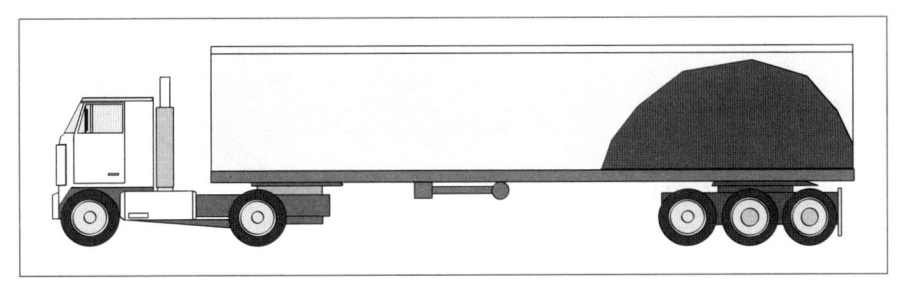

■ Figura 9.4
Situação de sobrecarga no eixo traseiro do semirreboque.

C – O caso dos semirreboques

No caso de semirreboques, se a carga estiver incidindo acentuadamente sobre o eixo motriz do caminhão trator, ocorrerá sobrecarga e desgaste dos pneus, ocasionando má estabilidade do conjunto. Se a carga estiver preponderantemente na parte traseira do semirreboque, pode haver falta de aderência das rodas propulsoras do veículo trator e desgaste excessivo dos pneus do semirreboque, conforme mostra a Figura 9.4.

▼▽ Efeito direcional da posição do centro de gravidade do veículo

O correto posicionamento da carga no veículo é um fator que influi na sua dirigibilidade, pois pode alterar sua estabilidade direcional. Quando um veículo realiza uma curva, a força centrífuga (F) que atua no seu centro de gravidade (CG) depende da sua velocidade (v) e do raio da curva (R).

Dependendo de como a carga é acomodada na carroçaria, o centro de gravidade do veículo será deslocado mais para a frente ou mais para trás, alterando o seu comportamento dinâmico e podendo comprometer a sua dirigibilidade.

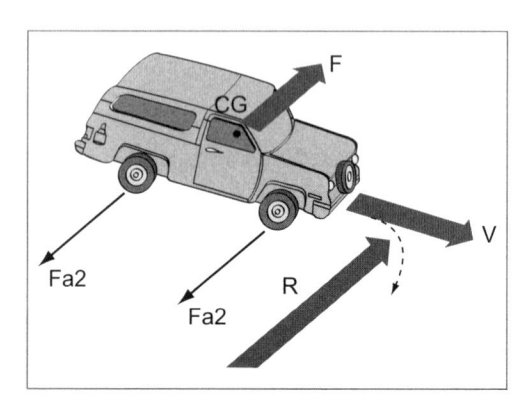

■ Figura 9.5
Situação de boa dirigibilidade na curva com a carga posicionada corretamente.

Dessa forma, se a carga estiver posicionada corretamente em relação ao "centro de gravidade ideal do conjunto", haverá boa condição de dirigibilidade nas curvas, como mostra a Figura 9.5. Entretanto, quanto mais à frente a carga se encontrar em relação ao seu "centro de gravidade ideal", maior será a tendência de o veículo "sair de frente" ao descrever uma trajetória curva, ou seja, o veículo tenderá a realizar uma curva de raio maior que o desejado.

Em uma situação oposta, quanto mais para trás a carga se encontrar em relação ao seu "centro de gravidade ideal", maior será a tendência de o veículo fechar uma curva que estiver descrevendo, ou seja, "sair de traseira".

▼▽ Influência da distribuição de carga no facho luminoso dos faróis

O facho de luz dos faróis só proporcionará uma iluminação eficiente e segura se o veículo estiver com a carga corretamente distribuída. Havendo sobrecarga no eixo traseiro, o facho de luz ficará alto, comprometendo sua eficiência. Se o eixo dianteiro estiver sobrecarregado, o facho de luz ficará

ACOMODAÇÃO DE CARGAS E DE PASSAGEIROS   267

baixo, reduzindo a área iluminada à frente do veículo e, consequentemente, o alcance visual.

▼▽ Posicionamento do centro de gravidade da carga em relação à largura da carroçaria

O centro de gravidade da carga também deve estar posicionado adequadamente em relação à largura da carroçaria, ou seja, coincidindo com o centro de gravidade do conjunto.

Se ele estiver deslocado para uma das laterais, haverá um esforço maior sobre a suspensão e os pneus daquele lado, podendo ocasionar derrapagens em razão das condições desiguais de frenagem ou até tombamentos devido a desníveis da pista. A Figura 9.6 ilustra essa situação.

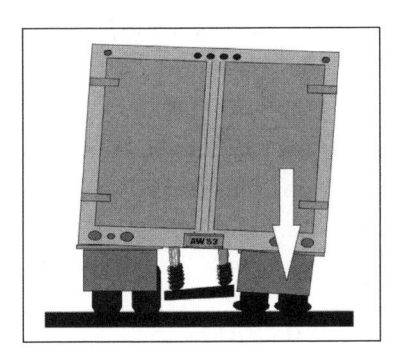

Figura 9.6
Situação de sobrecarga em uma das laterais do veículo.

▼▽ Altura do centro de gravidade da carga

Em função do curso normal da suspensão, o veículo sofre uma inclinação lateral ao descrever uma curva. Conforme mostra a Figura 9.7, o grau de inclinação sofrido pelo veículo depende da velocidade, do raio da curva e da altura do centro de gravidade da carga. A inclinação sofrida por um veículo em determinada curva, executada a uma velocidade constante, por exemplo, 60 km/h, será proporcional à altura do centro de gravidade. O centro de gravidade é o ponto no qual, teoricamente, atua a massa do veículo; quanto mais alto, maior a tendência de o veículo ser puxado para fora em uma curva, por exemplo.

Por essa razão, deve-se procurar localizar o centro de gravidade da carga o mais baixo possível, uma vez que, quanto mais alta for sua posição, maior será o risco de tombamento em curvas.

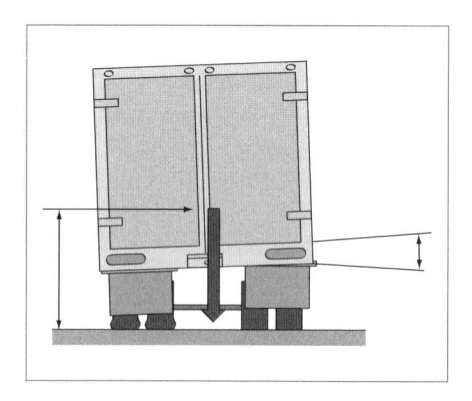

Figura 9.7
Inclinação normal do veículo ao fazer uma curva.

Entretanto, quanto mais à frente a carga se encontrar em relação ao seu "centro de gravidade ideal", maior será a tendência de o veículo "sair de frente" ao descrever uma trajetória curva, ou seja, ele tenderá a realizar uma curva de raio maior que o desejado.

Em uma situação oposta, quanto mais para trás a carga se encontrar em relação ao seu "centro de gravidade ideal", maior será a tendência de o veículo fechar uma curva que estiver descrevendo, ou seja, "sair de traseira".

▼▽ Aspectos da acomodação das cargas em alguns tipos de transportes

São descritos a seguir determinados tipos de transporte que merecem especial atenção em razão de suas peculiaridades, no que diz respeito à correta distribuição das cargas, conforme pode ser visto no material publicado pela Gerência de Marketing da Mercedes-Benz (1988a).

A – Coleta e entrega

No caso de veículos que executam serviços de coleta e entrega de mercadorias como cigarros, jornais, revistas, produtos alimentícios, encomendas e correspondência, torna-se mais difícil efetuar uma correta distribuição de peso por eixo, uma vez que os veículos são carregados ou descarregados ao longo do trajeto.

Tomando como exemplo o caso da distribuição de mercadorias, considera-se que o veículo, ao iniciar uma viagem, encontra-se totalmente carregado e, portanto, com uma distribuição correta de peso sobre os eixos. Porém, admitindo que a descarga seja feita pela porta traseira do veículo, pode ocorrer uma concentração de carga no eixo dianteiro, à medida que as entregas vão sendo efetuadas. O mesmo processo ocorre de maneira inversa nos serviços de coleta, quando o veículo vai sendo carregado a partir de sua parte dianteira.

Uma solução para evitar os problemas de distribuição da carga no veículo é elaborar roteiros, levando em conta o volume de entregas ou coletas, procurando com isso utilizar o veículo pelo menor tempo possível com um dos eixos sobrecarregado.

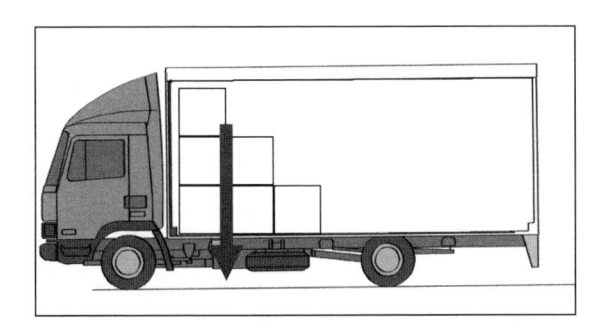

■ **Figura 9.8**
Situação de sobrecarga no eixo dianteiro no final do roteiro de entrega.

B – Bebidas e botijões de gás

Devido às características de algumas mercadorias, suas operações de coleta e entrega devem ser tratadas individualmente, como nos casos de bebidas e botijões de gás. Observe-se ainda que, nesses casos, coleta e entrega ocorrem simultaneamente. Para o transporte de bebidas, devem ser utilizadas carrocerias especiais que facilitam as operações de carga e descarga, além de reduzirem o número de ajudantes. Essas carroçarias possuem inclinação no piso para evitar o deslizamento da carga em curvas, como apresentado na Figura 9.9.

As carroçarias utilizadas nessas atividades normalmente permitem acesso para carga e descarga pelas laterais, ocorrendo a descarga de recipientes cheios simultaneamente ao carregamento de vazios. Daí que na entrega desses produtos deve-se ter o cuidado de não permitir a concentração de peso em uma das laterais do veículo.

Figura 9.9
Caixas com garrafas cheias e vazias.

C – Cargas líquidas

Os líquidos têm a propriedade de ocupar o volume que lhes é oferecido. O veículo, ao enfrentar aclives e declives ou ao descrever curvas, pode ter sobrecarga em um dos eixos, por causa da acomodação instantânea dos líquidos.

Para atenuar esse problema, os tanques devem ser providos, internamente, de quebra ondas, conforme indica a Figura 9.10.

Figura 9.10
Tanque com quebra ondas tranversais.

Quebra ondas longitudinais também podem ser utilizados e contribuem para evitar a sobrecarga lateral, conforme mostra a Figura 9.11. Esse problema pode ser mais grave quando o tanque não se encontra totalmente cheio, provocando o deslocamento do líquido no volume não ocupado. É o que acontece, por exemplo, nos casos de entrega em mais de um destino.

Figura 9.11
Tanque com quebra ondas longitudinais.

O transporte de combustíveis pode se enquadrar nessa situação, sendo utilizados tanques com vários compartimentos independentes para os diversos tipos de combustível, como gasolina, álcool e óleo diesel. Há ainda, como agravante, além das diferenças de volumes, as variações de pesos específicos dos produtos. Assim, para atenuar tais problemas, deve-se programar o roteiro da viagem, de modo que não haja sobrecarga em algum dos eixos do veículo.

D – Cereais a granel

Esse tipo de transporte tem um comportamento parecido com o dos líquidos, proporcionando uma distribuição uniforme ao longo da plataforma de carga, apesar de ter maior resistência à autoacomodação.

Se o trajeto tiver muitos aclives e declives, assim como muitas curvas horizontais, pode ocorrer sobrecarga nos eixos e nas laterais do veículo, por causa do acúmulo dos grãos, como mostra a Figura 9.12.

Esse problema pode ser evitado ou pelo menos minimizado com a instalação de anteparos, com função semelhante à dos quebra ondas empregados nos tanques. É importante também cobrir a carroçaria com lona ou encerado, para evitar a perda de carga durante o trajeto.

Figura 9.12
Sobrecarga no eixo do semirreboque em função do deslocamento dos grãos.

E – Operações com equipamentos basculantes

Nas operações de descarga com carroçarias e semirreboques basculantes, devem-se tomar alguns cuidados, especialmente se a carga for aderente. Nesse caso, ela apresentará resistência ao deslizamento, como acontece com a argila molhada, o barro, terra úmida, lixo etc. Para operar com esse tipo de material, torna-se necessário que o sistema hidráulico proporcione um ângulo de basculamento da ordem de 50 graus.

Além disso, para o caso de carroçarias e semirreboques dotados de pistão telescópico frontal, é preciso que eles disponham de estabilizador, como indica a Figura 9.13.

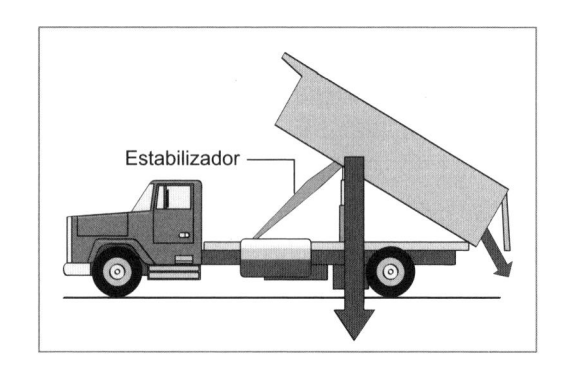

Figura 9.13
Basculante com estabilizador.

Outro importante cuidado na operação é o que diz respeito à posição do veículo durante a descarga. Ele deve ser colocado em posição plana e nivelada, pois existe perigo de tombamento, em razão do deslocamento do centro de gravidade da carga.

Quanto aos cuidados com a carga, os equipamentos basculantes que trafegam em vias públicas e rodovias devem utilizar cobertura de lona para evitar o seu derramamento. Carregamentos ultrapassando os limites das laterais da carroçaria (carga "coroada") devem ser evitados, pois ocasionam sobrecargas prejudiciais ao veículo e, principalmente, ao sistema hidráulico de basculamento.

F – Animais

Por se tratar de carga viva, os animais devem ser transportados com cuidados especiais. Para esse tipo de transporte, existem carroçarias especialmente desenvolvidas que proporcionam segurança e integridade à carga.

Outro cuidado diz respeito ao modo de conduzir o veículo, pois, em curvas, os animais podem ser projetados contra as paredes laterais da carroçaria. Nas acelerações e freagens ou nos aclives e declives, também existe o risco de comprimi-los contra as paredes traseira ou frontal da carroçaria. Para minimizar esse problema, as carroçarias devem ser dotadas de divisórias que reduzam a compressão dos animais e, ao mesmo tempo, evitem o deslocamento do centro de gravidade do caminhão.

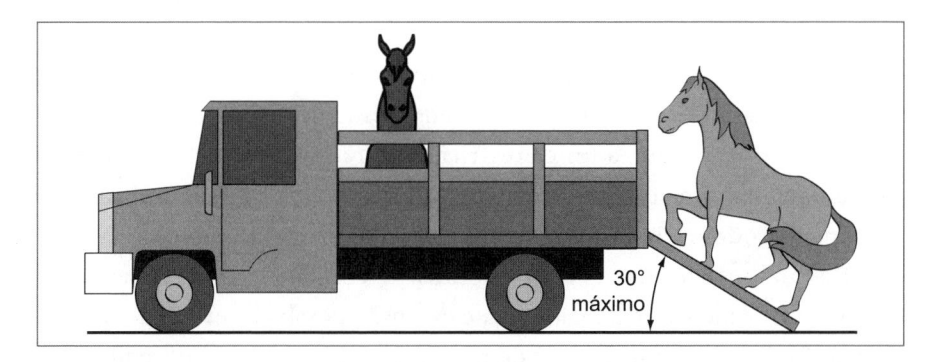

■ Figura 9.14
Embarque (e desembarque) de carga viva.

Os veículos com chassis alongados devem ser evitados. Eles comprometem a estabilidade do conjunto pelo deslocamento do seu centro de gravidade, além de prejudicar a sua dirigibilidade, por falta de aderência no eixo dianteiro. Porém, quando o alongamento for imprescindível, as alterações devem obedecer às resoluções do Contran referentes a esse assunto.

Para atender a tais necessidades, é preferível substituir os veículos simples alongados por composições articuladas (cavalos mecânicos com semirreboques) ou conjugadas (caminhões com reboques), que permitam maior capacidade com melhor distribuição de carga.

Quanto ao embarque e desembarque desse tipo de carga, devem ser previstas rampas escamoteáveis de acesso, com inclinação máxima de 30 graus ou, então, plataformas nos locais de carga e descarga.

G – Contêineres

A Resolução nº 213, de 2006, fixa os requisitos para a circulação de veículos transportadores de contêineres e autoriza o trânsito de veículos transportadores de contêineres com altura superior a 4,40 m e inferior ou igual a 4,60 m mediante autorização especial de trânsito – AET, concedida pela autoridade com circunscrição sobre a via pública a ser utilizada, com prazo de validade máximo de um ano.

Quando a carga for de baixa densidade, não há preocupação com o peso, e sim com o máximo aproveitamento volumétrico do contêiner.

Quando, porém, há cargas mais densas, deve-se verificar o limite de peso bruto estabelecido para o contêiner. Esse limite, imposto pelas normas ISO, não é, porém, a única restrição. É preciso considerar também a capacidade máxima de tração e os pesos máximos por eixo admitidos no transporte rodoviário, o que depende do tipo de caminhão a ser usado.

De qualquer forma, a carga colocada no contêiner deve ter sempre o seu peso aplicado sobre a maior área e extensão possíveis, evitando-se concentrar forças em alguns pontos do piso, principalmente nas extremidades. O centro de gravidade da carga deve estar o mais próximo possível do centro do piso do contêiner.

H – Cargas Longas

Como pode ser visto na Figura 9.15, as cargas longas não devem ser transportadas em veículos cuja carroçaria não ofereça as condições necessárias de acomodação e segurança. Para o transporte de postes, tubos e vergalhões, por exemplo, as carroçarias devem dispor de malhal metálico para proteção da cabina e berços de apoio com sistemas de amarração da carga.

Para transportar cargas longas e de peso elevado, como estruturas metálicas, toras, pré-moldados etc., devem-se utilizar semirreboques especialmente desenvolvidos para essa finalidade, inclusive com compri-

Figura 9.15
Carga longa em carroçaria não adequada.

mentos variáveis (extensíveis), que possibilitem a correta distribuição do peso sobre os diversos eixos.

I – Produtos siderúrgicos

Os produtos siderúrgicos, pela sua própria natureza, requerem cuidados especiais no seu transporte. A Resolução nº 293/2008, em vigor desde 6 de outubro de 2008, fixa requisitos para a circulação de veículos que transportam produtos siderúrgicos. De qualquer forma, deve-se posicionar a carga de modo a permitir a correta distribuição do peso sobre os eixos.

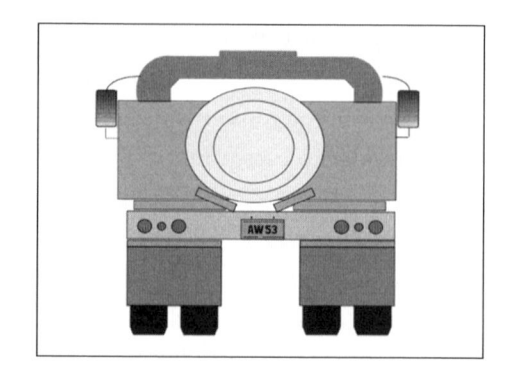

Figura 9.16
Adequação da carroçaria para o transporte de bobinas.

Para o transporte de bobinas de aço laminado e de cabos, por exemplo, pode ser utilizado um semirreboque especial com berço formado pelo deslocamento dos módulos centrais do assoalho. A vantagem desse equipamento é que ele pode também ser reaproveitado para o transporte de carga geral, após o reposicionamento dos módulos do assoalho.

J – Tratores e máquinas rodoviárias

Para esse tipo de transporte devem ser utilizados reboques ou semirreboques que contenham dispositivos para fixação no piso, além de rampa para carga e descarga. As improvisações são sempre perigosas.

Os equipamentos mais utilizados são os semirreboques com plataformas planas ou rebaixadas, denominadas "carrega tudo" (*carry all*), conforme mostra a Figura 9.17.

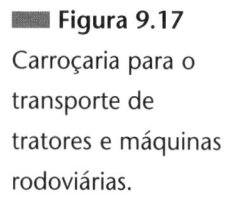

Figura 9.17
Carroçaria para o transporte de tratores e máquinas rodoviárias.

Para determinadas aplicações, podem ser utilizados os reboques com plataformas basculantes, conhecidos como *tip-top*.

K – Vidros

Vidros planos devem ser transportados em pé, ligeiramente inclinados, na posição mais baixa possível, para não comprometer a estabilidade do veículo e também para facilitar o seu carregamento e descarregamento.

As carroçarias devem dispor de dispositivos de fixação e apoio adequados para que os vidros não sejam danificados durante o transporte.

Atualmente, a árdua tarefa de lidar com a legislação relacionada aos transportes está facilitada pela existência dos sites de pesquisa do Denatran, Dnit e ANTT. O primeiro possibilita o *download* de leis, decretos-lei, resoluções e deliberações relacionados ao transporte de cargas e passageiros.

9.3 Normas técnicas e legislação

9.3.1 Código Nacional de Trânsito

- **Lei nº 11.442, de 5 de janeiro de 2007**: Dispõe sobre o transporte rodoviário de cargas por conta de terceiros e mediante remuneração e revoga a Lei nº 6.813, de 10 de julho de 1980.
- **Lei nº 12.619, de 30 de abril de 2012**: Dispõe sobre o exercício da profissão de motorista, altera a Consolidação das Leis do Trabalho, regula e disciplina a jornada de trabalho e o tempo de direção do motorista profissional e dá outras providências sobre o transporte rodoviário de cargas por conta de terceiros e mediante remuneração.
- **Lei nº 12.587, de 3 de janeiro de 2012**: Institui as diretrizes da Política Nacional de Mobilidade Urbana; revoga dispositivos anteriores e dá outras providências.
- **Lei nº 9.611, de 19 de fevereiro de 1998**: Trata do transporte multimodal de cargas e dá outras providências, regulamentada pelo Decreto nº 3.411 de 12 de abril de 2000. Essa lei revoga a Lei nº 7.092, de 1983, que criava o Registro Nacional de Transportes Rodoviários de Bens e fixava condições para o exercício da atividade.
- **Decreto-Lei nº 2.063, de 1983**: Dispõe sobre multas a serem aplicadas por infrações à regulamentação para a execução do serviço de transporte rodoviário de cargas ou produtos perigosos e dá outras providências.

Anterior ao CTB, esse decreto foi complementado pela Resolução 258/07, que revoga as resoluções nº 102/99, nº 104/99 e nº 114/00 do Contran, que finalmente estabeleceu, por meio da Resolução nº 526, uma redação final ao seu art. 5º que, para a fiscalização de peso dos veículos por balança rodoviária, admite as seguintes tolerâncias:

I. 5% sobre os limites de pesos regulamentares para o peso bruto total (PBT) e peso bruto total combinado (PBTC);
II. 10% sobre os limites de peso regulamentares por eixo de veículos transmitidos à superfície das vias públicas.

Em parágrafo único, estabelece ainda que, no carregamento dos veículos, a tolerância máxima prevista nesse artigo não pode ser incorporada aos limites de peso previstos em regulamentação fixada pelo Contran. Quando o peso verificado estiver acima do PBT ou PBTC estabelecido para o veículo, aplica-se a multa somente sobre a parcela que exceder essa tolerância.

A seguir, a Tabela 9.3 apresenta uma síntese dos artigos relevantes do CTB.

Tabela 9.3 Artigos do CTB – 1998, relacionados aos transportes comerciais

Art. 99	Trata dos pesos e dimensões dos veículos para atenderem aos limites estabelecidos pelo Contran o trânsito em vias terrestres.
Art. 100	Trata de limites para veículo ou combinação de veículos de lotação de passageiros, peso bruto total, peso bruto total combinado, peso por eixo e capacidade de tração da unidade.
Art. 101	Sobre a concessão de autorização especial de trânsito (AET) ao veículo ou combinação de veículos, transportando carga indivisível, fora dos limites de peso e dimensões estabelecidos pelo Contran.
Art. 102	Trata dos equipamentos que os veículos de carga devem ter quando transitam, para evitar o derramamento da carga sobre a via.
Art. 110	O veículo que tiver alterada quaisquer das suas características para competição ou finalidade análoga só poderá circular nas vias públicas com licença especial da autoridade de trânsito, em itinerário e horário fixados.

continua

continuação

Tabela 9.3	Artigos do CTB – 1998, relacionados aos transportes comerciais
Art. 117	Os veículos de transporte de carga e os coletivos de passageiros deverão conter a inscrição indicativa da tara, do peso bruto total (PBT), peso bruto total combinado (PBTC), capacidade máxima de tração (CMT) e lotação.
Art. 118	Determina que a circulação de veículo de qualquer origem, no território nacional, em trânsito entre o Brasil e os países com os quais exista acordo ou tratado, será regida pelas disposições deste código, pelas convenções e acordos.
Art. 230	Aborda as implicações da condução de veículo de carga sem inscrição de tara.
Art. 231	Aborda as consequências por danos à via, instalações e equipamentos, derramamentos, arrastamentos de materiais, emissão de fumaça, gases ou partículas e capacidade de tração.
Art. 257	Versa sobre a responsabilidade administrativa pelas infrações de trânsito.
Art. 275	Trata do transbordo da carga com peso excedente em veículos para prosseguir viagem e da multa aplicável.
Art. 323	Fixa a metodologia de aferição de peso de veículos, estabelecendo percentuais de tolerância.
Art. 327	Trata dos limites de peso e dimensões fixados pelo CTB, para fabricação e licenciamento dos veículos.

Fonte: Denatran.

Na Tabela 9.4 estão as principais resoluções que complementam os artigos da Tabela 9.3.

Tabela 9.4	Resoluções do Contran relacionadas aos veículos de cargas e de passageiros	
Resolução	**Data**	**Assunto**
62	21/05/98	Estabelece o uso de pneus extralargos e define seus limites de peso.
196	25/07/06	Fixa requisitos técnicos de segurança para o transporte de toras e de madeira bruta por veículo rodoviário de carga. Alterada pela Resolução nº 246.

continua

continuação

Tabela 9.4		Resoluções do Contran relacionadas aos veículos de cargas e de passageiros
197	25/07/06	Regulamenta o dispositivo de acoplamento mecânico para reboque (engate) utilizado em veículos com PBT de até 3.500 kg e dá outras providências. Art. 6 alterado pela Resolução nº 234
210	13/11/06	Estabelece os limites de peso e dimensões para veículos que transitem por vias terrestres e dá outras providências. Alterada pelas Resoluções nº 284 e nº 326 e Deliberação nº 105/10.
211	13/11/06	Requisitos necessários à circulação de Combinações de Veículos de Carga (CVC), a que se referem os artigos 97, 99 e 314 do Código de Trânsito Brasileiro. Alterada pelas Resoluções nº 438/13, nº 381/11, nº 256/07 e Deliberação nº 108
213	13/11/06	Fixa requisitos para a circulação de veículos transportadores de contêineres. Em vigor desde de 22 de novembro de 2006
234	11/05/07	Dá nova redação ao artigo 6º da Resolução nº 197, de 25 de julho de 2006.
246	27/07/07	Altera a Resolução nº 196, de 25 de julho de 2006, do Contran, que fixa requisitos técnicos de segurança para o transporte de toras de madeira bruta por veículo rodoviário de carga.
256	30/11/07	Altera o § 2º, do art. 2º da Resolução nº 211, de 13 de novembro de 2006, do Contran.
258	30/11/07	Regulamenta os artigos 231, X e 323 do Código de Trânsito Brasileiro, fixa metodologia de aferição de peso de veículos, estabelece percentuais de tolerância e dá outras providências. Alterada pelas Resoluções nº 301/08, nº 328/09, nº 337/09, nº 353/10, nº 365/10 e Deliberação nº 117/11
284	01/07/08	Acresce § 3º ao art. 9º da Resolução nº 210/2006, do Contran, para liberar da exigência de eixo autodirecional os semirreboques com apenas dois eixos distanciados.

continua

ACOMODAÇÃO DE CARGAS E DE PASSAGEIROS   281

continuação

Tabela 9.4	Resoluções do Contran relacionadas aos veículos de cargas e de passageiros	
305	06/03/09	Estabelece requisitos de segurança necessários à circulação de Combinações para Transporte de Veículos – CTV e Combinações de Transporte de Veículos e Cargas Paletizadas – CTVP, alterada pela Resolução nº 368 de 2010.
368	24/11/10	Altera o anexo IV da Resolução nº 305, de 6 de março de 2009, do Contran que estabelece requisitos de segurança necessários à circulação de Combinações para Transporte de Veículos – CTV e Combinações de Transporte de Veículos e Cargas Paletizadas – CTVP.
373	18/03/11	Referenda a Deliberação nº 105, de 21 de dezembro de 2010, do Presidente do Contran, que altera o artigo 11 da Resolução nº 210, de 13 de novembro de 2006.
377	06/04/11	Referenda a Deliberação nº 106, de 27 de dezembro de 2009 que dá nova redação ao art. 1º da Resolução nº 323, de 17 de julho de 2010, do Contran, que estabelece os requisitos técnicos de fabricação e instalação de protetor lateral para veículos de carga.
379	06/04/11	Referenda a Deliberação nº 107, de 28 de janeiro 2011, que alterou o artigo 3º da Resolução Contran nº 359/10, que dispõe sobre a atribuição de competência para a realização da inspeção técnica nos veículos utilizados no transporte rodoviário internacional de cargas e passageiros e dá outras providências.
381	28/04/11	Referenda a Deliberação nº 108, de 23 de março de 2011, que altera o art. 7º da Resolução Contran nº 211, de 13 de novembro de 2006, que trata dos requisitos necessários à circulação de Combinações de Veículos de Carga – CVC, a que se referem os artigos 97, 99 e 314 do CTB.
388	14/07/11	Dá nova redação aos artigos 1º e 2º da Resolução Contran nº 341, de 25 de fevereiro de 2010, que cria autorização específica (AE) para os veículos e/ou combinações de veículos equipados com tanques que apresentem excesso de até 5% (cinco por cento) nos limites de peso bruto total ou peso bruto total combinado.

continua

282 GERENCIAMENTO DE TRANSPORTE E FROTAS

continuação

Tabela 9.4		Resoluções do Contran relacionadas aos veículos de cargas e de passageiros
393	25/10/11	Altera a Resolução nº 151, de 8 de outubro de 2003, do Contran, que dispõe sobre a unificação de procedimentos para imposição de penalidade de multa a pessoa jurídica proprietária de veículos por não identificação de condutor infrator.
400	15/03/12	Referenda a Deliberação nº 119, de 19 de dezembro de 2011, que define a cor predominante dos caminhões, caminhões tratores, reboques e semirreboques. Revoga a Resolução Contran nº 355.
404	12/06/12	Dispõe sobre padronização dos procedimentos administrativos na lavratura de auto de infração, na expedição de notificação de autuação e de notificação de penalidade de multa e de advertência, por infração de responsabilidade de proprietário e de condutor de veículo e da identificação de condutor infrator, e dá outras providências. Alterada pela Resolução nº 424/12. Em vigor desde 1º de julho de 2013.
441	28/05/13	Dispõe sobre o transporte de cargas de sólidos a granel nas vias abertas à circulação pública em todo o território nacional.
508	01.12.14	Dispõe sobre os requisitos de segurança para a circulação, a título precário, de veículo de carga ou misto que transportam passageiros no compartimento de carga.

Fonte: Denatran.

9.3.2 Legislação referente às características principais dos veículos

Nas tabelas apresentadas a seguir, são mostrados os valores admitidos para as características principais veiculares do interesse dos transportadores.

▼▽ **Quanto às dimensões**

Nas Tabelas 9.5 e 9.6, abaixo, podem-se obsevar as dimensões permitidas para os veículos do transporte rodoviário segundo a legislação pertinente.

ACOMODAÇÃO DE CARGAS E DE PASSAGEIROS   283

Tabela 9.5	As dimensões autorizadas para veículos, com ou sem cargas, são as seguintes:
Largura máxima: 2,60 m	
Altura máxima: 4,40 m	
Comprimento total: a) veículos não articulados: máximo de 14 m. b) veículos não articulados de transporte coletivo urbano de passageiros que possuam 3º eixo de apoio direcional: máximo de 15 m. c) veículos articulados de transporte coletivo de passageiros: máximo de 18,60 m. d) veículos articulados com duas unidades, do tipo caminhão trator e semirreboque: máximo de 18,60 m. e) veículos articulados com duas unidades do tipo caminhão ou ônibus e reboque: máximo de 19,80 m. f) veículos articulados (com mais de duas unidades): máximo de 19,80 metros.	

Fonte: Texto da Resolução nº 210 do Contran.

Tabela 9.6	Balanço traseiro de veículos de transporte de passageiros e de cargas
Nos veículos não-articulados de transporte de carga, até 60 % da distância entre os dois eixos, não podendo exceder a 3,50 m	
Nos veículos não-articulados de transporte de passageiros: a) com motor traseiro: até 62% da distância entre eixos; b) com motor central: até 66% da distância entre eixos; c) com motor dianteiro: até 71% (setenta e um por cento) da distância entre eixos.	

Fonte: Texto da Resolução nº 210 do Contran.

▼▽ **Quanto ao peso dos eixos**

Na Tabela 9.7 estão os pesos por eixo permitidos no Brasil, de acordo com a Resolução nº 210/2006 do Contran, que não sofreram alteração em relação à última legislação.

Tabela 9.7	Peso por eixo e tolerância, de acordo com a Resolução nº 210				
Eixo/ conjunto de eixos	Rodagem	Suspensão (m)	Entre-eixos (m)	Carga (kg)	Tolerância –7,5%
Isolado	Simples	-	-	6.000	6.450
Isolado	Simples	-	-	6.000	6.450
Isolado	Dupla	-	-	10.000	10.750
Duplo	Simples	Direcional	-	12.000	12.900

continua

continuação

Tabela 9.7 Peso por eixo e tolerância, de acordo com a Resolução nº 210

Eixo/conjunto de eixos	Rodagem	Suspensão (m)	Entre-eixos (m)	Carga (kg)	Tolerância –7,5%
Duplo	Dupla	Tandem	> 1,20 ou < 2,40	17.000	18.280
Duplo	Dupla	Não em tandem	> 1,20 ou < 2,40	15.000	16.130
Duplo	Simples + Dupla	Especial	< 1,20	9.000	9.680
Duplo	Simples + Dupla	Especial	> 1,20 ou < 2,40	13.500	14.520
Duplo	Extralarga	Pneumática	> 1,20 ou < 2,40	17.000	18.280
Triplo	Dupla	Tandem	> 1,20 ou < 2,40	25.500	27.420
Triplo	Extralarga	Pneumática	> 1,20 ou < 2,40	25.500	27.420

Fonte: Texto da Resolução nº 210 do Contran.

▼▽ Quanto aos veículos homologados

Com base nas Resoluções nº 210 e nº 211, a Portaria nº 63, de 31 de março de 2009, homologa os veículos e combinações, dispondo-os em duas tabelas (tabelas 9.8a e 9.8b), que serão reproduzidas nesta obra.

A primeira apresenta a relação dos veículos homologados, que podem circular livremente nas rodovias federais do país. A relação inclui composições de até 57 toneladas, com no máximo sete eixos, comprimento entre 17,50 m e 19,80 m, desde que possuam freios conjugados entre si e com a unidade tratora. A Resolução nº 210 foi modificada pelas Resoluções nº 284 e nº 373 e Deliberação nº 105. A partir de 1º de janeiro de 2011, o CVC de 57 toneladas deve ter obrigatoriamente tração dupla 6×4. Os acoplamentos devem ser de acordo com as normas NBR 11.410 ou NBR NM ISO 337/01. Nenhum veículo homologado necessita de autorização especial de trânsito (AET).

Na Tabela 9.8a, que será apresentada nesta seção, constam os veículos relacionados pela Resolução nº 211/2006 do Contran, e as configurações apresentadas no anexo da Portaria nº 63/2009 do Denatran. Nela, estão dispostos 65 veículos e combinações de veículos de transporte de carga (CVC) homologados, com seus respectivos limites de comprimento, peso bruto total (PBT) e peso bruto total combinado (PBTC). Na Tabela 9.8b, estão dispostas as 44 composições que necessitam autorização especial de trânsito (AET).

As AETs podem ser concedidas pelo órgão executivo rodoviário da União, dos estados, dos municípios ou do Distrito Federal, desde que sejam atendidos os seguintes requisitos:

a) PBTC deve ser menor ou igual a 74 t;
b) comprimento deve ser maior que 19,80 m e no máximo igual a 30 m, para PBT menor ou igual a 57 t;
c) comprimento mínimo de 25 m e máximo de 30 m, quando o PBTC for maior que 57 t;
d) atendimento aos limites de peso fixados pelo Contran;
e) exata compatibilidade entre a capacidade máxima de tração (CMT) da unidade tratora e o PBTC;
f) sistema de freios conjugados entre si e com a unidade tratora, segundo a Resolução nº 519/2015 do Contran;
g) acoplamento automático dos veículos rebocados, conforme as NBRs 11.410/11.411, reforçado por correntes ou cabos de aço;
h) acoplamento dos veículos articulados do tipo pino-rei e quinta roda, atendendo à NBRNM – ISO337 e NBRNM – ISO4086;
i) sinalização especial, conforme a Resolução Contran nº 210/2007 e Portaria do Denatran nº 63/2009.

A Resolução Contran nº 211/2006 (ver Tabela 9.4) sofreu alterações, mas se mantém válida. Por meio da Deliberação nº 142 de abril de 2015, por exemplo, autorizando a circulação para veículos boiadeiros articulados de até 25 m, a qualquer hora do dia, permintindo a concessão de AET, independentemente da data de registro das unidades tracionadas.

A Portaria nº 63/2009 resolve, por meio do seu art. 1º, homologar os veículos e as combinações de veículos de transporte de carga e de passageiros, constantes do anexo dessa portaria, com seus respectivos limites de comprimento, peso bruto total e peso bruto total combinado.

O art. 2º da Portaria nº 63/2009 estabelece que, excepcionalmente, será concedida AET para as Combinações de Veículos de Carga – CVC do tipo caminhão mais reboque (Romeu e Julieta), com peso bruto total combinado de até 57 t e comprimento superior a 19,80 m e inferior ou igual a 25 m.

A seguir é apresentada a Tabela 9.8a com os desenhos esquemáticos dos veículos homologados e os respectivos pesos brutos máximos e comprimentos das unidades de transportes.

Tabela 9.8a Lista das composições homologadas para o transporte de carga (I-1 a I-65)

Caminhão		Peso máximo por eixo ou conjunto de eixos (t)	PBT e PBTC (t)						comprimento
			comprimento (m)						
			≤ 14 m	< 16 m	≥ 16 m	< 17,5 m	≥ 17,5 m	> 19,8	≥ 25	
I-1		6 + 6 = 12	12							
I-2		6 + 10 = 16	16							
I-3		6 + 17 = 23	23							
I-4		6 + 13,5 = 19,5	19,5							14
I-5		6 + 13,5 = 19,5	19,5							
I-6		12 + 17 = 29	29							
I-7		12 + 13,5 = 25,5	25,5							
I-8		12 + 13,5 = 25,5	25,5							

continua

ACOMODAÇÃO DE CARGAS E DE PASSAGEIROS   287

continuação

Tabela 9.8a Lista das composições homologadas para o transporte de carga (I-1 a I-65)

Caminhão trator + semirreboque		Peso máximo por eixo ou conjunto de eixos (t)	PBT e PBTC (t) comprimento (m)						comprimento
			≤ 14 m	< 16 m	≥ 16 m	< 17,5 m	≥ 17,5 m	> 19,8	≥ 25	
Caminhão trator + semirreboque										
I-9		6 + 10 + 10 = 26	26	26						
I-10		6 + 10 + 17 = 33	33	33						
I-11		6 + 10 + 10 + 10 = 36	36	36						
I-12		6 + 10 + 25,5 = 41,5	41,5	41,5						
I-13		6 + 10 + 10 + 17 = 43	43	43						
I-14		6 + 10 + 10 + 10 + 10 = 46	45	46						
I-15		6 + 17 + 10 = 33	33	33						
I-16		6 + 17 + 10 + 10 = 43	43	43						
I-17		6 + 13,5 + 10 + 10 = 39,5	39,5	39,5						18,6
I-18		6 + 17 + 25,5 = 48,5	45	48,5						
I-19		6 + 13,5 + 25,5 = 45	45	45						
I-20		6 + 17 + 10 + 17 = 50	45	50						
I-21		6 + 13,5 + 10 + 17 = 46,5	45	46,5						
I-22		6 + 17 + 10 + 10 + 10 = 53	45	53						
I-23		6 + 13,5 + 10 + 10 + 10 = 49,5	45	49,5						
I-24		6 + 13,5 + 10 = 29,5	29,5	29,5						
I-25		6 + 13,5 17 = 36,5	36,5	36,5						

continua

continuação

Tabela 9.8a Lista das composições homologadas para o transporte de carga (I-1 a I-65)

Caminhão trator + semirreboque		Peso máximo por eixo ou conjunto de eixos (t)	PBT e PBTC (t)						comprimento
			comprimento (m)						
			≤ 14 m	< 16 m	≥ 16 m	< 17,5 m	≥ 17,5 m	> 19,8	≥ 25	
Caminhão trator + semirreboque										
I-26	🚛	I II	6 + 17 + 17 = 40	40	40					
I-27	🚛	I II III	12 + 13,5 + 10 + 17 = 52,5	45	52,5					
I-28	🚛	I III	12 + 10 + 25,5 = 47,5	45	47,5					
I-29	🚛	I II III	12 + 17 + 25,5 = 54,5	45	54,5					
I-30	🚛	I II III	12 + 13,5 + 25,5 = 51	45	51					
I-31	🚛	I II I	12 + 17 + 10 = 39	39	39					18,6
I-32	🚛	I II I	12 + 13,5 + 10 = 35,5	35,5	35,5					
I-33	🚛	I II II	12 + 17 + 17 = 46	45	46					
I-34	🚛	I II II	12 + 13,5 + 17 = 42,5	42,5	42,5					
I-35	🚛	I II II	12 + 17 + 10 + 10 = 49	45	49					
I-36	🚛	I II II	12 + 13,5 + 10 + 10 = 45,5	45	45,5					

continua

ACOMODAÇÃO DE CARGAS E DE PASSAGEIROS

continuação

Tabela 9.8a Lista das composições homologadas para o transporte de carga (I-1 a I-65)

Caminhão + reboque	Peso máximo por eixo ou conjunto de eixos (t)	PBT e PBTC (t)							comprimento
		comprimento (m)							
		≤ 14 m	< 16 m	≥ 16 m	< 17,5 m	≥ 17,5 m	> 19,8	≥ 25	
I-37	6 + 10 + 10 + 10 = 36			36	36				
I-38	6 + 10 + 10 + 17 = 43			43	43				
I-39	6 + 10 + 17 + 17 = 50			45	50				
I-40	6 + 17 + 10 + 10 = 43			43	43				
I-41	6 + 17 + 10 + 17 = 50			45	50				
I-42	6 + 17 + 17 + 17 = 57			45	57				
I-43	6 + 13,5 + 10 + 10 = 39,5			39,5	39,5				19,8
I-44	6 + 13,5 + 10 + 17 = 46,5			45	46,5				
I-45	6 + 13,5 + 17 + 17 = 53,5			45	53,5				
I-46	12 + 17 + 10 + 10 = 49			45	49				
I-47	12 + 17 + 10 + 17 = 56			45	56				
I-48	12 + 13,5 + 10 + 10 = 45,5			45	45,5				
I-49	12 + 13,5 + 10 + 17 = 52,5			45	52,5				

continua

continuação

Tabela 9.8a Lista das composições homologadas para o transporte de carga (I-1 a I-65)

Caminhão trator + semirreboque + reboque		Peso máximo por eixo ou conjunto de eixos (t)	PBT e PBTC (t)						comprimento
			comprimento (m)						
			≤ 14 m	< 16 m	≥ 16 m	$< 17,5$ m	$\geq 17,5$ m	$> 19,8$	≥ 25	
I-50		6 + 10 + 10 + 10 + 10 = 46				45	46			
I-51		6 + 10 + 17 + 10 + 10 = 53				45	53			
I-52		6 + 10 + 10 + 10 + 17 = 53				45	53			
I-53		6 + 17 + 10 + 10 + 10 = 53				45	53			19,8
I-54		6 + 13,5 + 10 + 10 + 10 = 49,5				45	49,5			
I-55		6 + 13,5 + 17 + 10 + 10 = 56,5				45	56,5			
I-56		6 + 13,5 + 10 + 10 + 17 = 56,5				45	56,5			

Tabela 9.8a Lista das composições homologadas para o transporte de carga (I-1 a I-65)

Caminhão trator + 2 semirreboques		Peso máximo por eixo ou conjunto de eixos (t)	PBT e PBTC (t)						comprimento
			comprimento (m)						
			$<= 14$ m	< 16 m	$>= 16$ m	$< 17,5$ m	$>= 17,5$ m	$> 19,8$	$>= 25$	
I-57		6 + 10 + 10 + 10 = 36				36	36			
I-58		6 + 17 + 10 + 10 = 43				43	43			
I-59		6 + 13,5 + 10 + 10 = 39,5				39,5	39,5			
I-60		6 + 10 + 17 + 10 = 43				43	43			
I-61		6 + 17 + 17 + 10 = 50				45	50			19,8
I-62		6 + 13,5 + 17 + 10 = 46,5				45	46,5			
I-63		6 + 10 + 17 + 17 = 50				45	50			
I-64		6 + 17 + 17 + 17 = 57				45	57			
I-65		6 + 13,5 + 17 + 17 = 53,5				45	53,5			

Fonte: Elaborada com base no anexo da Portaria nº 63/2009.

A Tabela 9.8b apresenta os desenhos esquemáticos dos veículos relacionados que necessitam de AET e os respectivos pesos brutos máximos e comprimentos das unidades de transportes.

Tabela 9.8b Lista das composições (CVCs) que necessitam de AET (II-1 a II-44)

Combinações de Veículos de Carga (CVCs)		Peso máximo por eixo ou conjunto de eixos (t)	PBT e PBTC (t) comprimento (m)							comprimento
			≤ 14 m	< 16 m	≥ 16 m	< 17,5 m	≥ 17,5 m	> 19,8	≥ 25	
Caminhão trator + semirreboque + reboque										
II-1		6 + 10 + 10 + 10 + 10 = 46						46		
II-2		6 + 17 + 10 + 10 + 10 = 53						53		
II-3		6 + 10 + 10 + 10 + 17 = 53						53		
II-4		6 + 17 + 17 + 10 + 10 = 60						60		30
II-5		6 + 17 + 17 + 10 + 17 = 67						67		
II-6		6 + 17 + 17 + 17 + 17 = 74						74		
II-7		12 + 17 + 17 + 10 + 10 = 66						66		
II-8		12 + 17 + 17 + 10 + 17 = 73						73		
Caminhão trator + 2 semirreboques										
II-9		6 + 10 + 10 + 10 = 36						36		
II-10		6 + 17 + 10 + 10 = 43						43		
II-11		6 + 13,5 + 10 + 10 = 39,5						39,5		
II-12		6 + 10 + 17 + 10 = 43						43		
II-13		6 + 17 + 17 + 10 = 50						50		
II-14		6 + 13,5 + 17 + 10 = 46,5						46,5		30
II-15		6 + 10 + 17 + 17 = 50						50		
II-16		6 + 17 + 17 + 17 = 57						57		
II-17		6 + 13,5 + 17 + 17 = 53,5						53,5		
II-18		6 + 17 + 17 + 25,5 = 66							66	
II-19		6 + 17 + 25,5 + 25,5 = 74							74	
II-20		12 + 17 + 17 + 17 = 63						63		

continua

continuação

Tabela 9.8b — Lista das composições (CVCs) que necessitam de AET (II-1 a II-44)

Combinações de Veículos de Carga (CVCs)		Peso máximo por eixo ou conjunto de eixos (t)	PBT e PBTC (t) comprimento (m)						comprimento
			≤ 14 m	< 16 m	≥ 16 m	< 17,5 m	≥ 17,5 m	> 19,8	≥ 25
Caminhão + 2 reboques									
II-21		6 + 17 + 10 + 10 + 10 = 63						63	
II-22		6 + 17 + 10 + 10 + 10 + 17 = 70						70	30
II-23		12 + 17 + 10 + 10 + 10 = 69						69	
Caminhão trator + 3 semirreboques									
II-24		6 + 17 + 17 + 10 + 10 = 60						60	
II-25		6 + 17 + 10 + 17 + 10 = 60						60	
II-26		6 + 17 + 10 + 10 + 17 = 60						60	
II-27		6 + 17 + 17 + 17 + 10 = 67						67	30
II-28		6 + 17 + 17 + 10 + 17 = 67						67	
II-29		6 + 17 + 10 + 17 + 17 = 67						67	
II-30		6 + 17 + 17 + 17 + 17 = 74						74	
II-31		6 + 13,5 + 17 + 10 + 10 = 56,5					56,5		
Caminhão + reboque									
II-32		6 + 10 + 10 + 10 = 36						36	
II-33		6 + 10 + 10 + 17 = 43						43	
II-34		6 + 10 + 17 + 17 = 50						50	
II-35		6 + 17 + 10 + 10 = 43						43	
II-36		6 + 17 + 10 + 17 = 50						50	25
II-37		6 + 17 + 17 + 17 = 57						57	
II-38		6 + 13,5 + 10 + 10 = 39,5						39,5	
II-39		6 + 13,5 + 10 + 17 = 46,5						46,5	
II-40		6 + 13,5 + 17 + 17 = 53,5						53,5	
II-41		12 + 17 + 10 + 10 = 49						49	

continua

ACOMODAÇÃO DE CARGAS E DE PASSAGEIROS   293

continuação

Tabela 9.8b Lista das composições (CVCs) que necessitam de AET (II-1 a II-44)

Combinações de Veículos de Carga (CVCs)		Peso máximo por eixo ou conjunto de eixos (t)	PBT e PBTC (t)						comprimento
			comprimento (m)						
			≤ 14 m	< 16 m	≥ 16 m	< 17,5 m	≥ 17,5 m	> 19,8	≥ 25
II-42	🚛	12 + 17 + 10 + 17 = 56						56	
II-43	🚛	12 + 13,5 + 10 + 10 = 45,5						45,5		25
II-44	🚛	12 + 13,5 + 10 + 17 = 52,5						52,5	

Elaborada com base no anexo da Portaria nº 63/2009.

As configurações para as CVCs constam nas figuras II32 a II44 da Tabela 9.8b, sob o título "Composições que necessitam Autorização Especial de Trânsito" e sob o subtítulo "Caminhão + Reboque", desde que as suas unidades rebocadas tenham sido registradas até 30 dias após a publicação desta Portaria, respeitadas as restrições impostas pela autoridade com circunscrição sobre a via.

Os veículos homologados para transporte de passageiros estão na Seção 9.3.

▼▽ **Quanto à capacidade de tração**

A Tabela 9.9 apresenta as equações para a determinação da capacidade máxima de tração para combinações de veículos de transporte de carga. Elas permitem que se determine a adequação entre a capacidade de tração e o PBTC.

Tabela 9.9 Cálculo da capacidade de rampa

$i = \dfrac{ft}{10 \times G} - \dfrac{Rr}{10}$	i = rampa máxima em %
	G = peso bruto total combinado (t)
	Rr = resistência ao rolamento (kgf/ton)
	Ft = Fr se Fr > Fad, e Ft = Fad, se Ft < Fad
$Fr = \dfrac{Tm \times ic \times id \times 0{,}9}{Rd}$ $Fr = P \times u$	Fr = força na moda (kgf)
	Tm = torque máximo do motor (kgf x m)
	ic = maior relação de redução da caixa de câmbio
	id = relação de redução no eixo traseiro (total)
	Rd = raio dinâmico do pneu do eixo de tração (m)
	Fad = força de aderência (kgf)
	P = somatório dos pesos incidentes nos eixos de tração (kgf)
	u = coeficiente de atrito pneu × solo

Fonte: Resolução nº 211 do Contran.

▼▽ Quanto à adaptação de eixos

As resoluções nº 292/08 e nº 319/09 estabelecem as condições para a renovação dos Certificados de Registro (CRV) e de Registro e Licenciamento de Veículos (CRLV), que tiveram também seus modelos modificados. A Resolução nº 319/09 alterou a nº 292/08 em relação às modificações de veículos previstas na Lei nº 9.503/97.

Tabela 9.10 Adaptação de eixo auxiliar para os veículos em rodovias

Características principais regulamentadas	Documento legal
Segundo as resoluções, o Instituto Nacional de Metrologia, Normalização e Qualidade Industrial – Inmetro deverá estabelecer programa de avaliação da conformidade para os eixos veiculares, direcional e auto direcional, de caminhões, caminhões-trator, ônibus, reboques e semirreboques. Ficam proibidas a adaptação de 4º eixo em caminhão, salvo quando se tratar de eixo direcional ou auto direcional para caminhões, caminhões-tratores, ônibus, reboques e semirreboques.	Resoluções nº 292/08 e 319/09 Contran

▼▽ Quanto às alterações nos veículos

Na Tabela 9.11, podem-se observar as regras para as alterações nas características e estrutura dos veículos rodoviários.

Tabela 9.11 Alterações de características e estruturas permitidas para os veículos em rodovias

Características principais regulamentadas	Documento legal
A circulação de veículos com as suas dimensões ou as de sua carga superiores aos limites estabelecidos pela Resolução Contran nº210, ou suas suscetâneas, poderá ser permitida mediante AET da autoridade com circunscrição sobre a via pública. É obrigatório o porte da AET para os referidos veículos. A AET fornecida por orgãos executivos da União, dos estados, municípios e DF terá validade máxima de um ano e deve conter as características do veículo, bem como, o peso e as dimensões autorizadas.	Resolução nº 520/15 Contran

9.3.3 Normas técnicas relacionadas à fixação de contêineres e adequação de cargas em veículos rodoviários

A Associação Brasileira de Normas Técnicas (ABNT) tem elaborado normas técnicas relativas a sistemas de fixação de contêineres e de adequação das cargas em veículos rodoviários, as quais complementam a regulamentação supracitada são descritos e sua observação é recomendada por questões de segurança viária e ambiental. A seguir são descritas duas NBRs sobre o transporte de contêineres.

- **NBR 7475**: "Requisitos para o dispositivo de fixação de contêiner do veículo rodoviário porta-contêiner (VPC) – Método de ensaio para determinação da sua resistência".
- **NBR 9500**: "Implementos rodoviários – Fixa as condições exigíveis de projeto para caminhão, reboque ou semirreboque porta-contêiner e quadro porta-contêiner removível, usados no transporte rodoviário de contêineres".

Algumas normas possuem normas complementares; por exemplo, a NBR 9500, publicada em dezembro de 2014, está relacionada a outras NBRs.

Tabela 9.12 Normas vigentes relativas à NBR 9500

NBRNM-ISO337 01/2001	Veículos rodoviários – Pino rei de 50 para semirreboques – Dimensões básicas de montagem e intercambialidade
NBRNM-ISO4086 01/2006	Veículos rodoviários – Pino rei de 90 para semirreboques – Intercambialidade
NBR 6067 05/2007	Veículos rodoviários automotores, seus rebocados e combinados – Classificação, terminologia e definições
NBRNM-ISO1726 06/2003	Veículos rodoviários – Acoplamento mecânico entre caminhão trator e semirreboque – Intercambialidade
NBR-ISO3732 12/2006	Veículos rodoviários – Conectores para conexão elétrica entre veículos – Tratores e veículos tracionados – Conectores de sete polos tipo 12 S (suplementar) para veículos com tensão nominal de 12 V

Deve ser ressaltada a grande dinâmica apresentada no cancelamento destas normas. O principal mecanismo de pesquisa foi, o sítio de pesquisa Portal Target que facilita o acesso as normas brasileiras e do Mercosul, bem como outras informações e publicações relacionadas com transportes.

9.3.4 Regulamentação do transporte e armazenamento de produtos perigosos

O Decreto nº 96.044, de 1988, aprova o regulamento para o transporte rodoviário de produtos perigosos. Ele foi complementado pela Portaria nº 204/97, do Ministério dos Transportes, e foi substituído pela Resolução nº 420/04 da ANTT. A Resolução nº 3.763/12 da ANTT altera o anexo da Resolução nº 420/04 e aprova as instruções complementares ao regulamento do transporte terrestre de produtos perigosos. Esses códigos são ainda um pouco desconhecidos e pouco aplicados. Neles são abordados itens como:

- condições do transporte (veículos, equipamentos, acondicionamentos, itinerários, estacionamento, pessoal envolvido na operação, documentação, serviço de escolta);
- procedimentos em caso de emergência;
- fiscalização;
- infrações e penalidades;
- deveres, obrigações e responsabilidades (dos fabricantes, do expedidor, do destinatário, do transportador).

Tabela 9.13	Normas relativas ao transporte e armazenamento de cargas perigosas
NBR 7500	Transporte de cargas perigosas – Simbologia
NBR 7501	Transporte de cargas perigosas – Terminologia
NBR 7503	Transporte terrestre de produtos perigosos – Ficha de emergência e envelope – Características, dimensões e preenchimento
NBR 9735	Conjunto de equipamento para emergência no transporte terrestre de produtos perigosos
NBR 11174	Armazenamento de resíduos Classe II – Não inertes e III – Inertes
NBR 12235	Armazenamento de resíduos sólidos perigosos – Procedimento

continua

continuação

Tabela 9.13	Normas relativas ao transporte e armazenamento de cargas perigosas
NBR 13221	Transporte de resíduos
NBR 14619	Transporte terrestre de produtos perigosos – Incompatibilidade química
NBR 14884	Transporte rodoviário de carga – Sistema de qualificação
NBR 15480	Transporte terrestre de produtos perigosos – Plano de ação de emergência (PAE) no atendimento a acidentes
NBR 15481	Transporte rodoviário de produtos perigosos – Requisitos mínimos de segurança
NBR 15518	Transporte rodoviário de carga – Sistema de qualificação para empresas de transporte de produtos com potencial de risco à saúde, à segurança e ao meio ambiente
NBR 16173	Transporte terrestre de produtos perigosos – Carregamento, descarregamento, transbordo a granel e embalados – Capacitação de colaboradores
NBR 16340	Implementos rodoviários – Silo para transporte rodoviário de produtos pulverulentos a granel
NBR 17505-1	Armazenamento de líquidos inflamáveis e combustíveis
NBR 17505-2	Armazenamento de líquidos inflamáveis e combustíveis – Tanques, em vasos e em recipientes portáteis com capacidade superior a 3.000 litros
NBR 17505-3	Armazenamento de líquidos inflamáveis e combustíveis – Sistemas de tubulações
NBR 17505-4	Armazenamento de líquidos inflamáveis e combustíveis – Armazenamento em recipientes e em tanques portáteis
NBR 17505-5	Armazenamento de líquidos inflamáveis e combustíveis – Operações
NBR 17505-6	Armazenamento de líquidos inflamáveis e combustíveis – Requisitos para instalações e equipamentos elétricos
NBR 17505-7	Armazenamento de líquidos inflamáveis e combustíveis – Proteção contra incêndio para parques de armazenamento com tanques estacionários

Fonte: ABNT.

A Resolução nº 3763 da ANTT trouxe grande mudança sobre o transporte de produtos perigosos, definindo as normas da ABNT aplicáveis a esse tipo de transporte, aos equipamentos necessários em situações de emergência e à identificação durante a movimentação do produto. A Resolução nº 3762 atualiza algumas regras relacionadas ao tipo de transporte estabelecendo, por exemplo, que a sinalização pode ser dispensada após o descarregamento para os veículos sem contaminação ou resíduos do produto.

9.3.5 Regulamentação para o transporte de cargas indivisíveis e excedentes em peso e/ou dimensões e para o trânsito de veículos especiais

O transporte de cargas excepcionais e o trânsito de veículos especiais devem atender, além do disposto no CTB, às instruções para o transporte de cargas indivisíveis e excedentes em peso e/ou dimensões e para o trânsito de veículos especiais constantes da Resolução Contran nº 210/07 e Portaria do Denatran nº 63/09.

Nessas instruções são apresentadas as definições de carga indivisível e veículos especiais, bem como outras necessárias, que devem ser observadas quando da aplicação dos limites de peso por eixo para veículos que trafega com autorização especial de trânsito (AET).

Nessas resoluções são abordados aspectos como:

- pedidos de autorização especial de trânsito;
- veículos especiais;
- sinalização dos veículos;
- tarifa de utilização da via;
- deveres dos transportadores;
- penalidades etc.

No artigo 15 das instruções, são limitados os valores para os pesos por eixo, conforme síntese da Tabela 9.14.

ACOMODAÇÃO DE CARGAS E DE PASSAGEIROS 299

Tabela 9.14 Limites para autuação (já inclui tolerância de 7,5%)

Rodas/Eixos	Nº de eixos	Distância entre fixos (m)		
		EE ≥1,35	EE ≥ 1,50	EE ≥ 2,40
1	2	–	–	8.070
	4	–	–	12.900
	8	–	–	17.200
2	4	23.650	–	–
	8	25.800	–	–
	4	–	25.800	–
	8	–	25.800	–
3	4	30.640	–	–
	8	37.090	–	–
	4	–	32.250	–
	8	–	38.700	–
4 ou mais eixos (valores por eixo)	4	10.000	–	–
	8	12.150	–	–
	4	–	10.750	–
	8	–	12.900	–

Com base em: Resolução Contran nº 210/07 e Portaria de Denatran nº 63/09.

9.3.6 Outras normas

Além do Código Nacional de Trânsito, existem também os acordos do Mercosul. Assim sendo, objetivando atender aos acordos por parte do Brasil, são dispostos na Tabela 9.15 os limites de pesos acordados para os veículos licenciados em países membros do Mercosul (Cone Sul e Venezuela). Esses valores, quando regulamentados pelo Contran, devem ser observados para efeito de fiscalização.

Tabela 9.15 Limites de peso e países do Cone Sul

Configuração	Acordo (t)	Argentina	Chile	Paraguai	Uruguai
Eixo simples com rodagem simples – 2 pneus	6	6	7	6	6
Eixo simples com rodagem dupla – 4 pneus	10,5	10,5	11	10,5	10,5
Eixo duplo com rodagem simples – 4 pneus	10	10	–	10	–
Eixo duplo com rodagem simples/dupla – 6 pneus tandem 1,20 m < distância entreeixos < 2,40 m	14	14	16	14	14
Eixo duplo com rodagem dupla 8 pneus tandem 1,20 m < distância entre-eixos < 2,40 m	18	18	18	18	18
Eixo triplo com 1 rodagem simples e 2 duplas – 10 pneus tandem 1,20 m < distância entre-eixos < 2,40 m	21	21	23	21	22
Eixo triplo com 3 rodagens duplas – 12 pneus tandem 1,20 m < distância entre-eixos < 2,40 m	25,5	25,5	25	25,5	25,5 ou 22,0*

* Em algumas rotas, existem restrições de capacidade em pontes, o que limita o peso em 22,0 t.

9.4 Transporte público de passageiros

A facilidade e a segurança dependem das características do sistema de transporte de passageiros. Logo, ele é fator importante na caracterização da qualidade de vida de uma sociedade e, consequentemente, do nível de desenvolvimento econômico e social.

9.4.1 Atributos importantes relacionados ao transporte público

Os atributos mais importantes em relação ao transporte público, do ponto de vista do usuário, são os seguintes:

- confiabilidade;
- tempo;
- acessibilidade;
- conforto;
- conveniência;
- segurança;
- custo (tarifas).

Apesar de existir uma forte inter-relação entre os diversos atributos, eles normalmente são estudados de forma isolada. Além disso, sua importância relativa é percebida de forma bastante diversa pelos diferentes usuários do sistema.

As resoluções relacionadas com o transporte coletivo são apresentadas na Tabela 9.16.

Tabela 9.16		Resoluções do Contran relacionadas com o transporte público
Resolução	**Data**	**Assunto**
26	22/05/98	Disciplina o transporte de carga em veículos destinados ao transporte de passageiros.
290	29/09/08	Disciplina a inscrição de pesos e capacidades em veículos de tração, de carga e de transporte coletivo de passageiros, de acordo com o Código de Trânsito Brasileiro.
318	09/06/09	Estabelece limites de pesos e dimensões para circulação de veículos de transporte de carga e de transporte coletivo de passageiros em viagem internacional pelo território nacional.
317	09/06/09	Estabelece o uso de dispositivos retrorrefletivos de segurança nos veículos de transporte de cargas e de transporte coletivo de passageiros em trânsito internacional no território nacional.

continua

continuação

Tabela 9.16 Resoluções do Contran relacionadas com o transporte público

Resolução	Data	Assunto
379	13/04/11	Referendar a Deliberação nº 107, alterando o artigo 3º da Resolução Contran nº 359/2010, que dispõe sobre a atribuição de competência para a inspeção técnica nos veículos utilizados no transporte rodoviário internacional de cargas e passageiros e dá outras providências.
402	07/05/12	Estabelece requisitos técnicos e procedimentos para a indicação no CRV/CRLV das características de acessibilidade para os veículos de transporte coletivo de passageiros e dá outras providências.
416	27/08/12	Estabelece os requisitos de segurança para veículos de transporte de passageiros tipo micro-ônibus, categoria M2 de fabricação nacional e importado.
445	10/07/13	Estabelece os requisitos de segurança para veículos de transporte público coletivo de passageiros e transporte de passageiros tipos micro-ônibus e ônibus, categoria M3 de fabricação nacional e importado.
469	20/12/13	Altera a Resolução Contran nº 402, com redação dada pelas Deliberações nº 104 e nº 132, que estabelecem requisitos técnicos e procedimentos para a indicação no CRV/CRLV das características de acessibilidade para os veículos de transporte coletivo de passageiros.
505	05/11/14	Dispõe sobre a alteração da Resolução CONTRAN nº 416, que trata dos requisitos de segurança para veículos de transporte de passageiros tipo micro-ônibus, categoria M2.
508	01/12/14	Dispõe sobre os requisitos de segurança para a circulação, a título precário, de veículo de carga ou misto que transporta passageiros no compartimento de cargas.

A Tabela 9.17a apresenta as composições homologadas para o transporte de passageiros e, na Tabela 9.17b estão as composições que necessitam de AET.

Tabela 9.17a — Composições homologadas para o transporte de passageiros

Ônibus convencional			Peso máximo por eixo ou conjunto de eixos (t)	PBT e PBTC (t)						comprimento
					comprimento (m)					
				≤ 14 m	< 15 m	≥ 16 m	$< 17,5$ m	$\geq 17,5$ m	$> 18,6$ m	
III-1		[I I]	6 + 6 = 12	12						
III-2		[I I]	6 + 10 = 16	16						
III-3		[I II]	6 + 17 = 23	23						
III-4		[I II]	6 + 13,5 = 19,5	19,5						
III-5		[I II]	6 + 13,5 = 19,5	19,5						14
III-6		[II I]	12 + 10 = 22	22						
III-7		[II II]	12 + 17 = 29	29						
III-8		[II II]	12 + 13,5 = 25,5	25,5						
III-9		[II II]	12 + 13,5 = 25,5	25,5						
Composições homologadas para o transporte urbano de passageiros que possuem 3º eixo de apoio direcional										
III-10		[I II]	6 + 17 = 23		23					
III-11		[I II]	6 + 13,5 = 19,5		19,5					
III-12		[I II]	6 + 13,5 = 19,5		19,5					
III-13		[II I]	12 + 10 = 22		22					15
III-14		[II II]	12 + 17 = 29		29					
III-15		[II II]	12 + 13,5 = 25,5		25,5					
III-16		[II II]	12 + 13,5 = 25,5		25,5					

continua

continuação

Tabela 9.17a — Composições homologadas para o transporte de passageiros

Ônibus articulado		Peso máximo por eixo ou conjunto de eixos (t)	PBT e PBTC (t)					comprimento
			comprimento (m)					
			≤ 14 m	< 16 m	≥ 16 m	$< 17,5$ m	$\geq 17,5$ m	$> 18,6$ m
III-17		6 + 10 + 10 = 26					26	
III-18		6 + 17 + 10 = 33					33	
III-19		6 + 13,5 + 10 = 29,5					29,5	
III-20		6 + 13,5 + 10 = 29,5					29,5	
III-21		6 + 6 + 17 = 29					29	18,6
III-22		6 + 10 + 13,5 = 29,5					29,5	
III-23		6 + 10 + 13,5 = 29,5					29,5	
III-24		6 + 10 + 10 + 10 = 36					36	
III-25		6 + 13,5 + 10 + 10 = 39,5					39,5	
III-26		6 + 13,5 + 10 + 10 = 39,5					39,5	

Ônibus com reboque		Peso máximo por eixo ou conjunto de eixos (t)	PBT e PBTC (t)					comprimento
			comprimento (m)					
			≤ 14 m	< 16 m	≥ 16 m	$< 17,5$ m	$\geq 17,5$ m	$> 19,8$ m
III-27		6 + 10 + 10 + 10 = 36					36	
III-28		6 + 13,5 + 10 + 10 = 39,5					39,5	
III-29		6 + 13,5 + 10 + 10 = 39,5					39,5	
III-30		6 + 10 + 6 + 10 = 32					32	19,8
III-31		6 + 13,5 + 6 + 10 = 35,5					35,5	
III-32		6 + 13,5 + 6 + 10 = 35,5					35,5	

ACOMODAÇÃO DE CARGAS E DE PASSAGEIROS 305

Tabela 9.17b Composições que necessitam AET (III-30 a III-44)

Ônibus articulado		Peso máximo por eixo ou conjunto de eixos (t)	PBT e PBTC (t)						comprimento
			comprimento (m)						
			≤ 14 m	< 16 m	≥ 16 m	$< 17,5$ m	$\geq 17,5$ m	$> 18,6$ m	≥ 25 m	
III-30		6 + 10 + 10 = 26						26		
III-31		6 + 17 + 10 = 33						33		
III-32		6 + 13,5 + 10 = 29,5						29,5		
III-33		6 + 13,5 + 10 = 29,5						29,5		
III-34		6 + 6 + 17 = 29						29		25
III-35		6 + 10 + 13,5 = 29,5						29,5		
III-36		6 + 10 + 13,5 = 29,5						29,5		
III-37		6 + 10 + 10 + 10 = 36						36		
III-38		6 + 13,5 + 10 + 10 = 39,5						39,5		
III-39		6 + 13,5 + 10 + 10 = 39,5						39,5		
III-40		6 + 17 + 10 + 10 = 43						43		

Ônibus biarticulado		Peso máximo por eixo ou conjunto de eixos (t)	PBT e PBTC (t)						comprimento
			comprimento (m)						
			≤ 14 m	< 16 m	≥ 16 m	$< 17,5$ m	$\geq 17,5$ m	$> 18,6$ m	≥ 25 m	
III-41		6 + 10 + 10 + 10 = 36							36	
III-42		6 + 17 + 10 + 10 = 43							43	30
III-43		6 + 13,5 + 10 + 10 = 39,5							40	
III-44		6 + 13,5 + 10 + 10 = 39,5							40	

Fonte: Elaborada com base no Anexo da Portaria nº 63/2009.

9.5 Lotação de passageiros

A seguir será abordado o tema "ocupação de veículos", o qual exerce forte influência sobre os atributos que acabaram de ser citados.

9.5.1 Transporte coletivo urbano

Conforme se pode verificar na prática dos sistemas de transporte coletivo, bem como nas bibliografias existentes, que serviram de base para este item, os aspectos relacionados à ocupação de passageiros são fundamentais para a avaliação operacional do transporte público urbano.

▼▽ Aspectos relacionados ao conforto

No transporte público, o conforto é um item importante que tem relação direta com a ocupação dos veículos. Outros itens também contribuem para definir o nível de conforto oferecido, como a possibilidade de viajar sentado, a temperatura interna, as condições de ventilação, o nível de ruído, a aceleração/desaceleração, a altura dos degraus, a largura das portas, a disposição dos assentos e seu material.

Os aspectos considerados dependem diretamente do projeto do veículo e, na sua maioria, são condicionantes prefixados pelos fabricantes.

Ao passageiro agrada uma ocupação menor do veículo, pois isso lhe assegura realizar a viagem sentado. Entretanto, o grau de satisfação do usuário tem a ver também com a extensão do deslocamento, pois, em uma viagem de curta duração, os aspectos "menor ocupação" e "viajar sentado" terão menor importância do que em uma viagem de longa duração.

Para uma condição de conforto, é indispensável dispor de um espaço de 0,30 m^2 a 0,40 m^2 para o transporte de uma pessoa em pé, em uma viagem com cerca de 20 minutos de duração. Se a distância e o tempo aumentarem, torna-se fundamental prever mais espaço para cada usuário, conforme ilustra a Figura 9.17.

ACOMODAÇÃO DE CARGAS E DE PASSAGEIROS   307

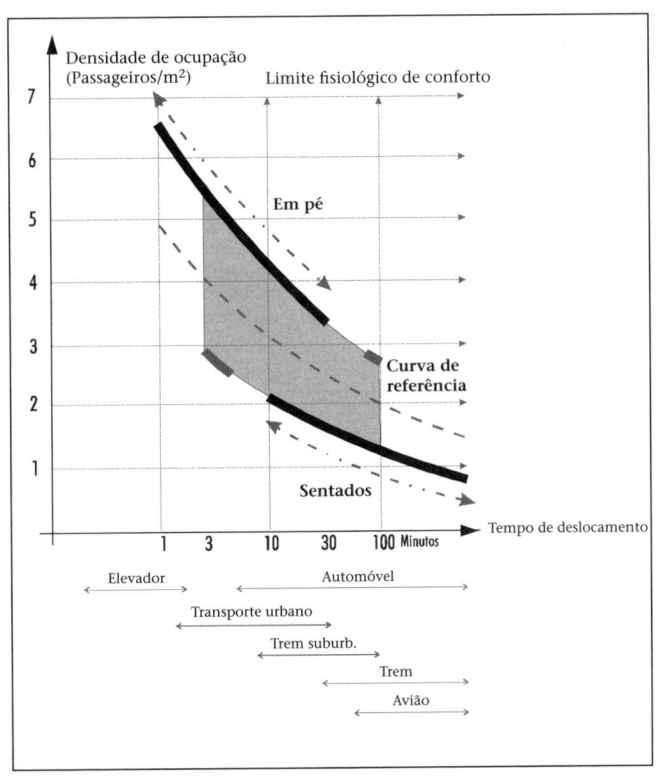

Figura 9.17
Relação entre densidade de ocupação e tempo de deslocamento.

Fonte: STPP – Gerência do Sistema de Transporte Público de Passageiros – EBTU – 1988.

Define-se como densidade de ocupação de um veículo de transporte público a quantidade de passageiros transportados em pé em relação ao espaço útil reservado para tal finalidade. De forma geral, podem-se estabelecer, como indicadores básicos da qualidade dos serviços com relação ao conforto, os parâmetros da Tabela 9.18.

Tabela 9.18 Indicadores de conforto no transporte público, densidade de ocupação dos veículos e tempos de viagem

Nível de conforto	Densidade de ocupação (passageiros/m²)	Duração da viagem (mínima)
Excelente	Só sentados	–
Ótimo	0 a 1,5	< 90
Bom	1,5 a 3,0	< 60
Regular	3,0 a 4,5	< 40

continua

continuação

Tabela 9.18 Indicadores de conforto no transporte público, densidade de ocupação dos veículos e tempos de viagem

Nível de conforto	Densidade de ocupação (passageiros/m²)	Duração da viagem (mínima)
Ruim	4,5 a 6,0	< 10
Péssimo	> 6,0	< 2

Fonte: STPP – Gerência do Sistema de Transporte Público de Passageiros – EBTU – 1988.

Para ilustrar o tipo de informação que a Tabela 9.18 oferece, são exemplos:

- Uma viagem de aproximadamente 25 minutos e densidade de ocupação de 2 passageiros em pé/m² é classificada como "boa" em termos de conforto.
- Se a densidade for de 5 passageiros/m² (ruim) e a duração da viagem, nessa situação, for de 15 minutos, o resultado é a classificação "péssima qualidade" em termos de conforto.

A Resolução nº 1/Conmetro/MICT/93, que estabelece o Regulamento Técnico de Carroçaria de Ônibus Urbano, recomenda a adoção de cinco passageiros/m² como valor máximo a ser adotado no dimensionamento dos corredores e áreas úteis, desconsiderando as áreas de degraus, da catraca (0,40 m²), do entorno do motorista e as áreas ocupadas pelos pés dos passageiros sentados. Além disso, devem-se considerar e descontar também as áreas extras de bancos mais espaçados para gestantes/obesos e as áreas

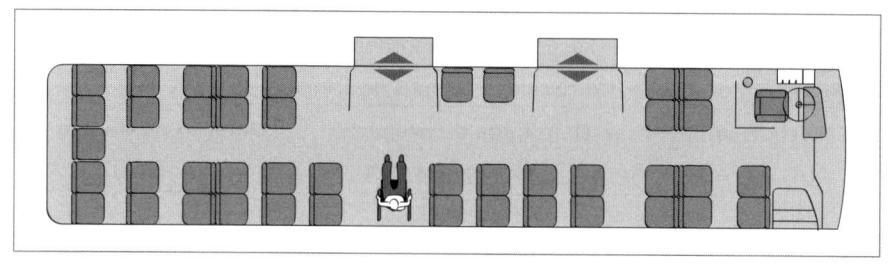

Figura 9.18

Layout de um ônibus PADRON com cadeiras para obesos/gestantes e adaptação para cadeirantes.

reservadas a cadeirantes e seus equipamentos, conforme determina a Lei nº 10.048/2000 e regulamenta o Decreto nº 5.296, de 2 de dezembro de 2004.

▼▽ Aspectos relacionados ao espaço físico

Para o usuário, as exigências de espaço variam conforme ele se encontre em pé ou sentado.

A – O caso dos passageiros sentados

No caso de o passageiro estar sentado, é importante conhecer as necessidades de dimensões físicas do assento e o espaço entrebancos. Essas dimensões podem chegar a uma área de 0,54 m² em uma posição confortável (0,82 m de comprimento × 0,66 m de largura), conforme ilustra a Figura 9.19.

B – O caso dos passageiros em pé

No caso de o passageiro estar em pé, existem outros aspectos a serem considerados:

- a proximidade relativa (contato) entre os passageiros;
- a necessidade de circulação interna no veículo.

Figura 9.19 Espaço para acesso aos assentos no transporte público.

Fonte: STPP – Gerência do Sistema de Transporte Público de Passageiros – EBTU – 1988.

C – Relação entre passageiros em pé e sentados

De modo geral, a determinação do número e a disposição dos assentos nos veículos estão vinculadas ao atendimento das necessidades dos usuários, incluindo obviamente os portadores de necessidades especiais, de acordo com a lei. No entanto, é possível utilizar valores empíricos para obter indicadores e tê-los como referência. A seguir, apresentam-se alguns desses parâmetros:

- **Linhas curtas:** têm tempo de viagem inferior a 15 minutos. Há poucos assentos e uma proporção de 3:1 na relação entre passageiros em pé e sentados. É o caso, por exemplo, das linhas alimentadoras.
- **Linhas médias:** têm tempo de viagem entre 15 e 30 minutos. Apresentam uma relação entre passageiros em pé e sentados igual a 2:1. Dispõem de veículos de maior porte e caracterizam, por exemplo, linhas do tipo tronco, expressas e diretas.
- **Linhas longas:** têm tempo de viagem maior que 30 minutos. Apresentam uma relação entre passageiros em pé e sentados igual a 1:1 e, muitas vezes, enquadram-se nas linhas do tipo radiais convencionais.
- **Linhas diametrais:** de modo geral, têm longa duração e elevado índice de renovação. Apresentam uma relação entre passageiros em pé e sentados na proporção de 2:1.
- **Linhas circulares:** apresentam, em geral, curta duração e elevado índice de renovação. Praticamente não precisam ter assentos, mas, sim, encosto lateral.

D – Outros aspectos relacionados com o *layout* dos veículos

Além dos aspectos já apresentados, outros podem ser considerados em relação ao *layout* dos veículos, como os seguintes:

- Os assentos devem estar voltados para o sentido do movimento do veículo.
- Bancos laterais ou frontais, ou seja, pares de bancos voltados um para o outro não são aconselháveis.
- Devem-se evitar saliências no piso.

- No caso de veículos que transportam somente passageiros sentados, a largura do corredor de circulação deve ter no mínimo 45 cm.
- No caso de veículos que transportam também passageiros em pé, a largura do corredor de circulação deve ter no mínimo 65 cm.
- A roleta ou catraca deve ser localizada de forma a prover uma "área de espera" capaz de acomodar de 12 a 15 passageiros em pé, que estarão aguardando a vez de efetuar o pagamento da tarifa.
- Quanto às portas de serviço, quando houver passageiros em pé, deve-se ter um número mínimo de duas, sendo uma para embarque e outra para desembarque. Cada porta deve se localizar o mais próximo possível das extremidades do veículo. Se houver uma terceira porta, ela deve se localizar no entre-eixo, o mais próximo possível do centro. Os veículos podem ser dotados de portas simples, com largura mínima de 70 cm, ou duplas, com largura igual ou superior a 120 cm. Para ambos os casos, as portas devem ter uma altura mínima de 190 cm.
- Em relação às escadas e aos degraus das portas de serviço, a altura máxima do primeiro degrau em relação ao solo deve ser de 35 cm. A altura máxima recomendada para os demais degraus é de 30 cm. A profundidade mínima de cada degrau é igual a 25 cm.

▼▽ Capacidade dos veículos e qualidade dos serviços

Sendo o veículo o meio de contato direto entre o usuário e o sistema de transporte público, é importante que o empresário e o órgão gestor do sistema observem os aspectos aqui relacionados.

Existe grande quantidade de modelos de ônibus adequados ao transporte urbano, com dimensões, capacidade, concepção e *performance* muito diversas, em função do fabricante do chassi e do fornecedor da carroceria.

Tabela 9.19 Características dimensionais dos ônibus urbanos

Tipo de veículo		Dimensões (m)			Lotação (passageiros) (*)		
		Comprimento	Largura	Altura	Sentados	Em pé	Total
Micro-ônibus/lotação		4,75-8,50	2,00-2,50	2,25-2,75	10-20	0,20	10-40
Ônibus convencional	Standard	9,50-11,0	2,50	3,00	25-40	35-50	60-90
	Padrão	10,50-12,00	2,50	3,00	30-50	50-75	80-125
	Articulado	16,00-18,00	2,50	3,00	40-60	100-120	140-180
Ônibus de grande porte	Com reboque	22,00	2,50	3,00	50-70	70-120	120-190
Ônibus rodoviário	–	9,50-13,20	2,40-2,70	3,00-3,50	30-45	–	30-45

(*) Depende do *layout* interno do veículo.

Fonte: MT-Geipot-EBTU. *Estudos de padronização dos ônibus urbanos*. Relatório final, 1982.

Esses modelos podem ser agregados em quatro tipos de ônibus urbanos, cujas características principais estão na Tabela 9.19. São eles: o micro-ônibus (lotação), o ônibus convencional, o ônibus de grande porte (articulado) e o ônibus rodoviário.

Define-se como capacidade nominal (CN) de um veículo de transporte público o número total de passageiros a serem simultaneamente transportados em condições-limite de conforto. É representada pela quantidade de lugares sentados e por uma densidade de ocupação do espaço reservado para transporte de passageiros em pé (área útil).

Conforme já exposto, a fixação de lugares sentados é decorrência direta do tipo de serviço a que está vinculada a linha, das suas características funcionais e do próprio *layout* interno do veículo.

Por sua vez, a densidade de ocupação representa diretamente a qualidade do serviço oferecido, pois, quanto maior for o seu valor, pior será a condição de conforto dos usuários.

Considerando um *layout* de veículo que oferece 31 assentos, é possível determinar, na Tabela 9.20, os patamares referentes à qualidade do serviço, a partir dos cálculos de ocupação do veículo.

Tabela 9.20 Determinação da ocupação do veículo em função do nível de serviço a ser oferecido

Qualidade do serviço	Nível do serviço	Densidade de ocupação (pass. pé/m²)	Ocupação de referência			Índice de ocupação
			Sentados	Em pé	Total	
Excelente	A	só sentados	31	–	31	0,44
Ótimo	B	0 a 1,5	31	10	41	0,59
Bom	C	1,5 a 3,0	31	20	51	0,73
Regular	D	3,0 a 4,5	31	29	60	0,86
Ruim	E	4,5 a 6,0	31	39	70	1,00
Péssimo	F1	6,0 a 7,5	31	49	80	1,14
Lotado	F2	7,5 a 9,0	31	58	89	1,27
Superlotado	F3	9,0 a 11,0	31	71	102	1,46

Fonte: STPP – Gerência do Sistema de Transporte Público de Passageiros – EBTU – 1988.

9.5.2 Transporte rodoviário intermunicipal de passageiros

Considerando ainda a questão da ocupação de passageiros, os ônibus utilizados no serviço de transporte rodoviário intermunicipal de passageiros podem oferecer lugares sentados e em pé, tendo em vista que o excesso de lotação em relação à capacidade nominal do veículo é determinado pela legislação de cada estado em que os municípios estão inseridos.

No caso do estado de Santa Catarina, por exemplo, os limites estabelecidos para a ocupação dos veículos são os seguintes:
- Trinta por cento de índice de ocupação nos serviços de fretamento, independentemente do percurso. Esse índice vale também para o transporte sem objetivo comercial e para viagens especiais, quando o percurso entre a origem e o destino for inferior a 100 km.
- Quarenta por cento em viagens comuns de linhas e serviços rodoviários regulares, cuja extensão seja superior a 200 km.
- Sessenta por cento em viagens comuns de linhas e serviços rodoviários regulares, cuja extensão não exceda a 200 km.
- Cem por cento em linhas urbanas que ligam dois municípios de uma mesma conurbação.

9.5.3 Transporte rodoviário interestadual e internacional de passageiros

Nesse serviço, não é permitido o transporte de passageiros em pé. Há uma grande preocupação com o conforto, e os ônibus são dotados de poltronas reclináveis, sanitários ou, ainda, poltronas-leito e ar-condicionado.

9.6 Legislação para o transporte de passageiros

São diversos os artigos da Constituição Federal de 1988 que mais diretamente tratam das questões relacionadas com o transporte. Especificamente no que diz respeito ao transporte de passageiros, destacam-se estes artigos:

Art. 21 – Compete à União:
    XII – explorar, diretamente ou mediante autorização, concessão ou permissão:
        e) os serviços de transporte rodoviário interestadual e internacional de passageiros;

Art. 25 – Os estados organizam-se e regem-se pelas constituições e leis que adotarem, observados os princípios desta Constituição.

§ 3º Os estados podem, mediante lei complementar, instituir regiões metropolitanas, aglomerações urbanas e microrregiões constituídas por agrupamentos de municípios limítrofes, para integrar a organização, o planejamento e a execução de funções públicas de interesse comum.

Art. 30 – Compete aos municípios:

I legislar sobre assuntos de interesse local;

II suplementar a Legislação Federal e a Estadual no que couber;

V organizar e prestar, diretamente ou sob regime de concessão ou permissão, os serviços públicos de interesse local, incluído o de transporte coletivo, que tem caráter essencial.

Com relação ao art. 21, a legislação que trata desse assunto foi aprovada pelo Decreto nº 952, de 7 de outubro de 1993.

O Capítulo XI desse decreto trata "Da forma de execução dos serviços", em que, na Seção I, art. 43, está regulamentada a proibição do transporte de passageiros em pé. A Seção III desse capítulo trata "Dos veículos". A Seção IV, "Do pessoal da transportadora". A Seção VII, "Da bagagem e das encomendas", e a Seção VIII, "Da qualidade dos serviços".

Quanto ao art. 25, observa-se que cabe aos estados definir os órgãos gestores e a forma de exploração dos serviços. A Legislação do Transporte Intermunicipal conterá, então, critérios próprios quanto a itens como serviços, sistema operacional, veículos etc.

Em Santa Catarina, por exemplo, a Instrução Normativa nº 07/91 consolida todas as normas complementares do sistema de transporte rodoviário intermunicipal de passageiros. No Capítulo VIII, Seção IV, art. 122, está a regulamentação sobre a lotação dos veículos.

Em relação ao art. 30 da Constituição, pode-se considerar que um estudo de legislação relativa ao transporte coletivo urbano de passageiros para um dado município deve abranger, no mínimo, os seguintes dispositivos legais:

- Constituição Federal.

- Constituição Estadual.
- Lei Orgânica do Município.
- Plano Diretor.
- Regulamento dos Serviços de Transporte Coletivo.

No caso de aglomerações urbanas e regiões metropolitanas, deve ser considerada também a legislação específica.

9.7. Considerações finais sobre o transporte de passageiros

Conforme já abordado, o conhecimento e entendimento dos dispositivos legais em vigor são elementos fundamentais para a elaboração de regulamentos de transporte coletivo eficazes e que venham ao encontro das aspirações e necessidades dos agentes envolvidos: poder público, empresas operadoras e usuários.

No que diz respeito à qualidade dos ônibus, certos aspectos da administração são primordiais. Como exemplo, pode-se citar a manutenção, que, no transporte, é a "alma do negócio". Por outro lado, a limpeza propicia, além de bem-estar, segurança psicológica ao usuário. Outro fator relevante e às vezes esquecido é a cortesia. Ela é sempre apreciada pelo usuário e ajuda a humanizar o transporte.

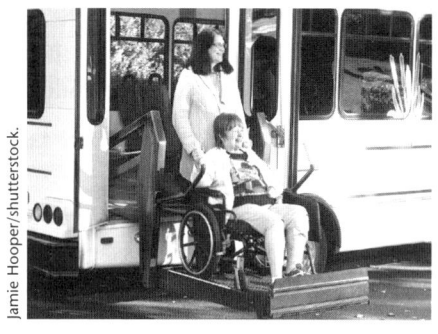

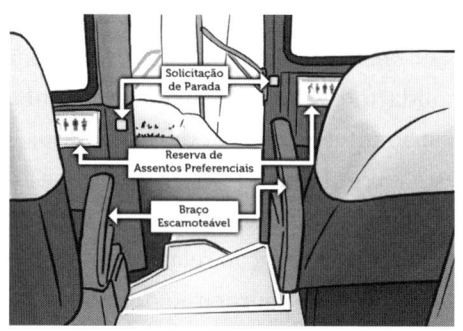

■ **Figura 9.20**
Detalhamento dos itens de acessibilidade e indicativos obrigatórios.
Com base em: Resolução nº 402/07 do Contran.

O conceito de acessibilidade tornou-se o novo paradigma a determinar os *layouts* interno e externo e a funcionalidade do veículo. A Lei nº 10.048, de 8 de novembro de 2000, dá preferência às pessoas portadoras

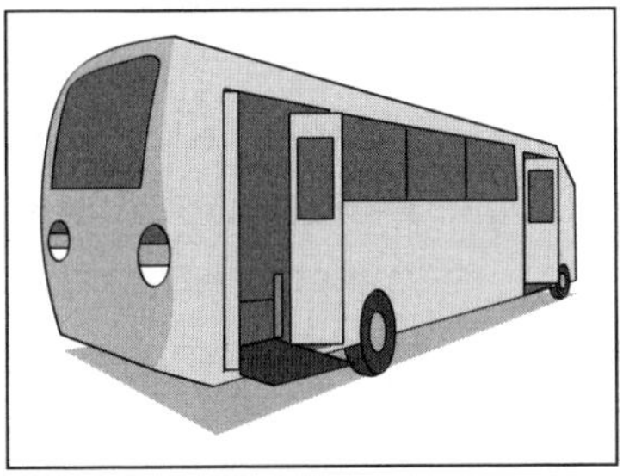

■ **Figura 9.21**
Micro-ônibus com plataforma baixa e porta acessível.

de deficiência física, aos idosos com idade igual ou superior a 65 anos, às gestantes, às lactantes e às pessoas com crianças de colo.

Isso trouxe como consequência uma série de modificações no projeto do ônibus, estabelecendo a obrigatoriedade para algumas características, que já eram recomendáveis, como a adoção de portas mais largas, piso rebaixado, entre outras. Elas facilitam o embarque e o desembarque de passageiros (ver Figura 9.21). Os corredores ganham espaço sobre a área de cadeiras, para permitir o acesso aos cadeirantes. São oferecidos cotas de assentos mais espaçosos para obesos e gestantes e locais específicos para os usuários de cadeiras de rodas.

A Portaria nº 260/2007 do Inmetro aprovou o Regulamento Técnico da Qualidade para Inspeção da Adequação de Acessibilidade em Veículos de Características Urbanas para o Transporte Coletivo de Passageiros, disponibilizado no site www.inmetro.gov.br.

Tabela 9.21	Normas vigentes relativas à acessibilidade no transporte coletivo
NBR 15320/2006	Acessibilidade à pessoa com deficiência no transporte rodoviário
NBR 14022/2011	Acessibilidade em veículos de características urbanas para o transporte coletivo de passageiros
NBRNM 313/2007	Elevadores de passageiros – Requisitos de segurança para construção e instalação – Requisitos particulares para a acessibilidade das pessoas, incluindo pessoas com deficiência
NBR 15570/2011	Transporte – Especificações técnicas para fabricação de veículos de características urbanas para transporte coletivo de passageiros
NBR 9050/2004	Acessibilidade a edificações, mobiliário, espaços e equipamentos urbanos
NM 207/1999	Elevadores elétricos de passageiros – Requisitos de segurança para construção e instalação

Fonte: ABNT.

As principais normas com mais informações sobre acessibilidade e transportes são apresentadas na Tabela 9.21.

Há também muito que fazer quanto à ventilação e ao isolamento térmico das carroçarias. Quando ocorrem temperaturas elevadas no interior dos veículos, as demais características do transporte são percebidas como inadequadas pelos passageiros.

Em relação à engenharia do veículo, em que pese serem os ônibus nacionais tecnologicamente avançados e adequados às condições brasileiras, há ainda muitos avanços que podem ser alcançados. Como exemplos, podem-se citar a diminuição do peso dos veículos e a melhoria do sistema de frenagem. Atenção especial também deve ser dada à economia de combustível e à redução da poluição, itens muito importantes na análise da qualidade dos serviços e do sistema.

9.8. Conclusões

Conforme visto neste capítulo, a correta distribuição da carga no veículo é fundamental para uma operação segura e econômica.

Com relação ao transporte de passageiros, independentemente das normas específicas, reconhecem-se cinco princípios regedores de todo serviço público que necessariamente devem estar presentes na sua prestação, os quais são sintetizados na expressão "serviço adequado". São eles:

- **Generalidade:** serviço para todos os usuários, sem discriminação.
- **Permanência ou continuidade:** serviço constante, na área e no período de sua prestação.
- **Eficiência:** serviço satisfatório, qualitativa e quantitativamente.
- **Modicidade:** serviço a preços razoáveis, ao alcance de seus usuários.
- **Cortesia:** bom tratamento ao público.

9.9. Referências bibliográficas

AZEVEDO FILHO, Mário A. N. *Procedimento para operação de frotas de veículos de distribuição*. Rio de Janeiro: Universidade Federal do Rio de Janeiro, 1985.

BRASIL. Ministério das Cidades. Conselho Nacional de Trânsito. Departamento Nacional de Trânsito. Código de Trânsito Brasileiro e Legislação Complementar em vigor. Brasília: DENATRAN, 2008.

CONTRAN. Deliberações do Contran. Disponível em: <http://www.denatran.gov.br/ deliberações_ contran.htm>. Acesso em: 10 jan. 2014.

_____. Resoluções do Contran. Disponível em: <http://www.denatran.gov.br/resolucoes.htm>. Acesso em: 10 set. 2015.

BRASIL. Decreto n. 5.296 de 2 de dezembro de 2004. Regulamenta as Leis nos 10.048, de 8 de novembro de 2000, que dá prioridade de atendimento às pessoas que especifica, e 10.098, de 19 de dezembro de 2000, que estabelece normas gerais e critérios básicos para a promoção da acessibilidade das pessoas portadoras de deficiência ou com mobilidade reduzida, e dá outras providências. Disponível em: <http://www.planalto.gov.br/ccivil_03/_ato2004-2006/2004/decreto/d5296.htm>. Acesso em: 27 fev. 2016.

DENATRAN. Portarias do Denatram. Disponível em: <http://www.denatran.gov.br/portarias.htm>. Acesso em: 10 set. 2015.

GUIA DO TRC (Transportador Rodoviário de Carga). Disponível em: <http://www.guiadotrc.com.br/noticias>. Acesso em: 10 set. 2015.

MERCEDES-BENZ. *Administração e transporte de cargas* – distribuição e acomodação de carga. Gerência de Marketing, 1988a.

_____. *Administração e transporte de cargas* – planilhas e informações. Gerência de Marketing, 1988b.

MOURA, R. A.; BANZATO, M. J. *Manual de movimentação de materiais*. São Paulo: Inam, 1990. v. 2.

NTU. Associação Nacional das Empresas de Transporte Público. Disponível em: <http://www.ntu.org.br/novo site/default.asp>. Acesso em: 10 set. 2015.

PAI. Programa de Acessibilidade Inclusiva. Sestransp/ Emdec /Intercamp/. Disponível em: <http://www.simbaproject.org/download/brazil/Urban%20Mobility%20Conference/PAIRev131206.pdf>. Acesso em: 10 set. 2015.

PORTARIA nº 260 do Inmetro, de 12 de julho de 2007. Disponível em: <http://www.inmetro.gov.br/rtac/pdf/RTAC001161.pdf>. Acesso em: 27 fev. 2016.

PORTAL TARGET. Facilitadores de informação. Normas Técnicas da ABNT – NBRs. Disponível em: <https://www.target.com.br/pesquisa>. Acesso em: 10 set. 2015.

REVISTA *Carga e Transporte* n. 70, 74, 78, 81, 88, 89, 91, 92, 96, 99, 103, 104, 108, 110. São Paulo: Técnica Especializada, s/d.

REVISTA *Transporte moderno* n. 337, 348, 354, 365. São Paulo: OTM, s/d.

REVISTA *Transporte moderno*. São Paulo: OTM, jan./fev., 1995.

SANTOS, A. P. *A ergonomia dos ônibus urbanos:* um estudo de caso na cidade de Santos. Disponível em: <http://www.antp.org.br/website/biblioteca/search.asp>. Acesso em 10 set. 2015.

STPP. Gerência do Sistema de Transporte Público de Passageiros. Módulo de Treinamento – EBTU. Empresa Brasileira de Transportes Urbanos. Brasília, 1988.

CAPÍTULO 10 — INOVAÇÕES TECNOLÓGICAS

10.1 A importância da tecnologia nas empresas de transportes

A inovação tecnológica tem sido, desde os primórdios, o grande diferencial na história de sucesso e sobrevivência de qualquer sociedade, seja em tempos de paz ou de guerra. O livro *Inovação, a vantagem do atacante*, nos anos 1990, já enfatizava a necessidade de antecipar-se, e embasava seus argumentos em casos reais e conhecidos de grandes corporações, que acabaram substituídas no mercado por pequenas empresas com ideias e tecnologias inovadoras.

No caso de uma empresa de transporte, o uso de tecnologias modernas é o paradigma. Não basta realizar uma boa gestão de frota; o mercado de serviços de transportes exige das empresas uma constante modernização, a fim de conservar ou ampliar as suas fatias de mercado. Os avanços tecnológicos, que ocorrem a velocidades espantosas, devem ser, portanto, acompanhados de perto pelas empresas e devem ser implementados, sempre que houver viabilidade técnica e econômica. A entrega correta de uma encomenda ou produto ao cliente certo, no lugar e hora programados, é a linha divisória entre as empresas bem-sucedidas e as que fracassam no mercado.

O setor de transportes é a base para a estabilidade de qualquer economia e é indispensável para garantir a competitividade no mercado globalizado. Nos Estados Unidos, por exemplo, os recursos orçamentários do Departamento de Transportes passaram dos 168 bilhões de dólares em 2014 (51 bilhões em investimentos diretos), garantindo a manutenção de um patrimônio líquido que atingiu a casa dos 758 bilhões de dólares no mesmo ano, segundo a Casa Branca (2014).

Apesar disso, a American Society of Civil Engineers (Sociedade Americana de Engenharia Civil) estima que o déficit em transporte excede a 3 trilhões de dólares. Isso para manter a infraestrutura existente e expandir a sua capacidade para ir ao encontro das necessidades do crescimento populacional e da economia nacional (DOT, 2014).

Segundo a Controladoria Geral da União,no ano de 2014, o Brasil, tentando atender às demandas da sociedade, busca aumentar o potencial de investimentos em infraestrutura. Neste contexto, estão previstos R$ 198,4 bilhões em investimentos em investimentos, sendo R$ 69,2 bilhões entre 2015-2018 e R$ 129,2 bilhões a partir de 2019.

Conforme o site do Ministério dos Transportes, os investimentos estão divididos entre os setores da seguinte forma: rodovias (R$ 66,1 bilhões, ferrovias (R$ 86,4 bilhões), portos (R$ 37,4 bilhões) e aeroportos (R$ 8,5 bilhões) (PIL, 2015) anunciou a liberação de R$ 50 bilhões para investimento em transporte coletivo. Somando-se a esse valor a verba do PAC da Mobilidade, chega-se aos R$ 110 bilhões.

No entanto, dos R$ 89 bilhões disponíveis no Ministério das Cidades para gastar em obras de mobilidade desde 2011, só R$ 40 bilhões foram contratados. Ocorre que a obtenção dos recursos está condicionada à apresentação de projetos consistentes e bem estruturados, por parte das cidades, atendendo ainda critérios que incorporem alguns conceitos novos e outros nem tanto, a mobilidade e sustentabilidade urbana.

Esse tipo de recurso dificilmente sobra em qualquer país ao redor do Mundo, mesmo numa economia como a dos Estados Unidos. No entanto, no Brasil, existem muitas cidades com mais de 20 mil habitantes que não tem estrutura física e humana para assumir o compromisso de desenvolver planos de mobilidade e elaborar projetos dessa natureza. Há algumas cidades com mais de 200 mil habitantes que ainda lutam para criar secretarias especializadas e outras que não sabem sequer onde buscar apoio técnico ou tecnológico para solucionar seus problemas básicos de circulação e mobilidade.

Por outro lado, os transportadores precisam atender a critérios de eficiência determinados por um mercado acirrado. Devem atender ainda a uma legislação em constante renovação, incorporando mudanças tecnológicas que criam novas necessidades e tornam produtos e normas técnicas obsoletos e desnecessários.

O suporte ao transporte nas indústrias está, cada vez mais, fazendo parte das principais estratégias dos empresários e gerentes bem-sucedidos. Isso tem ocorrido, por meio de programas de logística, qualidade e produtividade, sistemas de informação e de apoio à decisão.

Nos momentos em que a economia esfria, a "diferença faz a diferença" e a melhor estratégia competitiva é antecipar-se em relação aos outros. Esse fato pode contribuir para estimular o crescimento nos investimentos tecnológicos no setor, com a aquisição e desenvolvimento de equipamentos e novos métodos de trabalho, o que vem a corroborar para uma modernização dos transportes no Brasil.

A seguir serão apresentados alguns exemplos:

- tecnologias de rastreamento e acompanhamento de veículos;
- incorporação das tecnologias de GPS aos telefones celulares;
- melhora da tecnologia de transmissão de dados em telefonia móvel;
- produtos tecnológicos (softwares e hardwares) para a solução de problemas de roteirização de veículos;
- softwares de controle de frotas e fretes;
- softwares TMS (sistemas de gerenciamento de transportes);
- roteirizadores *on-line*;
- tecnologias de conexão integral da frota;
- cursos e web cursos em gestão empresarial.

A Confederação Nacional do Transporte (CNT) criou, em março de 2009, um portal na internet com o objetivo de se relacionar com o público em geral, buscando um maior estreitamento de suas relações com as entidades parceiras, autoridades e os meios de comunicação. O portal, além de dois canais de TV, um interativo e o outro de notícias, disponibiliza dados, os produtos e os serviços da CNT, do Sest/Senat (Serviço Social do Transporte e Serviço Nacional de Aprendizagem do Transporte) e do IDT (Instituto de Desenvolvimento do Transporte – Escola do Transporte).

Na Ead (educação a distância) do sistema Sest/Senat são oferecidos cursos regulamentados, regulados por normativa específica de um órgão do sistema de transporte (por exemplo: ANTT), e cursos livres. No segundo semestre de 2015 estava sendo oferecido o curso "Transportadores autônomos de carga – TAC", regulamentado, e os cursos livres:

- logística, custos e nível de serviço;
- logística, gestão de estoques e armazenagem;
- noções de meio ambiente;
- gestão do tempo.

Além dos cursos ofertados pelo Portal CNT, são oferecidos cursos por meio de outros portais, como o do Imam e Target, este último mais direcionado a normas técnicas e cursos afins na área de gestão de empresas de transporte, automação e capacitação em processos logísticos. O grupo Prolog, especializado em capacitação e consultoria em logística, oferece mais de 30 cursos na área de transporte e treinamentos *in company*, que abordam desde a amarração de cargas, roteirização, automação de armazéns até o transporte, o manuseio e documentação de cargas perigosas.

Estes cursos oferecidos vão ao encontro de uma certificação ISO 9001:2000. A norma especifica requisitos para um sistema de gestão da qualidade, quando a organização necessita demonstrar sua capacidade para fornecer produtos, que atendam de forma consistente aos requisitos do cliente e aos requisitos estatutários. Certamente, uma certificação pode fazer a diferença em um mercado acirrado.

10.2 Inovações tecnológicas relevantes

▼▽ **Conceito de tecnologia da informação**

A tecnologia da informação (TI) é o conjunto de recursos não humanos dedicados ao armazenamento, processamento e comunicação da informação e à maneira como esses recursos estão organizados em um sistema capaz de executar um conjunto de tarefas. A TI não se restringe a equipamentos (hardware), programas (software) e comunicação de dados. Existem tecnologias relativas ao planejamento de informática, ao desenvolvimento de sistemas, ao suporte ao software, aos processos de produção e operação, ao suporte de hardware, entre outros.

A tecnologia da informação e comunicação (TIC) insere-se nesse mercado como uma das peças-chave, em que as soluções desenvolvidas por empresas do segmento auxiliam a logística a conquistar grandes vantagens como pontualidade e agilidade, redução de custos, maior segurança, maior competitividade (BELCHIOR, 2013; CÉSAR, 2010).

Nesta seção, são apresentadas algumas inovações tecnológicas importantes no âmbito da gestão de frotas, notadamente aquelas associadas às áreas de comunicação e informática.

10.2.1 Softwares

A cada dia são oferecidos no mercado produtos que têm como objetivo resolver problemas de armazenamento e roteiros, operacionalização dos sistemas e aumento da produtividade. Os softwares de roteirização, por exemplo, proporcionam a redução de custos, levando em consideração os diferentes aspectos da entrega e coleta de cargas, como esquema de horários a cumprir, duração da jornada de trabalho do motorista, entre outros. Existem ainda os softwares que aperfeiçoam o acondicionamento de cargas em caminhões e em contêineres, proporcionando melhor aproveitamento do espaço.

A escolha do software destinado à otimização das funções da empresa deve garantir que ele possa simular a realidade e assim atingir os resultados esperados. Além disso, é necessário verificar outros detalhes, como os investimentos em equipamentos, a manutenção e a atualização do produto. Esses cuidados são necessários para que se evitem prejuízos e decepções com sistemas inadequados, que, além de não solucionarem os problemas, apresentam necessidades de manutenção incompatíveis com a situação da empresa.

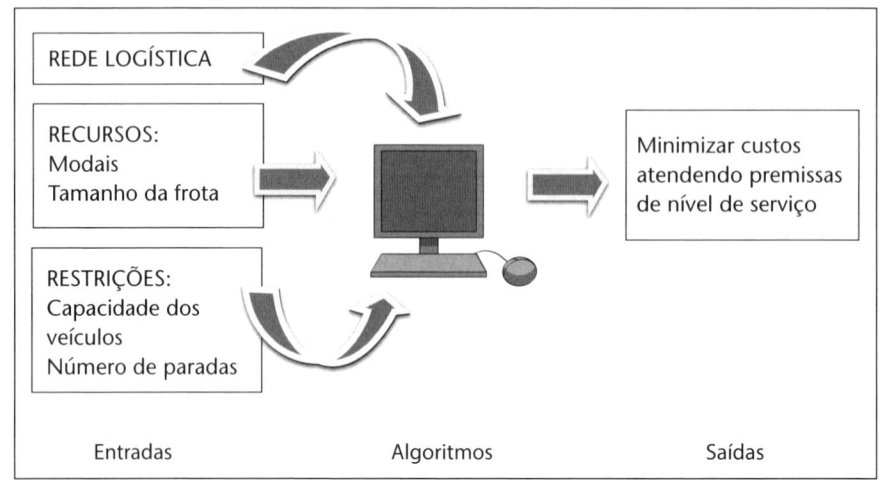

Figura 10.1
Esquema de um software de otimização em transportes.
Com base em: GUISE, M. A., CONSOLI, M. A., MARCHETTO, R.M., NEVES, M. F. et al. *Usos e benefícios de softwares de roteirização na gestão de transporte*. 7º Semead – Seminário em Administração. São Paulo: FEA-USP, 2004.

10.2.2 Hardwares

Existem diversos hardwares capacitados a controlar e acompanhar viagens, com diversos enfoques e níveis de sofisticação. Os computadores de bordo, por exemplo, monitoram e registram os eventos operacionais dos veículos e coletam as informações, que antes eram passadas pelo motorista, por meio de relatórios, aos quais eram agregadas ainda as informações obtidas a partir dos tacógrafos. Atualmente, as constelações de satélites e as redes de comunicação complementam e integram os equipamentos de bordo, aumentando a eficiência e a segurança dos sistemas de transportes.

Ao final de cada período, as informações são processadas e transcritas num relatório ou enviadas para um terminal de vídeo, otimizando sobremaneira o gerenciamento do veículo e da frota. Segundo a ANTP (2012), esses sistemas já estão de certa forma sendo agregados ao cotidiano das empresas e, mais recentemente, dos usuários de veículos particulares, numa evolução que, com algum planejamento e investimento, em poucos anos possibilitará a consolidação dos sistemas inteligentes de transporte ou ITS (*intelligent transportation system*).

Com a crescente assimilação no processo logístico dos sistemas satélites, esses sistemas passaram a comunicar dados e informações que permitem rastrear o veículo, possibilitando até mesmo, programar à distância o controle operacional de manutenção.

Segundo a Prolog, a gestão do armazém e a dos transportes se fundem em um processo *just-in-time* amparado por dispositivos de coleta (portáteis, móveis e fixos), leitoras e impressoras de código de barras entre outros. Esse ambiente possibilita a automatização do armazenamento e a perfeita integração com o transporte no processo logístico. Nas próximas seções serão apresentadas soluções tecnológicas em hardware e software disponíveis.

10.2.3 Sistemas e tecnologia

Os sistemas de informação logística combinam software e hardware para gerir, controlar e medir as atividades logísticas. O hardware inclui computadores, dispositivos de *input/output* e multimídia. O software inclui sistemas operativos e aplicações utilizados no processamento de transações, controle de gestão, análise de decisão e planejamento estratégico.

A tecnologia da informação vem transformando a gestão de operações e a logística. Como exemplos podemos citar o uso do código de barras, o intercâmbio eletrônico de dados (EDI – *Electronic Data Interchange*), a identificação por radiofrequência (RFID – *Radio Frequency Identification*) e o rastreamento de frotas com tecnologia GPS (*Global Positioning System*). Todas essas tecnologias servem tanto para aumentar a velocidade do fluxo de informações quanto para ampliar a exatidão das informações.

▼▽ **ERP – Enterprise resource planning (planejamento de recursos empresariais)**

O ERP é uma plataforma de software desenvolvida para integrar os diversos departamentos de uma empresa, possibilitando a automação e armazenamento de todas as informações do negócio. O ERP se assemelha a um grande banco de dados com informações que interagem e se realimentam. Assim, se um dado inicial sofre uma mutação de acordo com seu *status*, como a ordem de vendas, transforma-se em um produto final alocado no estoque da companhia.

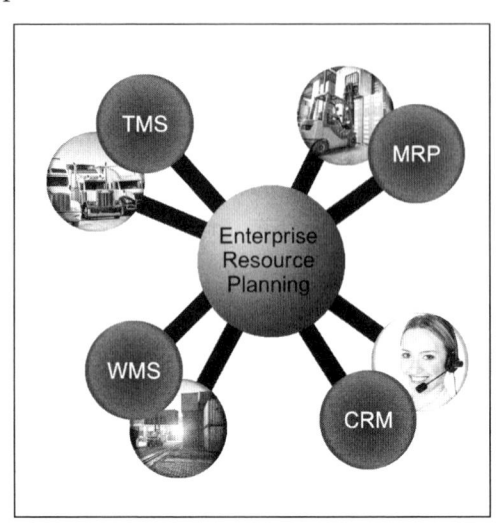

Figura 10.2
Com base em: Teclog Logística – Curso Técnico em Logística.

Ao desfazer a complexidade do acompanhamento de todo o processo de produção, venda e faturamento, a empresa tem mais subsídios para planejar, diminuir gastos e repensar a cadeia de produção. O ERP pode revolucionar uma companhia, melhorando a administração da produção, ao controlar e entender melhor todas as etapas que levam a um produto final. A companhia pode produzir de forma mais inteligente, rápida e melhor, reduzindo o tempo que o produto fica parado no estoque.

A Figura 10.2 mostra os diversos sistemas integrados pela plataforma ERP. O ERP interconecta e integra os sistemas de gerenciamento de armazéns e transporte (WMS e TMS), requisição de materiais e relacionamento com o cliente. A seguir, abordaremos dois sistemas indissociáveis no processo de gerenciamento moderno: a gestão do armazém e a gestão da movimentação de cargas são tratadas como um problema único no gerenciamento de fretes e frotas. Os conceitos WMS (Warehouse Management System) e TMS (Transport Management System) descrevem sistemas de gerenciamento de armazéns e de transporte, respectivamente.

▼▽ WMS – sistema de gerenciamento de armazéns

A fim de otimizar as operações de armazenagem e distribuição, o sistema WMS gerencia efetivamente os recursos de espaço, estoques, equipamentos e pessoas. O mercado de WMS oferece soluções que integram hardwares e softwares, com opções voltadas para o operador logístico, indústria, comércio etc. A principal função desses produtos é controlar estoques, o que ajusta o armazém para a automatização e integração e facilita o interfaceamento com os serviços de transportes, tanto na chegada dos produtos como na distribuição, como em supermercados e atacados, por exemplo.

Os sistemas WMS utilizam tecnologias de Auto ID Data Capture, como código de barras, dispositivos móveis e redes locais sem fio para monitorar eficientemente o fluxo de produtos. Após a coleta de dados, o sistema faz a sincronização com uma base de dados centralizada, que pode ser por processamento de todo um lote ou por transmissão em tempo real pelas redes sem fio.

Esses bancos de dados podem ser úteis no fornecimento de relatórios analíticos sobre o *status* dos produtos armazenados. Além disso, os sistemas WMS já possuem integração com ERP.

Algumas características operacionais de um WMS:

- processa o pedido;
- controla o inventário;
- atualiza *on-line* o estoque;
- capacidade de previsão;
- endereçamento automático;
- otimiza a locação/colocação do estoque;
- auxilia no projeto de ocupação da embalagem;
- programa a mão de obra necessária
- analisa a produtividade da mão de obra;
- determina a rota de separação;
- prepara documentos de expedição;
- programa a manutenção de veículos;
- apresenta relatórios do *status* do veículo;

- auxilia no projeto do *layout* de armazenagem;
- determina a prioridade de descarga;
- gerencia o pátio.

▼▽ TMS – sistema de gerenciamento de transporte

A gestão integrada nas organizações deve ser aplicada também aos sistemas de gestão de transportes, nos quais soluções específicas para coletar, processar e fornecer informações gerenciais foram desenvolvidas e hoje já são integradas ao ERP. O TMS refere-se a um conjunto de softwares para automatização de cinco funções básicas:

- auditoria no pagamento de fretes;
- planejamento de transporte;
- desempenho da transportadora;
- carregamento dos veículos;
- distância percorrida.

A importância do TMS dentro de uma empresa é vinculada diretamente ao representar a operação de transporte no custo do empresa. Em uma indústria, o custo do transporte é geralmente o segundo maior, atrás do custo de produção. Os encargos com o transporte variam entre 1/3 e 2/3 do total dos custos logísticos, que englobam abastecimento, movimentação, armazenagem e distribuição.

Um TMS é uma solução para três grandes grupos de empresas:

- empresas de transporte (transportadoras, operadores logísticos);
- empresas que usam transporte próprio como apoio ao seu negócio;
- empresas que utilizam transportes de terceiros.

De acordo com o site da GKO fretes, podem ser citados módulos específicos de um TMS as soluções: Gestão de frotas; Gestão de fretes; Roteirizadores; Programação de cargas; Controle de tráfego/rastreamento; Atendimento ao cliente, entre outras.

▼▽ Gestão de frotas

As funcionalidades que uma solução TMS possui no que diz respeito à gestão de frotas compreendem:

- controle do cadastro do veículo: informações relacionadas a cada veículo da frota (seguros, *leasing*, etc.);
- controle de documentação: licenciamento, impostos, taxas, boletins de ocorrência, pagamentos (à vista, parcelado);
- controle de manutenção: controla as atividades relacionadas à manutenção (garantias, manutenção preventiva, corretiva etc.);
- controle de estoque de peças: envolve o cadastro de componentes, localização de componentes etc.;
- controle de funcionários agregados: controla o cadastro de funcionários agregados;
- controle de combustíveis e lubrificantes: controla todas as informações de atividades relacionadas com abastecimento de combustíveis e lubrificantes (frota, data, veículo, custo, local etc.);
- telemetria avançada: monitora o estilo de condução do motorista durante toda a viagem, ociosidade do motor (parado/ligado), estatísticas de RPM, velocidade por trecho, leitura do hodômetro, controle de temperatura do baú;
- controle de pneus e câmaras: por meio do número gravado a fogo do pneu e etiquetas nas câmaras, podem-se gerenciar a manutenção de pneus, quilometragem rodada por pneu e até o protetor de câmara, se necessário;
- controle de engates e desengates de carretas, entre outros.

▼▽ Gestão de fretes

No que diz respeito à gestão de fretes, as soluções TMS podem:

- controlar por meio de um cadastro geral: transportadoras, rotas e taxas, entre outras informações;

- controlar tabelas de fretes diferentes, ou seja, a tabela de uma transportadora e a tabela de um dos clientes da transportadora;
- analisar e calcular o custo do frete por transportadora para subsidiar a escolha da melhor transportadora;
- possibilitar cálculos e simulações de frete, para que uma transportadora possa avaliar diferentes alternativas de custo e prazo de entrega, oferecendo melhor serviço ao cliente;
- calcular fretes considerando os diferentes modais, por trecho percorrido, bem como todos os custos atrelados;
- controlar conhecimentos de carga voltados à multimodalidade (rodoviário, ferroviário, aéreo, aquaviário);
- apontar as rotas mais adequadas;
- controlar o fluxo de informações por EDI – intercâmbio eletrônico de dados, ou via internet;
- liberar pagamentos e recebimentos;
- conferir documentação.

Sistemas como o TMS são programas complexos, compostos por módulos. Em setembro de 2015 a GKO liberou um novo módulo do seu TMS, o Autocarga, de organização das atividades de planejamento de embarques. Ricardo Gorodovits, diretor comercial da GKO Informática, explica que os procedimentos tradicionais de montagem de carga para viagem geram dificuldades com a inserção das variáveis e restrições específicas para compor seu custo. Entre esses complicadores estão: distâncias, tráfego, condições das ruas, localização dos depósitos, janelas de tempo, velocidades variáveis, barreiras físicas, restrições de circulação de veículos, jornadas de trabalho, entre outras informações.

▼▽ **Roteirizadores**

No universo dos sistemas de gerenciamento de transporte, de acordo com a GKO, os roteirizadores podem ser adaptados como módulos específicos, tornando a solução ainda mais completa, já que eles podem incorporar funcionalidades específicas ao TMS:

- determinação das melhores rotas a serem utilizadas;
- integração da sequência de entrega proposta com o sistema de gerenciamento de armazéns (WMS) que direcionará a separação de pedidos respeitando a sequência de carregamento;
- análise da distribuição a partir de mais de um centro de distribuição, consolidando o melhor cenário;
- gerenciamento do tempo de entrega por cliente, a fim de identificar as dificuldades específicas de carga e descarga em cada empresa;
- reprogramações de entrega em função de imprevistos ocorridos (problemas de quebras, acidentes, congestionamentos etc.).

▼▽ **Controle de carga**

Módulos de controle de carga são responsáveis por funções específicas de planejamento e controle como:

- planejamento de equipes de carregamento;
- controle de funcionários por equipe;
- gerenciamento de equipes específicas (por exemplo: transportes internacionais);
- planejamento da acomodação de cargas no veículo em função de peso, volume, fragilidade etc.;
- planejamento e controle das autorizações de serviço entre a empresa e fornecedores, a fim de que o motorista não tenha de levar dinheiro na viagem.

▼▽ **Alguns produtos disponíveis**

A seguir são abordados alguns produtos utilizados no gerenciamento das empresas de transporte, das frotas e de sistemas logísticos complexos. As ferramentas usadas como exemplos estão entre as mais citadas em buscas nos mecanismos de pesquisa disponíveis na rede. Cabe ressaltar que, nesse mercado, as mudanças ocorrem com uma velocidade espantosa, de forma que exemplos esses podem rapidamente passar a fazer parte da história.

10.2.3.1 Roteirizadores

Existem vários programas que oferecem o serviço de roteirização. Esse tipo de serviço é ofertado até mesmo em sites relacionados a veículos e transportes, permitindo consultar roteiros. Dependendo das necessidades, estão disponíveis diversos tipos de software ou serviços que podem apresentar as seguintes características:

- são pagos ou gratuitos (estes últimos, com limitações);
- necessitam ser instalados ou são usados *on-line*;
- podem traçar rotas ou ir além, mostra pedágios, quantidade de combustível a ser gasta, estado das estradas, congestionamento e determinando a melhor época e horário para o agendamento;
- podem ser de abrangência regional, nacional, continental ou global.

GOOGLE MAPS

A empresa Google oferece um serviço de consulta a roteiros *on-line* e gratuito e que roda em diversos tipos de aparelhos com base no sistema Android (celulares, tablets, GPS). A rota pode ser traçada por meio da guia "Como chegar", e pode ser modificada incluindo pontos obrigatórios de

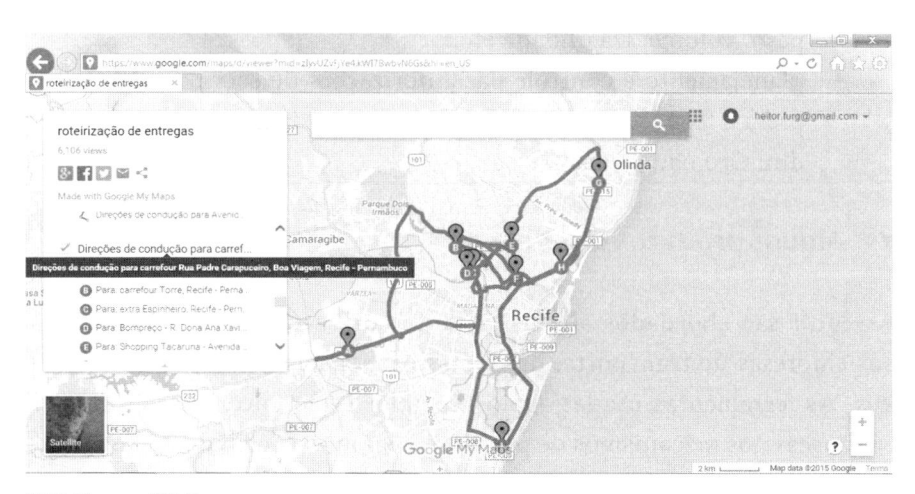

■ **Figura 10.3**
Exemplo de roteirização de entregas feito pelo Google Maps.
Fonte: Google Maps.

passagem. A base de mapas do serviço tem abrangência mundial, sendo a mais utilizada no mundo.

O roteiro da Figura 10.3 mostra as potencialidades da ferramenta, que pode ser muito útil para a empresa poder criar e planejar seu roteiro de maneira eficiente. Na hora de estabelecer as rotas, o encarregado da tarefa terá não só sobre o caminho mais curto entre os pontos, mas também informações sobre eventos impactantes como congestionamentos, acidentes, problemas mecânicos e mesmo *blitz*.

ORGANIZANDO UM ROTEIRO DE ENTREGAS PELO GOOGLE MAPS

- Para organizar um roteiro no Google Maps, acesse: Menu > My Maps > Criar.

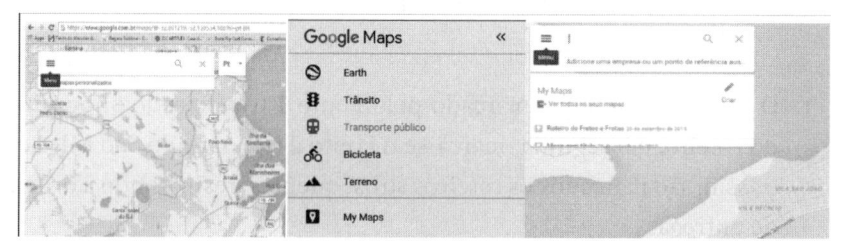

Figura 10.4
Introdução de um roteiro no Google
Fonte: Google Maps.

- Neste módulo, é possível inserir manualmente os dados de roteiro e também importar arquivos em formato CSV, planilha ou KML. A seguir, será elaborado um pequeno roteiro, na versão livre, para mostrar o funcionamento da ferramenta.

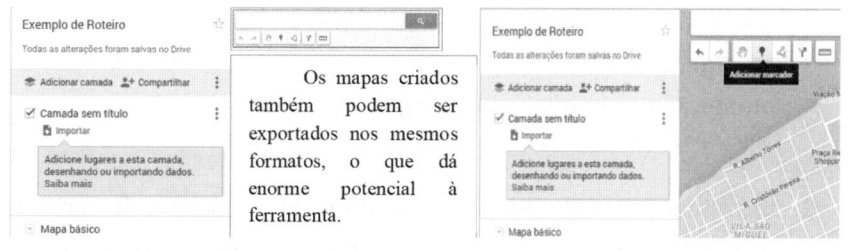

Os mapas criados também podem ser exportados nos mesmos formatos, o que dá enorme potencial à ferramenta.

Figura 10.5
Introdução de um roteiro no Google.
Fonte: Google Maps.

- Ajusta-se a imagem do Google na área de interesse (local, país, cidade etc.) e inicia-se a colocação de marcadores ao longo do trajeto de entregas (endereços de entrega) de uma loja situada em um shopping na cidade do Rio Grande. Acessa-se a ferramenta "Adicionar marcador" para adicionar e editar os pontos do roteiro.

Figura 10.6
Introdução de um roteiro no Google.
Fonte: Google Maps.

1. O ponto de origem é marcado pelo Ponto 1 (renomeado Shopping) do roteiro, em seguida, marca-se o Ponto 2 (renomeado São Miguel) e assim são marcados os roteiros subsequentes, respeitando a ordem de entrega.

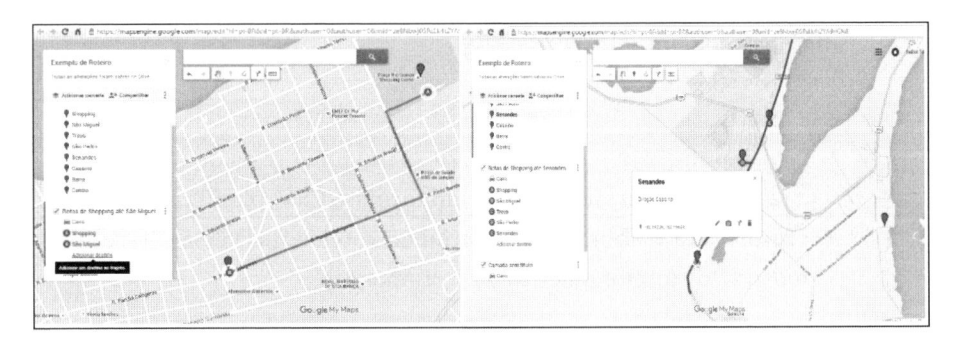

Figura 10.7
Introdução de um roteiro no Google.
Fonte: Google Maps.

2. Introduzidos os diversos pontos do roteiro, usa-se a ferramenta "Adicionar direções" e cria-se uma nova camada, que solicita a introdução de origem A e destino B.

3. Na camada nova, primeiro escolhe-se o Ponto A (no caso o Shopping), clicando no ponto sobre o mapa e usa-se a função "Adicionar destino" para introdução dos demais pontos: B (São Miguel), C (Trevo) etc.

4. A cada ponto introduzido, o algoritmo do roteirizador localiza o caminho de mínimo custo e estabelece a rota. Ele permite associar imagens (inclusive do *Street view*) a cada ponto para facilitar a localização.

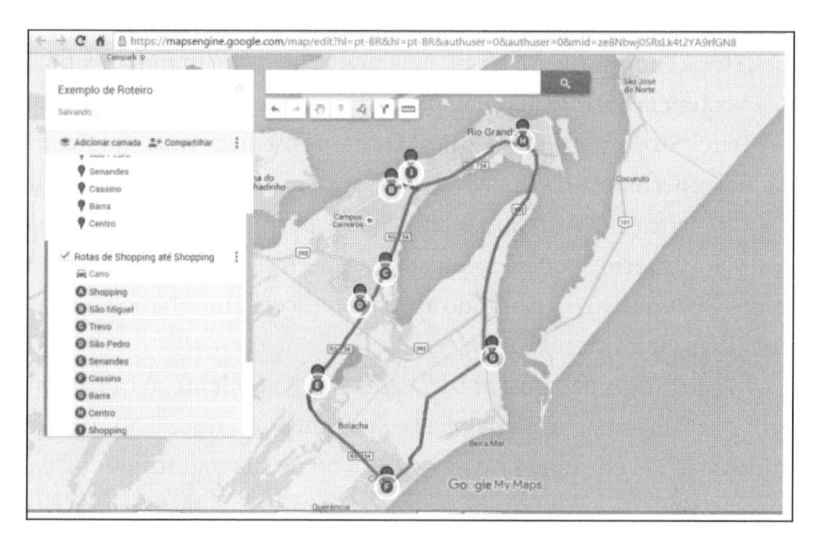

Figura 10.8
Introdução de um roteiro no Google – rotas estabelecidas.
Fonte: Google Maps.

Cabe aqui ressaltar algumas tecnologias que surgiram com a evolução da informação disponível para celulares e aparelhos móveis.

WAZE®

Waze® é um aplicativo gratuito de navegação "GPS móvel", capaz de agregar informações dos usuários ao banco de dados do Google Maps. Disponível para Android®, Black Berry®, iOS® e Windows Phone®, esse aplicativo é uma mistura de GPS e rede social. Além de informações georreferenciadas, o aplicativo permite a interação entre os usuários, com alertas em tempo real sobre congestionamentos, *blitz*, acidentes, vias interrompidas e até mesmo o preço do combustível nos postos mais próximos.

A limitação, por enquanto, está na abrangência das redes de telefonia celular. Em locais remotos, não é possível utilizar o sistema. No entanto, nas áreas urbanas e regiões metropolitanas, esse serviço gratuito pode ser de grande utilidade, e no futuro haverá disponibilidade de sinal ao longo das principais rodovias, à medida que vai sendo construída a estrutura de comunicação inteligente das vias.

TRUCKSTOPS

TruckStops é um software de planejamento de rotas, mundialmente famoso pela excelência multifuncional de roteirização e agendamento. Atualmente, o TruckStops pertence à MapMechanics, companhia com mais de 20 anos de experiência na distribuição e suporte ao TruckStops e outras soluções logísticas. O software é amigável e permite a fácil programação de rotas pelo usuário, por meio da seleção de três arquivos básicos – frota, pedidos e parâmetros –, exigindo apenas conhecimentos básicos de Windows e planilhas eletrônicas tipo Excel.

O TruckStops não possui banco de dados residente, o que o torna leve e ágil; diariamente, o sistema recebe, por uma interface TXT, o arquivo de pedidos a serem entregues no mesmo dia ou no dia seguinte. A visualização das rotas pode ser feita graficamente. O sistema lê mapas digitalizados e também permite que o usuário "desenhe" mapas ou regiões, possibilitando a visualização das rotas sobrepostas a uma base cartográfica.

O sistema disponibiliza mapas rodoviários com recursos de zoom, permitindo a avaliação de distâncias entre os pontos de entregas. Ele possui fácil integração com equipamentos e softwares, inclusive para emissão de notas fiscais, conforme o roteiro definido. Na página do Truckstops é apresentado um grande número de estudos de casos descrevendo os benefícios obtidos com o uso do programa, alguns exemplos de atividades que podem ser otimizadas com o uso de um roteirizador.

ROADSHOW

É um software, da empresa Routing, de criação de rotas de entrega e simulação de modelos de distribuição física, o qual se integra ao sistema corporativo e apresenta na tela a posição dos veículos em rota. Permite análises rápidas e precisas quanto ao aproveitamento ideal dos recursos envolvidos no processo de distribuição. Apresenta um ambiente amigável e intuitivo, valendo-se de uma série de recursos gráficos que incluem os mapas detalhados da região de atuação e as facilidades operacionais do ambiente Windows.

O RoadShow proporciona ao usuário a visualização de sua estratégia de vendas e integra-se facilmente ao sistema corporativo. Dispõe de localização automática de endereços e apresenta na tela a posição dos veículos em rota comparada à planejada. A Routing, por ser brasileira, oferece treinamento com cursos intensivos e avançados aos clientes, o que é um aspecto muito importante.

10.2.3.2 Administrativos

Existem softwares que ajudam na parte administrativa das empresas, mais especificamente no gerenciamento dos recursos, como o Sistema de Gestão de Frotas, lançado no Brasil no fim dos anos 1980, englobando módulos como veículos, motoristas, pneus, combustíveis, manutenção preventiva, custos operacionais e produção da frota. Alguns operam sobre diferentes tipos de entradas (fichas), destinadas à manutenção de pneus, notas fiscais, planilhas de abastecimento, manutenção ou ordens de serviço e bordo/planilha de viagens.

Sistema Frotafácil
O Frotafácil é um programa desenvolvido pela Softcenter que promete gerenciamento total da frota, possibilitando o controle e monitoramento de cada veículo como uma ferramenta para a tomada de decisão. O produto oferece aos usuários os seguintes benefícios:

- Controle de veículos: cadastro completo dos veículos, incluindo vencimento de seguro obrigatório e IPVA, situação do licenciamento, financiado ou consorciado, controle de médias, etc.;

- Controle de bombas: controla os abastecimentos internos, permitindo o controle de estoque das bombas e média dos veículos;
- Integração com CTF: atualiza a quilometragem dos veículos a partir das informações recebidas do abastecimento de combustível nos postos integrados ao CTF (Controle Telefrotas);
- Controle de acertos de viagens: permite ao gerente de frota realizar o acerto de cada viagem do veículo, apurando informações como: quilometragem percorrida, consumo médio de combustível, preço médio do combustível, comissão do motorista etc.;
- Checklist: consiste na aplicação de questionários elaborados pelo próprio usuário, e que permite avaliar vários aspectos do veículo, tais como limpeza e conservação, desgaste de peças etc.;
- Controle de manutenções: controle de manutenções preventivas com base na quilometragem média efetuada pelo veículo, disponibilizando um cadastro de ordens de serviços internas e externas, registrando toda manutenção executada no veículo, permitindo consulta ao histórico de manutenções realizadas;
- Controle de pneus: permite o controle total sobre a vida útil do pneu, registrando todo o seu histórico de vida, inclusive as recauchutagens;
- Controle de insumos da frota: gerencia o uso de insumos: óleo lubrificante, filtros, lonas de freio, baterias, correias e demais peças com vida útil previsível em dias ou em quilômetros;
- Controle de motoristas: controla informações dos motoristas, como vencimento da CNH (Carteira Nacional de Habilitação) e exame médico.

Fretefácil

O Fretefácil, também da Softcenter, é um software de gestão operacional, financeira e administrativa específico para transportadoras rodoviárias de carga e se desenvolve segundo os módulos:

- Gestão de fretes: tem início com o lançamento e emissão do CTRC, com provisionamento de seguros RCTRC e RR, ICMS, pedágio, PIS, Cofins e outros. Com esse módulo, o usuário pode apurar o

resultado operacional de cada filial, cliente, ponto de embarque ou contrato de transporte por meio de relatórios, telas de consultas e gráficos. É possível ainda apurar a produção da frota própria, agregados e autônomos, agrupados ou isoladamente;
- Gestão de faturamento: a partir do cadastro de clientes, o sistema permite filtrar informações sobre o faturamento, conforme as regras de negócios cadastradas, tornando o processo muito ágil. Permite a integração com a cobrança bancária dos principais bancos do país;
- Gestão financeira: composta dos sistemas de contas a pagar, contas correntes bancárias e controle de caixa, o módulo gerencia todos os documentos que darão origem à saída de recursos financeiros da empresa;
- Cadastros: módulo que é a base da integração entre os demais, composto de todos os cadastros do sistema, como taxas de seguro, ICMS entre estados, produtos transportados, veículos, motoristas, clientes, etc.;
- Gestão de documentos: a partir da matriz, a empresa poderá monitorar o uso de todos os documentos numerados (como, por exemplo, o CTRC e a carta frete, identificando), filial para onde foi enviado o documento, se ele já foi utilizado ou não e qual a disponibilidade de cada tipo de documento para cada filial ou departamento;
- Parâmetros gerais: estabelece as regras de negócios básicas de uso do sistema, permitindo que o mesmo software possa ter várias opções de usabilidade, de acordo com as características da empresa usuária;
- Tabelas de preços: utilizado para clientes que trabalham com transporte de carga fracionada, permite o cadastramento de diversos tipos de tabela, por valor de mercadoria, por peso, por volume, etc., estando integrado à emissão de CTRC.

Fortes Frota

Esse software de gestão de frota objetiva, principalmente, proporcionar às empresas um gerenciamento eficiente de sua frota, permitindo o controle de custos e o processamento das informações, em tempo real, com a geração de relatórios cadastrais, operacionais, gerenciais e gráficos. Atua como ferramenta na administração da empresa-cliente e compreende seis módulos: administração, abastecimento, veículo, pneu, manutenção e material.

Administração: esse módulo permite realizar o controle de acessos do sistema como um todo, cadastrando usuários, perfis de usuários, senhas, funcionários, além de possibilitar outras configurações e a emissão de relatórios, como relação de funcionários, acessos por usuários, entre outros.

Abastecimento: controla os abastecimentos (consumo) dos veículos (frota principal, de apoio, veículos particulares e avulsos) realizados em postos próprios ou de terceiros (sejam por meio de convênios ou avulsos), faz o pedido (via e-mail) de entrada de combustível e possibilita o acompanhamento de estoques dos tanques por localidade.

Veículo: gerencia as informações relacionadas diretamente à frota de veículos por meio do cadastro da frota, realiza consultas de histórico por veículo, o controle de entrada e saída de veículos (por garagem e/ou ponto de apoio) e o controle de quilometragem de peças alocadas nos veículos. Esse controle permite à empresa obter uma visão geral das movimentações realizadas nos veículos, analisando sua eficiência e desempenho a partir dos resultados obtidos.

Pneu: controla todos os custos relacionados aos pneus, faz o acompanhamento de vida útil, pelo controle da profundidade de sulcos, analisa quilometragem por vida, e as principais movimentações: o envio e retorno de pneus da renovadora; a transferência de pneus; o controle de calibragem; a permuta e venda de pneus; a montagem e desmontagem de pneus nos eixos dos veículos; o rodízio e os processos de sucateamento e compra dos pneus.

Manutenção: controla e acompanha os planos preventivos por meio do processo de manutenção preventiva, pelo qual a empresa/cliente cadastra os tipos, categorias e características das revisões, de acordo com as suas necessidades, e faz o complemento diário de óleo lubrificante. O processo de manutenção corretiva permite ao cliente administrar sua oficina usando ordens de serviço corretivas, desde sua geração, encaminhamento para a execução, requisição eletrônica de peças/itens e/ou de materiais até a sua baixa. O módulo ainda possibilita o controle das ordens de serviço realizadas pelo socorro mecânico e por terceiros.

Material: compreende o gerenciamento das áreas de compras, no qual o usuário realiza inicialmente a coleta de preços, do pedido ao fornecedor, da entrada e do almoxarifado, em que são atendidas as ordens de serviço geradas a partir da manutenção ou ainda as requisições de material feitas por outros setores da empresa. Gerencia também a devolução de itens, o ajuste de estoque, o inventário de estoque e a transferência de peças/itens/materiais entre centros de estoque.

Vantagens e benefícios

- produz relatórios em vídeo, impressora, arquivos (pdf, rtf, html) e por e-mail, com a logomarca da sua empresa;
- permite a redução de arquivos e controles paralelos;
- permite a operação multiempresa (matriz, filial, garagens e pontos de apoio);
- garante confiabilidade e segurança dos dados;
- trabalha integrando os módulos, analisando as informações em tempo real;
- confecciona relatórios de acordo com as necessidades do cliente;
- proporciona uma metodologia de implantação coerente com a realidade da empresa;
- oferece suporte técnico diferenciado e personalizado.

GKO Frete

Com o mercado em constante desenvolvimento, a GKO Informática atua com seu principal produto, o software de gestão de fretes GKO Frete, sistema que possui integração contábil e fiscal a qualquer ERP, possibilitando a automação e o armazenamento de todas as informações disponíveis na empresa. As principais funcionalidades desse sistema são:

- **Auditoria**: assegura que o valor cobrado está de acordo com as tabelas e embarques negociados, a partir de dados e faturas emitidos pela transportadora, evitando assim erros de cobrança;
- **Agendamento**: identifica os clientes que exigem agendamento. O sistema programa mensagens de e-mail ou SMS sugerindo datas que satisfaçam os prazos estabelecidos para entrega, além de disponibilizar um calendário em que os clientes definem restrições de tempo para entrega;
- **Romaneio/preparação de embarque**: esse processo possibilita a escolha das melhores condições de frete, entre transportadora, modal, tabela de preços e tipo de veículo utilizado, antes da emissão de nota fiscal;
- **Simulações**: realiza simulações para um determinado período ou região, quanto para embarques, buscando reduções significativas nos valores de fretes;
- **Solicitação de transportes**: módulo Web que permite que qualquer pessoa, mediante autorização, faça uma demanda de transporte. Por exemplo, esse módulo pode ser usado por clientes da empresa usuária a fim de acionar o transporte de logística reversa, ou por funcionários de filiais que desejam transportar materiais de uma unidade a outra;
- **Avaliação de desempenho**: permite definir critérios de avaliação para cálculo de indicadores de desempenho das transportadoras. Essa função está relacionada com a percepção da qualidade do serviço de transporte oferecido aos clientes por meio das transportadoras contratadas;
- **Integração contábil e fiscal**: integra e disponibiliza dados para os sistemas corporativos, evitando erros contábeis e fiscais;
- **Integração com correios**: viabiliza a emissão de etiquetas e AR, logística reversa, a solicitação de coleta domiciliar, a autorização de postagem, o rastreamento de objetos, entre outros recursos;
- **Relatórios gerenciais**: emite relatórios referentes a NFs, custos de frete, impostos, entregas, entre outros;

- **Portal do transportador**: destinado aos transportadores que não possuem infraestrutura adequada, o portal disponibiliza informações dos serviços realizados.

Atualmente o GKO Frete está presente em diversos segmentos, tais como alimentação, automotivo, combustível e energia, construção civil, eletrônicos, indústria (cosméticos, higiene e limpeza, papeleira, agrícola, plástica, metalúrgica, química), e-commerce e varejo.

Veltec

Algumas empresas, como a Veltec, começam a expandir os seus módulos oferecendo, além da roteirização, outras funcionalidades relacionadas com a gestão de fretes e frotas: videomonitoramento, telemetria avançada, controle de combustível, gestão de linhas e itinerários, indicadores de desempenho, roteirização de entregas, controle de jornada e *workflow* logístico. Cabe ressaltar aqui que ela inclui, entre seus produtos, alguns específicos para a área de transporte público, conforme abordaremos na seção relacionada a esse tema.

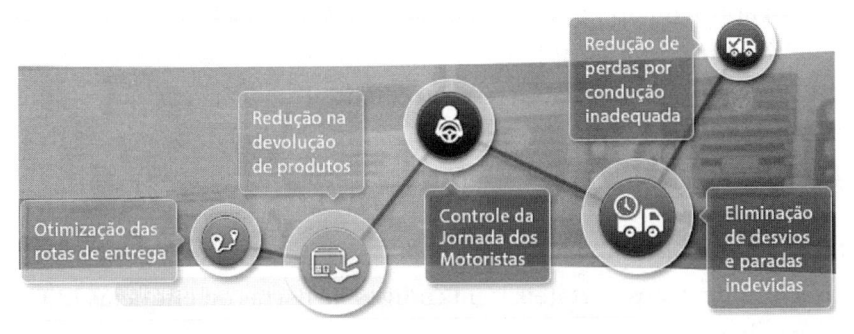

Figura 10.9.
Infográfico do fluxo de roteirização e telemetria avançada.
Com base em: Veltec. Sistema de gestão de frotas. Disponível em: <http://www.veltec.com.br> Acesso em: 30 set. 2015.

10.2.3.3 Sistemas de aquisição de dados para automatização da gestão de transportes e armazenamento

Na automatização dos processos, são necessários sistemas modernos de coleta de informação. Para implantação de sistemas de gestão de transportes e de armazéns, são necessários alguns produtos tecnológicos que serão descritos a seguir.

COLETORES DE DADOS
O coletor de dados é um equipamento portátil usado para a coleta de informações, posteriormente utilizadas em um sistema específico, tal como controle de estoque, controle de consumo, relatórios em geral, inventário de estoque etc. As tecnologias necessárias para captura automática de dados são os coletores de código de barras, leitores de código de barras, impressoras de código de barras, sistemas RFID e coletores por comando de Voz- Vocollect (Prolog, 2015).

ALGUNS EXEMPLOS
Coletores de dados fixos ou veiculares
O modelo apresentado pode ser instalado em um painel de caminhão ou da empilhadeira, com arquitetura Windows que permite usar inúmeros aplicativos dedicados a cada tipo de atividade. Trabalha com vários tipos de scanners e inclui conectividade WiFi e Bluetooth. Em instalação fixa, pode ser usado, obviamente, como terminal estacionário.

Coletores de dados portáteis
Os coletores de dados portáteis leem códigos de barras ou etiquetas RFID, transferindo os dados coletados no campo até o escritório para serem processados. Com diversos sistemas operacionais, os equipamentos possibilitam adequar aplicativos às necessidades da empresa, sendo ideais para controle de estoque e de consumo. Alguns possuem conectividade WiFi e Bluetooth e permitem a transferência de dados enquanto as informações são coletadas.

Aqui, nesta obra, será abordada a tecnologia RFID. O uso dos códigos de barra já é tecnologia transferida ao mercado e a sua relevância no processo de gerenciamento ainda é grande; no entanto, a RFID pode impulsionar sobremaneira a aplicação da tecnologia da informação. A possibilidade de obter informações detalhadas de uma carga em movimento, em tempo real, abre uma série de possibilidades. Os caminhões precisam ter um sensor RFID, que é uma espécie de etiqueta (tag) que conecta com a carga etiquetada e com o sistema do caminhão.

- **Tecnologia RFID**

A tecnologia RFID (*Radio Frequency Identification*) tem suas raízes tecnológicas nos sistemas de radares da Segunda Guerra Mundial. Posteriormente, começou a ser usada em sistemas antifurto em lojas, os quais, por meio de ondas de rádio, leem a "etiqueta eletrônica", detectando se o produto foi pago ou não. Essas tags (etiquetas), denominadas "etiquetas de vigilância eletrônica"; utilizam um bit, que é posto em "off (0)" quando a pessoa paga pela mercadoria. Se o bit permanece em "on (1)", será disparado o alarme se o produto sair da loja.

- **Funcionamento da tecnologia RFID**

RFID é a abreviatura em inglês de "identificação por radiofrequência". Diferentemente do feixe de luz usado no sistema de código de barras para captura de dados, essa tecnologia utiliza a frequência de rádio. Os componentes da tecnologia RFID são três: antena, transceiver (com decodificador) e transponder (chamado de RF Tag ou apenas Tag), composto de antena e microchip.

A etiqueta ou tag é uma etiqueta com aderência a superfícies plásticas, e pode ser lida a uma distância de até 10 m e permite o rastreamento de contêineres de plástico. Já a leitora Arete UHF Pop Donlgle permite cadastro e leitura de tags, a qualquer hora e lugar com dispositivos móveis (por exemplo: *smartphones* e tablets) com sistemas iOS ou Android. Existem leitoras e tags com as mais variadas formas e funções, nos exemplos apresentados, ambos da empresa AcuraGlobal.

- **Utilização do RFID**

Segundo o site Acura Global, a necessidade de captura das informações de produtos em movimento incentivou a utilização da radiofrequência (RF) em processos produtivos. Além disso, há o problema dos ambientes impróprios para o uso de código de barras. O RFID facilita o controle do fluxo de produtos por toda a cadeia de suprimentos de uma empresa, permitindo o seu rastreamento desde a sua fabricação até o ponto final da distribuição.

O coletor de dados móvel Smart AT-870 combina várias funções da leitura de código de barras e etiquetas ou tags RFID com conectividade para celulares e *wireless* possibilitando a transferência dos dados de campo direto para o escritório. O aparelho tem ótima *performance* de leitura, e graças aos diferentes tipos de conexão sem fio, o AT-870 praticamente não tem limites na transferência de dados enquanto as informações são coletadas. O dispositivo é robusto e compacto, com funções sem fio incluindo UHF, GPS, GPRS, 1D, Wi-Fi e BT GPS. Além disso, a conveniente base de sincronização torna ainda mais fáceis a troca de informações e a recarga da bateria, tanto no escritório quanto no veículo.

A ideia é aperfeiçoar o sistema de rastreamento, no qual é possível obter dados detalhados do que está sendo transportado dentro do veículo em deslocamento. A colocação de etiquetas eletrônicas com microchip instalado nos produtos permite o rastreamento por RF captada por pequenas antenas de metal ou carbono. O RFID permite localizar, em tempo real, os estoques e mercadorias, os preços, os prazos de validade, o lote e muitas outras informações que podem reduzir o custo do processamento dos dados e aumentar a produtividade.

Os benefícios primários do RFID são: a eliminação de erros de escrita e leitura de dados, a coleção de dados de forma mais rápida e automática, a redução do processamento de dados e a maior segurança. Os custos ainda são um pouco elevados, mas a tendência das TIs é ter seu preço reduzido à medida que os produtos se tornam essenciais.

- **Coletores por comando de voz**

A separação por comando de voz facilita o trabalho dos operadores ao dispensar a leitura de instruções; eles simplesmente as ouvem enquanto executam a tarefa. O sistema é geralmente composto por um terminal portátil, *head set* (fone de ouvido), baterias e um software que promove a integração com o banco de dados, interpreta a voz humana, interage com as informações e retorna instruções audíveis (PROLOG, 2015).

A tecnologia facilita a localização exata do ponto em que o produto será retirado, reduzindo o tempo gasto em operações de logística e otimizando os recursos de movimentação. Além disso, elimina a necessidade de elaborar um *picking list* e aproveita a mobilidade proporcionada pelo uso de redes sem fio (Wi-Fi); transmite informações de maneira precisa e em tempo real e otimiza e direciona a rota de separação de mercadorias.

A seguir serão apresentados os sistemas que tratam a questão do planejamento logístico.

10.2.3.4 Sistemas de planejamento logístico

As inovações e as mudanças ocorrem rapidamente, os clientes estão cada vez mais exigentes, com diferentes necessidades a serem atendidas e muitas alternativas para escolher. As empresas devem aprimorar a forma como gerem seus negócios, para que possam satisfazer e, consequentemente, manter os seus clientes, oferecendo produtos que sejam a solução adequada para o problema de cada um deles. As empresas devem garantir a rentabilidade do capital investido e adotar estratégias que lhes tragam vantagem competitiva no mercado.

Primeiro, deve-se entender as operações envolvidas no processo produtivo com todos os seus detalhes, ou entender o fluxo logístico. O planejamento logístico envolve as operações relacionadas com planejamento e controle de produção, movimentação de materiais, embalagem, armazenagem e expedição, distribuição física, transporte e sistemas de comunicação que, concatenadas, fazem que as empresas agreguem valor aos serviços oferecidos aos clientes e se destaquem perante a concorrência.

O planejamento logístico visa a desenvolver estratégias capazes de resolver alguns problemas fundamentais para as empresas que atuam, direta ou indiretamente, com transportes: o nível de serviços oferecido; localização das instalações de centros de distribuição; as decisões sobre o tipo de veículo a ser utilizado; decisões sobre as rotas e outras.

A complexidade do processo todo exige a sistematização de cada etapa e sua automatização. A Figura 10.10 apresenta uma planta logística, mostrando de forma esquemática as relações dentro do processo produtivo e os fluxos gerados.

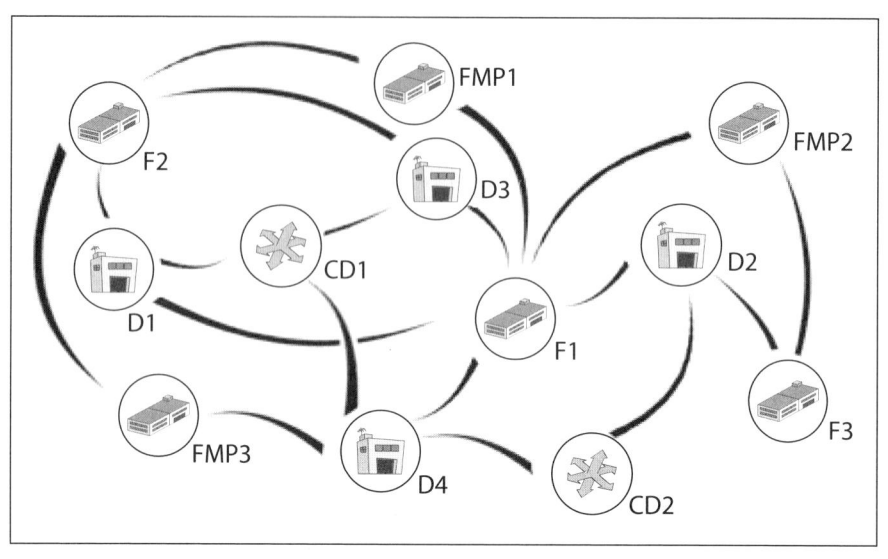

Figura 10.10
Esquema de uma planta logística simplificada, envolvendo fábricas (F1, F2...), depósitos (D1, D2...), centros de distribuição (CD1, CD2...) e malha unimodal.

Em termos práticos, a solução desse problema logístico passa pela verificação continuada da eficácia e eficiência da cadeia logística das empresas, analisando as alternativas de médio e longo prazos, sob a ótica dos custos de oferta e demanda dos mercados. A busca por soluções ótimas frequentemente envolve a criação ou desativação de centros de distribuição, instalação ou fechamento de plantas industriais e a análise de novas opções de transportes. Além disso, tem-se a definição de estratégias em face de situações emergenciais na rede de transportes (geradas pelas interrupções de rodovias, por exemplo), ou mesmo de oferta de novas instalações (novas rodovias, portos etc.). O tratamento do problema pode contemplar ainda a análise de uma rede multimodal, considerando custo da operação, capacidades de transferência e riscos.

Os sistemas

Devido à complexidade dos problemas, o volume de informações torna-se muito grande para ser tratado manualmente. O processamento de dados geográficos com os socioeconômicos e de infraestrutura dá-se por intermédio de ferramentas conhecidas como Sistemas de Informações Geográficas (SIG), que podem ser definidos como:

> Um conjunto de programas, equipamentos, metodologias, dados e pessoas (usuários) perfeitamente integrados, bem como a produção de informação derivada de sua aplicação.

Até aqui, conforme a definição acima, já foram apresentados exemplos de SIGs e de softwares que envolvem esses sistemas em alguns de seus módulos, como os roteirizadores e sistemas de localização e rastreamento.

O Labtrans, na UFSC, tem desenvolvido, nos últimos anos, softwares para estudos logísticos que agregam as principais funções de um SIG e utilizam algoritmos de alocação de fluxos em redes e determinação de rotas ótimas. Desse modo, permitem, de maneira fácil e amigável, a avaliação de cenários logísticos (o fluxo material das fontes de matéria-prima, passando pelos pontos de transformação, centros de distribuição e, por fim, pelos consumidores finais). Tais softwares consistem de módulos, de forma a serem customizados para que possam atender às necessidades das empresas nas mais diversas situações, conforme os exemplos de aplicações a seguir:

Siam – Sistema de análise de mercados

O Siam é uma ferramenta de apoio à decisão usada na distribuição de combustíveis e derivados de petróleo. Esse sistema permite a comparação entre cenários, reais ou hipotéticos, os quais envolvem soluções em redes de transportes para mercados geograficamente distribuídos.

O sistema Siam é usado pelo departamento de logística da Petrobras desde 1998, com a finalidade de minimizar os custos globais e, simultaneamente, maximizar as quantidades ofertadas, encontrando o ponto de equilíbrio entre oferta e demanda. Essa ferramenta é fundamental para uma empresa que trabalha com petróleo e derivados, produto com características especiais devido à sua importância geopolítica. No tabuleiro da economia internacional, existem vários fatores que podem interferir no preço e, consequentemente, no processo de tomada de decisão.

Os cenários são montados visando ao menor custo e considerando a demanda e a capacidade. A partir disso, buscam otimizar a distribuição de combustíveis, a quantidade produzida nas refinarias e determinar o preço nas cidades atendidas. O sistema ainda fornece uma série de relatórios e informações auxiliares ao usuário (Figura 10.11).

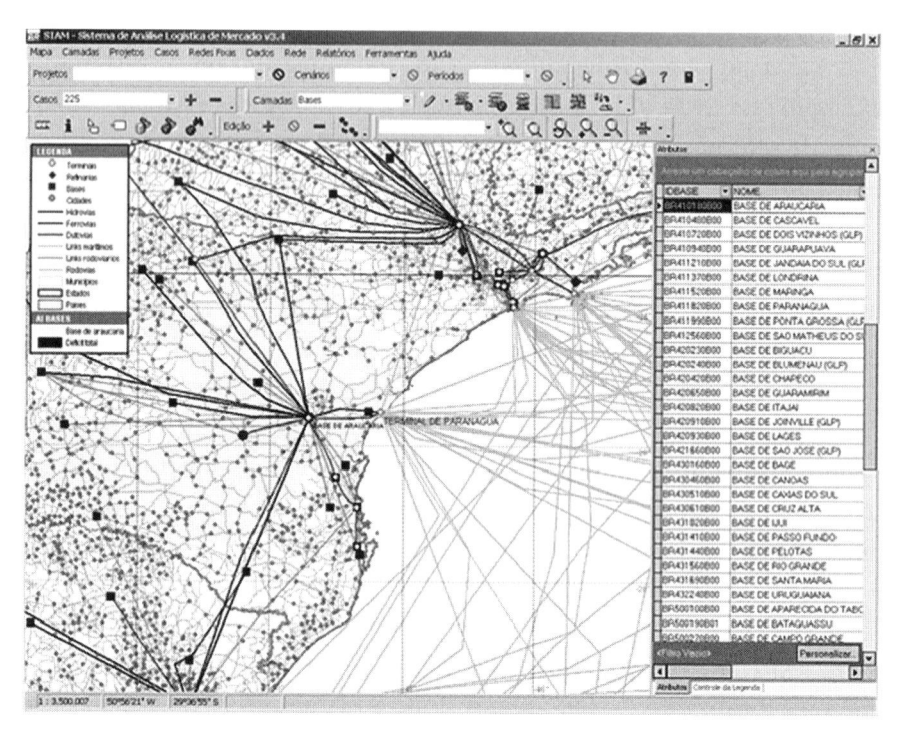

Figura 10.11
Municípios que recebem combustível da base de Araucária.
Fonte: Labtrans.

Sislog – simulador logístico

A eficácia da infraestrutura de transportes e da cadeia logística das empresas deve ser continuamente avaliada e, nesse contexto, o simulador logístico permite estudar alternativas de curto, médio e longo prazos, sob a ótica dos custos, da oferta de infraestrutura e da demanda dos mercados, como:

- criar novos centros de distribuição ou depósitos;
- estudar capacidade e localização adequadas para uma nova fábrica;
- implantar ou ampliar a capacidade de portos marítimos e terminais de cargas.

Pode-se também, por meio do simulador, avaliar a infraestrutura logística e de transportes necessária ao atendimento adequado das demandas dos embarcadores e operadores do transporte multimodal, permitindo, por exemplo, o estudo de novos investimentos em rodovias, hidrovias, ferrovias e portos. Constitui-se, ainda, em importante instrumento de apoio para a definição de estratégias em face de situações emergenciais na rede de transporte (interrupção de uma hidrovia ou rodovia, por exemplo).

O sistema foi desenvolvido em 2004 pelo LabTrans/UFSC, encontra-se hoje (2014) em sua quarta versão (Sislog 3) e auxilia nos projetos da Agência Nacional de Transportes Terrestres (ANTT). O Sislog 3 é uma ferramenta que auxilia nos projetos de execução do planejamento de transportes e logística e é composto pelos módulos:

- Módulo SIG – camadas temáticas e simbióticas;
- Módulo de logística básica – cadeia produtiva e linha de desejo;
- Módulo modelo quatro etapas – geração, distribuição, divisão modal e alocação;
- Módulo de criação de cenários – obras;
- Módulo de avaliação econômica – custo/benefício e análise multicritério;
- Módulo de cálculo de custos rodoviários.

SAR – Sistema de análise de rede

O SAR é um sistema georreferenciado de informações de transporte e logística que simula viagens de automóveis, ônibus e caminhões. O SAR pode ser útil, por exemplo, para simulação de cenários de redes viárias; análise de alternativas de investimentos para planos diretores de transporte; estudos de tráfego e demanda em redes rodoviárias e de fluxos de cargas, em redes multimodais, e projeções de matrizes de transporte.

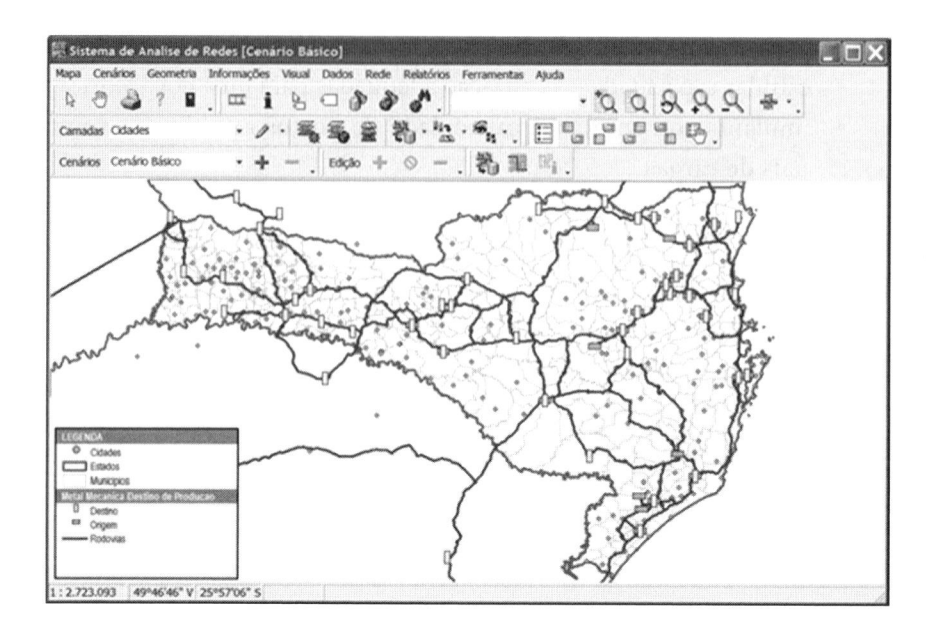

Figura 10.12
Alocação de cargas no sistema rodoviário de Santa Catarina.
Fonte: Labtrans.

A rede viária a ser utilizada pode ser obtida pelos levantamentos de campo com GPS ou pela aquisição de bases georreferenciadas disponíveis. As velocidades e os volumes de tráfego, quando medidos por contadores automáticos, podem ser lidos diretamente pelo sistema.

O Sistema de Análise Rodoviária tem, entre suas principais funções:

- simulação de cenários de redes viárias;
- análise de alternativas de investimentos no planejamento de investimentos para planos diretores de transportes;
- estudos de tráfego em redes rodoviárias;
- estudos de fluxos de cargas em redes rodoviárias;
- estudos de demanda e projeções de matrizes de transporte.

O SAR dispõe de uma base de dados socioeconômicos que lhe possibilita simular viagens de automóvel, ônibus e caminhões, de acordo com o método clássico das quatro etapas: geração, distribuição, divisão modal

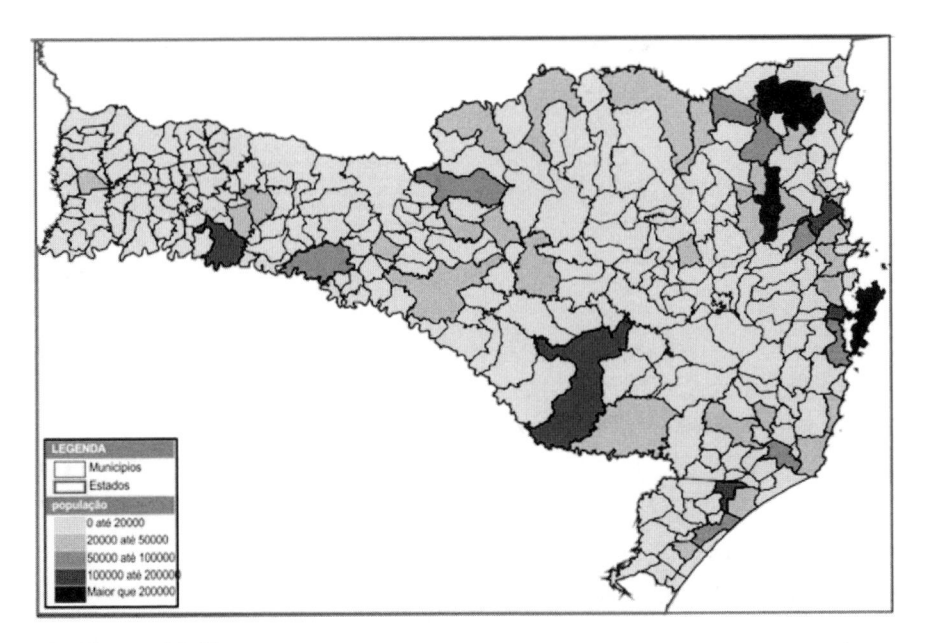

Figura 10.13
Mapa temático mostrando dados socioeconômicos.
Fonte: Labtrans.

e alocação de fluxos. Outra característica importante do SAR é a capacidade de se conectar com o modelo HDM, o que lhe permite atender às metodologias de avaliação econômica preconizadas pelos bancos de desenvolvimento (Banco Mundial e BID).

Simov – Sistema de viabilidade e monitoramento de linhas rodoviárias

O sistema tem por objetivo principal permitir a análise de viabilidade e o monitoramento de indicadores de desempenho e de linhas de transporte de passageiros. O sistema gera uma série de mapas temáticos e relatórios especializados, contendo mapas, indicadores e gráficos, os quais possibilitam a avaliação dos cenários. Além disso, por meio de informações fornecidas pelo usuário sobre a linha e as suas seções, o sistema é capaz de informar se determinada linha possui viabilidade para exploração autônoma. A Figura 10.14 mostra o relatório com parâmetros operacionais e indicativos econômico-financeiros relativos à análise de viabilidade.

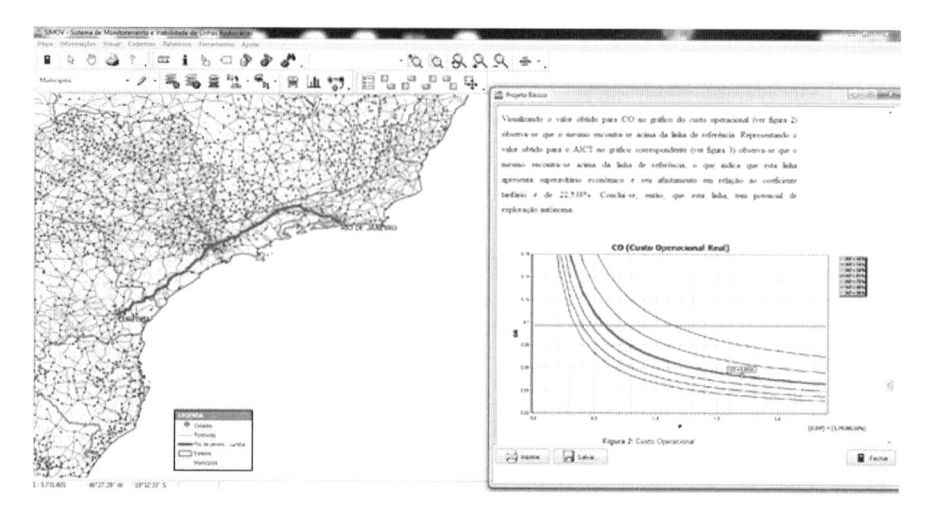

Figura 10.14
Relatório de análise de viabilidade.
Fonte: Labtrans.

Prev Fretes: Sistema para análise e projeção de fretes no transporte de derivados de petróleo

Esse sistema permite realizar projeções de fretes de combustíveis e derivados de petróleo para os modais rodoviário, ferroviário e hidroviário, em horizontes de até cinco anos. Para isso, considera os diversos parâmetros que interferem no valor final do frete. O sistema calcula valores praticados no mercado de fretes e faz prospecções dos custos do transporte, os quais são calculados para diferentes situações e expressos em forma de planilha de custos detalhados.

Por meio das informações que processa, o Prev Fretes auxilia na negociação de contratos com transportadores/operadores e também em decisões estratégicas como a localização de refinarias e bases de distribuição. Os resultados podem ser apresentados em forma de gráficos, tabelas e planilhas de detalhamento de custos. Para visualização da região e trecho do frete, o sistema utiliza ferramentas SIG – Sistema de Informações Geográficas.

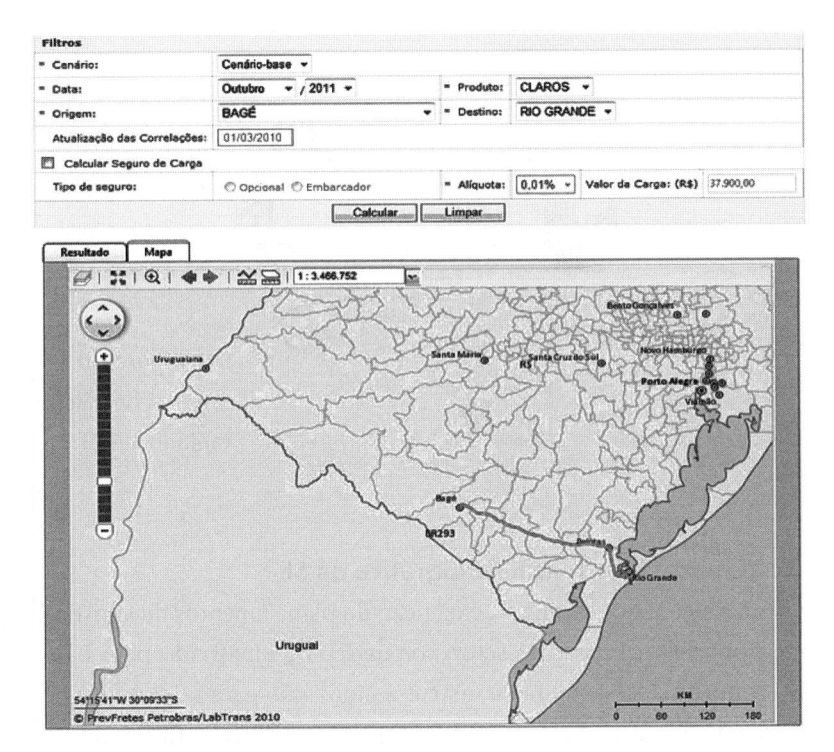

Figura 10.15
Exemplo de uma tela do Prev Fretes.
Fonte: Labtrans.

SCT – Sistema de cálculo tarifário

O SCT é um software de apoio à análise dos coeficientes técnicos de transporte de passageiros o qual contém soluções integradas de coleta de dados, processamento, geração de consultas e relatórios especializados. Os módulos de consultas e relatórios de análise permitem verificar a caracterização da frota, os demonstrativos de consumo, as despesas, a produção e receitas, os coeficientes diversos (PMA, LOT, IAP) e a planilha tarifária por empresa ou região.

O cadastro possibilita a entrada de informações unificadas das empresas permissionárias e da ANTT, tais como a frota operante, reserva e apoio, as linhas de transporte de passageiros e as despesas operacionais e econômico-financeiras.

Figura 10.16 Sistema de cálculo tarifário – SCT.

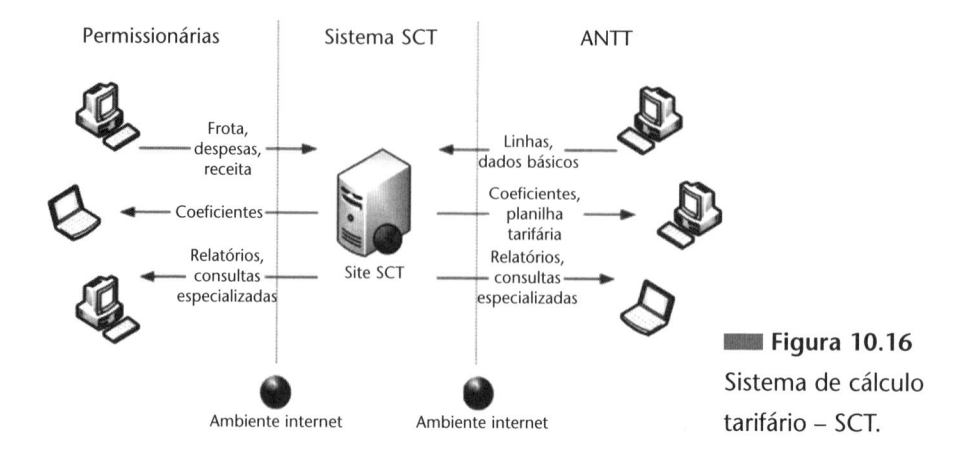

SIGSEP – Sistema de Informação Geográfica da SEP

O SIGSEP é um sistema que permite a execução de planejamentos de logística e transporte com destaque para o setor portuário. Desenvolvido pelo LabTrans/UFSC como uma ferramenta de instrumentalização para a Secretaria de Portos da Presidência da República (SEP/PR), o SIGSEP tem auxiliado na elaboração do Plano Nacional de Logística Portuária (PNLP) e dos Planos Mestres Portuários. O SIGSEP é usado por técnicos do LabTrans/UFSC e da SEP/PR e também por consultores nacionais e internacionais no estudo de estratégias de longo prazo para elevar a eficiência dos portos brasileiros.

10.2.4 Sistema de rastreamento por satélite

De acordo com os sites das empresas 3T Systems e BTRAC, esses sistemas permitem o rastreamento de qualquer veículo em qualquer ponto do planeta. Por meio deles, por exemplo, um frotista pode visualizar, da sua base de operação, seu caminhão, movimentando-se sobre um mapa digitalizado da região que está a percorrer no momento.

A tecnologia disponível torna possível o rastreamento simultâneo de diferentes veículos, com um erro de localização de, no máximo, 15 m. A espinha dorsal desses sistemas é o Global Positioning System (GPS), desenvolvido e controlado pelo Departamento de Defesa dos Estados Unidos.

INOVAÇÕES TECNOLÓGICAS 359

Apesar de haver milhões de usuários civis em todo o mundo, o sistema tem caráter essencialmente militar. Os sinais recebidos e processados pelos terminais GPS permitem determinar a posição em três dimensões (latitude, longitude e altitude) e também a hora local do terminal. A constelação de satélites do sistema GPS (Figura 10.17) é composta por 24 satélites de órbita baixa (LEO).

Cada satélite descreve uma órbita completa em torno da Terra em 12 horas, sendo que a cada 24 horas (aproximadamente) o satélite percorre o mesmo caminho em relação à Terra. Desses 24 satélites, um número entre 5 e 8 pode apresentar visada direta pelo terminal GPS. O sistema conta ainda com uma rede de controle central localizada na base aérea Falcon, no Colorado, Estados Unidos. Essa rede de controle tem a função de corrigir periodicamente a órbita e o relógio interno de cada satélite.

Um sistema alternativo ao Navstar/GPS é o sistema Glonass. Esse sistema foi criado por motivos estratégicos, uma vez que o sistema GPS é controlado pelos Estados Unidos, que pode desativar o sinal ou degradá-lo conforme a conveniência. Existem equipamentos que trabalham com as duas constelações, aumentando sua eficiência. A grande vantagem da existência desse outro sistema é a utilização de posicionamento combinando os sistemas Glonass e GPS, para melhorar a geometria da recepção dos sinais e a disponibilidade de satélites, diminuindo a possibilidade de bloqueio de sinais em ambientes obstaculizados.

Um receptor, montado no veículo, recebe o sinal a partir de cada satélite, emitindo três tipos de sinal: um identificador; outro que fornece a posição em que o satélite vai estar em cada momento e um terceiro, emitido constantemente, que informa o tempo e a data. Este último é fundamental para a determinação da posição do receptor. Até o ano 2000, havia uma degradação, introduzida estrategicamente no sistema pelo Departa-

Figura 10.17
Satélites GPS

Fejas/shutterstock.

mento de Defesa dos Estados Unidos, e a retirada deste fator de erro aumentou bastante a eficiência do sistema. Pela seleção dos satélites disponíveis e do cálculo dos tempos de recepção do sinal, o receptor determina a latitude e longitude da posição em que se encontra o aparelho. Essa posição é disposta sobre um mapa digitalizado e apresentada no monitor do computador do usuário e é disponibilizada tanto no veículo como na base de operações da empresa.

Os sistemas de bordo podem ser acoplados com periféricos como impressoras, sistemas de transmissão de informação, interfaces para o usuário (teclados, mouses, monitores) e unidades de sinalização. Eles podem ser utilizados em qualquer tipo de veículo, na terra, na água e no ar.

Na aplicação em empresas rodoviárias de caminhões, por exemplo, o sistema pode emitir relatórios para obter a localização do veículo, monitorar partes mecânicas, buscar assistência na estrada, prever as condições do tempo, conhecer a situação do tráfego, rastrear a operação, controlar o fluxo de suas cargas, auxiliar na programação de horários, escolher rotas alternativas e emitir alertas, em caso de roubos e sequestros.

Os sistemas de rastreamento usam o posicionamento por satélite para localizar o veículo nos mapas digitalizados, além de informar velocidade, direção. Com o apoio das redes de telefonia, podem ainda obter o estado da ignição, entradas e saídas digitais, resultado dos contadores internos, valores absolutos de hodômetro e horímetro, temperatura interna e corrente elétrica na alimentação. Os dados fornecidos ao usuário pela central de operações e disponibilizados no computador do cliente servem, por exemplo, para implantar uma rotina de logística ou, simplesmente, obter uma localização após um furto, roubo ou sequestro.

Principais funcionalidades de um rastreamento por satélite:

- posicionamento em tempo real;
- hodômetro em tempo real;
- abertura e fechamento remoto de portas de baús;
- sensoriamento remoto do desengate de carretas;
- monitoramento remoto de velocidade;
- monitoraramento sensor de porta do carona;
- obtenção de relatório de locais visitados (ruas, bairros, município etc.);

- estabelecimento de uma "cerca eletrônica", que limita a circulação do veículo a uma área predeterminada nos mapas digitais, inibindo saídas de itinerário não autorizadas;
- monitoraramento sensores de abertura de porta-malas e cofres, de ignição etc.;
- permissão de comunicação por telefonia fixa ou celular, entre o proprietário e o motorista, dispensando o uso e abuso de telefones por parte do condutor.

Alguns exemplos de empresas que vendem esses serviços: Linker; Volpato Segurança; e a 3T Systems. A empresa Linker usa comunicação via satélite, oferecendo, portanto, mais abrangência de sinal e permitindo monitorar a operação em qualquer hora e lugar.

Entre outros serviços oferecidos, está a visualização web, o que garante o monitoramento do veículo nas ruas, avenidas e estradas em trajeto predeterminado, gerando eventos (alertas e bloqueios) quando o veículo sai da rota. A Figura 10.18 mostra a função mobile, do app da Btrac com a posição dos veículos em tempo real em um dispositivo móvel. Cabe lembrar que o sistema de rastreamento é a alma dos softwares e sistemas apresentados aqui, e alguns desses sistemas oferecem também o serviço direcionado à segurança.

Figura 10.18

Posição da frota em tempo real – app da Btrac.

Fonte: Btrak

10.2.5 Electronic Data Interchange (EDI)

É um recurso imprescindível no contexto da aplicação da tecnologia da informação e no processo de automatização das empresas. Permite a troca de informações entre empresas, de forma padronizada, sendo indicadas, no caso do setor de transportes, para que os transportadores ajustem suas rotinas de embarque e desembarque às necessidades de seus clientes, em prazos menores e com custos mais baixos.

O EDI consiste em um sistema pelo qual uma empresa pode trocar, por meio de computadores ligados em rede, qualquer tipo de documento com as suas filiais, agências, fornecedores e clientes. Dessa forma, os pedidos de compra, notas fiscais, avisos de embarque e faturamento, especificação de produtos e encomendas, lista de preços, cobranças, ordens de pagamento, prêmios de seguros e ordens de crédito podem ser transmitidos, de maneira ágil e segura, entre computadores.

Um dos grandes benefícios do sistema é a desburocratização da empresa. Com a padronização, serviços como digitação de ordens, levantamentos de arquivos e simples conferências passam a representar um volume de trabalho menor e, portanto, com custos administrativos também menores. Essa racionalização traz agilidade à empresa e aumenta a eficiência dos seus processos produtivos.

O sigilo das informações se dá por meio de uma codificação do fluxo de informação, específica para cada usuário, chamada criptografia. O sistema funciona como uma rede de caixas postais eletrônicas, que emitem, automaticamente, um protocolo para o usuário. O EDI é um sistema capaz de criar um diferencial entre as empresas, proporcionando maior qualidade na prestação dos serviços, por sua rapidez, segurança e eficiência.

Em termos gerais, o EDI é considerado uma representação técnica de uma conversação de negócios entre duas entidades, interna ou externa. Há, portanto, uma percepção de que EDI consiste no paradigma inteiro da transmissão eletrônica de dados, incluindo a transmissão, o fluxo de mensagens, o formato do documento e o software usado para interpretar os documentos. Na verdade, EDI é um conjunto de padrões para estruturar a informação a ser trocada eletronicamente entre empresas, organizações, entidade governamental etc.

O Web EDI da eComm permite a transferência de arquivos de maneira segura e controlada. Visando garantir a segurança e integridade dos arquivos trafegados, a aplicação funciona com certificado de segurança SSL (Secure Socket Layer), criptografia Blow Fish com chave forte de 1.024 bits, para enviar as informações de autenticação a parceiros, utilizando um túnel criptografado para a transferência efetiva de arquivos entre as partes.

10.2.5.1 Sistemas alternativos de comunicação

As transportadoras têm, à sua disposição, recursos de comunicação por sistemas de transmissão via rádio digital, telefonia móvel com transmissão de dados, capazes de permitir um substancial aumento de produtividade, pela emissão imediata de ordens de serviço, principalmente nas entregas e coletas de produtos.

De acordo com os sites da TWW e da Zenvia, nos últimos anos, com a telefonia digital e os equipamentos desenvolvidos, houve uma mudança considerável nos meios de comunicação disponíveis. Alguns equipamentos antigos foram substituídos, e seus serviços são prestados por uma central web que conecta todas as operadoras aos clientes via SMS, ou evoluíram para formas digitais de serviço, como é o caso da TWW, descrito a seguir.

- *Web service (pagers)*

Estão à disposição dos empresários os serviços web com interfaces amigáveis, que disponibilizam ao cliente os meios (telefone, e-mails ou janelas) e permitem a interação com consultores treinados, que os orientam na montagem do conjunto de soluções mais apropriadas ao seu problema específico, dentro da sua disponibilidade de recursos.

A TWW é especialista em SMS (Short Message Service) corporativo, uma forma barata de conectar a empresa ao seu cliente, independentemente da hora e lugar, mesmo se ele estiver em constante deslocamento. Essa empresa integra nos serviços as principais operadoras de celular do país. Atualmente, a Zenvia, que surgiu em 2003 como Human Mobile, é a maior empresa do setor, com mais de 4500 clientes.

A TWW já trabalhou com *pagers* e, com a facilidade de acesso à telefonia celular no Brasil, expandiu seu leque de serviços, com seus sistemas integrados às operadoras de telefonia celular, com sistema de envio de mensagens. Além da estrutura de *paging*, atende também empresas de segurança automotiva, oferecendo toda a estrutura de transmissão para bloqueadores automotivos.

Administrar transporte e logística pode ser um desafio. O SMS é a solução para se comunicar com o público interno e externo, incentivar o bom relacionamento e levar a empresa a outro patamar de produtividade. O acesso via web é por um portal *on-line*, com total autonomia, segurança e rapidez para o envio de mensagens. A empresa pode enviar mensagens individuais ou em lote com toda a facilidade.

A plataforma web conta com:

- acesso via login e senha, com total segurança;
- módulo de envio de mensagens para grupo;
- módulo de envio de mensagens avulsa;
- módulo de mensagens em lote;
- módulo de relatórios;
- módulo administrativo.

O módulo administrativo, por exemplo, pode ser muito útil em campanhas, permitindo que a empresa crie inúmeros tipos de perfil para os usuários. São mais de 55 opções de customização para os usuários da plataforma web, incluindo tipos de acesso e envios.

Nos últimos anos, o serviço convencional de SMS começou a sofrer queda devido ao uso de aplicativos de mensagens instantâneas como WhatsApp, BlackBerry Messenger, Viber e outros. Estes apps permitem que o usuário envie mensagens de texto através de canais de dados 3G ou Wi-Fi. Em alguns apps, é possível até realizar chamadas ou enviar mensagens de voz.

No entanto, deve-se salientar que esses serviços não são gratuitos, uma vez que "consomem dados". Portanto, entende-se que essas soluções são complementares ao uso do SMS, já que estes serviços podem não atingir todos os usuários. Por exemplo, para trocar mensagens pelo WhatsApp, é preciso que os usuários tenham o aplicativo e estejam conectados à internet. Com o SMS, qualquer usuário envia e recebe mensagens.

- **WhatsApp**

  O WhatsApp é o mensageiro *on-line* mais popular do mundo, mas nem todo mundo conhece todas as potencialidades do aplicativo. O app, além da função principal de troca de mensagens instantâneas, permite a troca de mensagens de texto, voz, fotos e vídeos, além de fazer ligações telefônicas gratuitas sem sair do aplicativo. O app está disponível para Android, iOS, Windows Phone, BlackBerry e até mesmo Symbian e Nokia S4. O WhatsApp Web, versão para computador, completa a lista de plataformas do app, que já tem cerca de um bilhão de usuários.

  Para enviar a imagem da edição antiga do livro em rede *wireless* doméstica, foi necessário colocar o dedo sobre a figura da câmara fotográfica ou do microfone (abaixo à direita), para tirar a foto ou gravar mensagem de voz com o próprio dispositivo e enviar. As figuras do telefone e do clips (abaixo) acessam a telefonia gratuita e o dispositivo alternativo para enviar imagens, arquivos de som, vídeos etc.

Sistemas wireless de comunicação

A instalação de redes físicas começa a pertencer ao passado, dadas as potencialidades de uma rede sem fio. O WhatsApp é apenas um exemplo do avanço que pode ser obtido em termos de conexão entre as equipes de trabalho ou com clientes.

Muitas vezes, a ausência de infraestrutura física de transmissão de dados e os pontos cegos da telefonia móvel deixam como única alternativa de acesso à banda larga, aos usuários, os sistemas de radiofrequência ou *wireless*. É necessário usar um sistema "ponto a multiponto" ou PMP um provedor pode oferecer conexão em área remota. Dependendo do modelo e capacidade do equipamento, é possível chegar a uma taxa de transferência de dados agregados de até 40 Mbps, atingindo uma distância de 60 km (Figura 10.19).

Alguns equipamentos usados para comunicação, principalmente em sistemas de armazenamento e movimentação de cargas, também têm evoluído, permitindo, em alguns casos, integrar as potencialidades dos dispositivos móveis e ainda ter uma ergonomia superior para o uso em campo, conforme será apresentado a seguir.

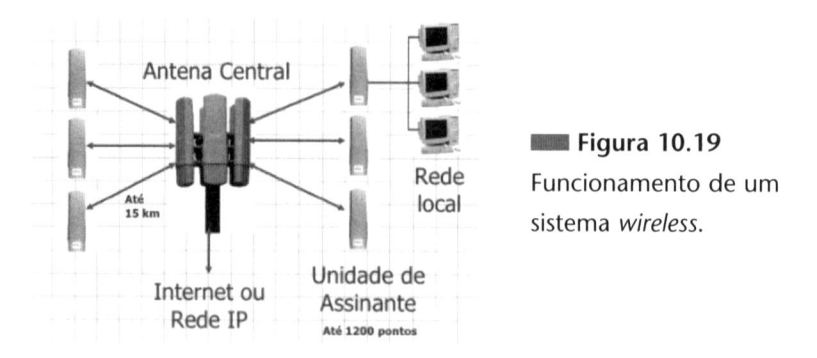

Figura 10.19 Funcionamento de um sistema *wireless*.

Rádios móveis, portáteis bidirecionais

Os sistemas de comunicação interna são muito importantes nos dias atuais, quando a competitividade é um fator predominante para qualquer negócio. As empresas necessitam ser ágeis e eficientes na comunicação entre funcionários, que devem ser localizados rapidamente para atender a tempo as solicitações prioritárias.

A conectividade entre as equipes de trabalho passou a exigir soluções perfeitas de comunicação, a fim de transmitir aos trabalhadores a informação com clareza e precisão no lugar em que eles estiverem. Os rádios digitais e os acessórios de alto desempenho ampliaram o alcance da comunicação entre os usuários. Esses dispositivos possuem funcionalidades, que possibilitam a troca de informações com qualquer *smartphone* ou dispositivo móvel.

Os rádios digitais auxiliam a gestão da força de trabalho móvel a partir de um local central. Podemos citar os equipamentos MOTOTRBO da empresa Motorola, como rádios móveis e portáteis, sistemas de tronqueamento e soluções PTT (*push-to-talk*). Esses dispositivos podem servir de bom auxílio quanto ao gerenciamento da frota, rastreando dados do veículo e compartilhando informações quando as comunicações por voz não forem praticáveis. A seguir, são apresentados alguns dos produtos disponíveis e suas principais aplicações.

Rádios móveis e portáteis bidirecionais

- Principais funcionalidades: áudio inteligente, bluetooth integrado, GPS integrado, mensagens de texto, botão de emergência, transmissão com interrupção.

Sistemas MOTOTRBO

Alguns sistemas de *trunking* digital maximizam a capacidade de seu sistema MOTOTRBO, como o Capacity Plus, o Linked Capacity Plus e o IP Site Connect. O IP Site Connect é uma solução digital que usa a internet para estender a cobertura de seu sistema de comunicação MOTOTRBO independentemente de onde o usuário estiver. O sistema vincula até 15 locais para comunicações entre áreas geograficamente distantes, como em uma cidade, estado ou país. Permite também estender a capacidade de comunicação de dados e voz da equipe de trabalho para além dos níveis alcançados anteriormente por rádios bidirecionais. Isso significa uma melhora significativa no serviço ao consumidor e aumento da produtividade.

Comunicações em grupo de trabalho PTT

De acordo com a Motorola Solutions e com a Wavecom, a Wave é uma solução de comunicação *push-to-talk* (PTT) de interoperabilidade e banda larga que permite enviar mensagens de voz e dados em tempo real, de maneira segura por qualquer tipo de rede e dispositivo. Estende o alcance das comunicações do MOTOTRBO para dispositivos iOS e Android em redes públicas 3G, 4G LTE e Wi-Fi. De rádios bidirecionais a *smartphones*, de laptops a linhas fixas, ou de tablets a robustos dispositivos de mão, os usuários podem comunicar-se por PTT com outras equipes e pessoas por meio de seus dispositivos e redes existentes, dentro e fora de seu sistema de comunicação. Os aplicativos do comunicador móvel Wave transformam seu dispositivo inteligente em um telefone PTT multicanal com funcionalidade aprimorada, incluindo *status*, presença, mapeamento e texto de grupo.

Trunking

Não é possível falar em redes de comunicação *wireless* rádio digital sem abordar o sistema *trunking*, que potencializa esse tipo de tecnologia. O serviço móvel especializado (SME), também conhecido como *trunking* ou sistema troncalizado, é um serviço muito semelhante ao serviço celular, razão pela qual é, em muitos países, enquadrado nessa categoria.

A principal diferença, em relação ao serviço celular no Brasil, é que o SME é destinado a pessoas jurídicas ou grupos de pessoas caracterizados pela realização de atividades específicas. A principal característica da comunicação com esse sistema é a comunicação tipo despacho (*push-to-talk*) para um grupo.

Os sistemas de rádio *trunking* não requerem encargos em licenças de canal e, com um reduzido investimento em estações base, proporcionam cobertura em vastas áreas. Os sistemas de rádio *trunking* digitais são uma forma eficiente e confiável de usufruir de uma rede móvel privada de voz e mesmo de transmissão de dados.

Os sistemas digitais proporcionam uma experiência do tipo telefonia móvel (2G), com a segurança dos mecanismos de encriptação. Dependendo da infraestrutura adotada para o sistema, ele permite estabelecer redes privadas de voz e dados e interligação de dispositivos, tais como sensores, autômatos e drones, com a rede pública telefônica (Voip, Scada, Modbus, etc.).

A telefonia IP da Cisco adaptou a ideia do *pager* ao telefone com o CME (Communications Manager Express), que permite enviar mensagens de áudio para um ou vários telefones. Teoricamente, não existe limite de IP Phones que podem ser inseridos em um grupo (*paging group*). Na prática, vai depender do número de telefones suportados pelo modelo do roteador usado.

A tendência dos últimos anos é a integração de vários sistemas, com a oferta de pacotes de soluções e também de soluções dedicadas a cada cliente, oferecendo-lhe funcionalidades individualizadas, específicas para a resolução do seu problema. Estão à disposição dos empresários os serviços web com interfaces amigáveis, que disponibilizam ao cliente os meios (telefone, e-mails ou janelas) e permitem a interação com consultores treinados, que orientam a montagem do conjunto de soluções mais apropriadas ao problema específico dos clientes, dentro da sua disponibilidade de recursos.

Frota conectada

A expressão "frota conectada" remete à visão de veículos autônomos trafegando em rodovias inteligentes, cruzando em interseções inteligentes, enquanto estão conectados a uma rede *wireless* se comunique com outros veículos, com estações de pesagem/pedágio e outras infraestruturas, incluindo pontos de coleta e entrega. Parte dessa visão futurística já é realidade, mas ainda há um longo caminho a percorrer.

O conhecimento do nível do estoque em tempo próximo ao real, um *feedback* quase instantâneo com o cliente, métodos de distribuição de atualizações de software, roteirização e agendamento dinâmico são componentes presentes de uma frota conectada, mas o conceito ainda precisa evoluir. No entanto, uma grande parte das frotas já está conectada de alguma maneira, para manter-se viva no mercado.

Atualmente, o conceito está evoluindo em muitas frentes. A mais comum tem sido a relação do veículo com a infraestrutura, a qual inclui conectividade entre o veículo e o fabricante. O serviço de telemática se dá por meio de um servidor em algum lugar ou da "nuvem" e então com a frota. Essa conectividade se completa quando um controlador de frota olha o mapa na tela do computador mostrando a localização do veículo que está sendo monitorado.

O controlador também tem acesso a dados oriundos de sistema e componentes do caminhão, tais como temperatura da carga refrigerada ou estado da trava da porta do baú. Outra informações são o detalhamento das horas de serviço do motorista, a velocidade com que trafega e o diagnóstico do veículo e outras medidas de desempenho.

A conectividade da frota pode ser mais bem vislumbrada por meio da identificação de gerações. A primeira geração veio com os satélites e os sistemas de rastreamento. As segunda chegou com a conectividade dos celulares. A terceira geração é caracterizada pelo conceito de computação baseada na "nuvem" e com uma participação maior dos fabricantes, provendo o veículo com plataformas de telemática e compartilhando-as com os parceiros da área de desenvolvimento de software, para que possam desenvolver o potencial de monitoramento e análise dos dados que o veículo pode oferecer.

10.3 Inovações tecnológicas aplicadas à gestão do transporte coletivo por ônibus

Considerando a verdadeira revolução tecnológica que estamos vivendo, também o gerenciamento do serviço de transporte coletivo já conta com ferramentas inovadoras, conforme observaremos nos exemplos a seguir:

10.3.1 Fiscalização eletrônica

A partir da instalação de sistemas de fiscalização eletrônica para monitorar a operação do transporte coletivo em tempo real, houve um grande avanço no controle operacional desses serviços. Na maioria dos sistemas, porém, o controle da operação ainda é feito de forma manual, mesmo diante da grande evasão de recursos que isso representa, com os gastos com fiscais.

A fiscalização eletrônica ocorre a partir de câmeras e sensores instalados dentro e fora (nas ruas e estações) dos veículos. Os dados coletados a partir desses dispositivos são transmitidos para centrais de controle dos operadores e, em alguns casos, para centrais de gerenciamento de tráfego. Essa característica é muito útil para fiscalizar os operadores e eliminar atrasos nos serviços. Além disso, os relatórios emitidos pelo sistema permitem decisões rápidas sobre o remanejamento de linhas e a redistribuição de horários. O sistema é capaz ainda de controlar o número de viagens e os horários dos ônibus de todas as linhas e empresas.

Complementando a ação da câmera interna, o monitoramento pode instrumentar cada veículo com um *transponder*, acoplado ao seu chassi, o qual contém a identificação e características de cada unidade de transporte, dispondo também de informações sobre o trajeto, empresa e previsão de viagens diárias.

O uso desse sistema na Cidade do México permite controlar o número de viagens e os horários dos ônibus de todas as linhas e visualizar a posição de cada veículo com seu prefixo sobre um mapa com os corredores, com atualizações a cada cinco segundos.

É possível saber se a câmera interna está operante, o número de passageiros embarcados e desembarcados e também se o veículo está no horário previsto. Essa alternativa vem se tornando bastante usual, com o controle operacional sendo feito por meio de um receptor GPS e um computador de bordo. Durante o percurso do veículo, o sistema registra, além da entrada e saída de passageiros, outros dados necessários ao gerenciamento eficiente do serviço (por exemplo: temperatura e rotação do motor, consumo).

As empresas têm sido, com os usuários, as grandes beneficiadas, pois todas, além das facilidades geradas para o controle por parte do órgão gestor, as informações podem ser transferidas para os microcomputadores nas garagens. Lá, elas podem ser pré-processadas e transferidas à central de monitoramento, onde, em seguida, são elaborados os relatórios de toda a rede de transportes da empresa. Esse procedimento permite, de forma ágil e segura, identificar os ajustes e melhorias necessários à operação das linhas, os quais podem ser implementados já na manhã seguinte. Além disso, algumas informações podem ser passadas diretamente aos usuários, que podem realimentar o sistema com suas reivindicações.

A bilhetagem eletrônica foi o primeiro passo na integração tecnológica total do sistema, racionalizando a operação e qualificando gestão do transporte coletivo.

A Veltec, com atuação forte no transporte de passageiro, urbano, metropolitano e fretamento, dispõe de soluções de telemetria com foco na direção segura e econômica do veículo. As funcionalidades oferecidas pelo sistema são descritas a seguir.

- Gestão de linhas e itinerários: ferramentas específicas para gestão das viagens como: controle de pontualidade, conferência de pontos de parada e ajustes de escala.
- Gestão de motoristas: controle de vigência dos motoristas, por senha introduzida no teclado logístico ou por aproximação de crachá eletrônico RFID.
- Gestão do transporte de colaboradores: controle do uso do transporte coletivo para colaboradores com identificação por crachá eletrônico RFID.
- Análise de dirigibilidade: telemetria especializada na análise de condução, para aumentar a vida útil dos veículos e o conforto na viagem e contribuir para a prevenção de acidentes.
- Videomonitoramento: sistema de gravação de vídeos da operação e condução do veículo, pela central de filmagem integrada ao sistema de telemetria para monitoramento.

Esses sistemas usam equipamentos embarcados que permitem a criação de aplicativos que podem oferecer uma experiência mais agradável aos usuários do transporte coletivo. Alguns aplicativos têm nomes sugestivos, tais como: Cadê o ônibus; Meu ônibus: Ônibus São Paulo; CittaMobi.

Usaremos o CittaMobi para demonstrar como funcionam esses apps. O CittaMobi é gratuito, disponível nas versões web e mobile e é executável em Android e iOS. O CittaMobi traz previsões em tempo real dos veículos do itinerário local, informe se o veículo está adaptado (Figura 10.20) e, além disso, os pontos de ônibus mais próximos.

Outras potencialidades são:

- Ponto e linha favoritos: seleciona pontos e linhas, para ter acesso rápido à previsão de chegada do seu ônibus;
- Visualização de ponto: proporciona visão completa do entorno do ponto de parada por meio da Visão Geral;
- Consulta às linhas de um ponto: consulta todas as linhas do seu ponto de interesse;
- Subir no ônibus: prevê o tempo de chegada a qualquer ponto da linha;
- CittaMobi Web: oferece previsões também na web.

Figura 10.20
Previsões no CittaMobi.
Fonte: CittaMobi

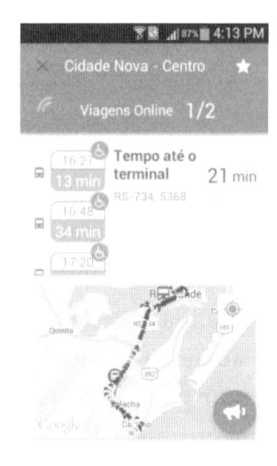

Figura 10.21
Localização do ponto próximo e previsões.
Fonte: CittaMobi

O app usa sistema de geolocalização, exibido por um mapa no estilo GoogleMaps. Nele é exibido o ponto mais próximo e o horário em que passarão os ônibus das linhas que o usuário poderá utilizar.

Do visor do celular, o usuário consegue enxergar o entorno da parada mais próxima de onde está, com visão panorâmica (Figura 10.21).

O aplicativo possui filtros que permitem calcular o tempo da chegada dos próximos ônibus e o tempo de chegada ao terminal.

10.3.2 Bilhetagem automática

As primeiras experiências realizadas com bilhetagem eletrônica em cidades brasileiras indicaram bons resultados. Como vantagens verificadas para os operadores, destacam-se o fim da evasão de divisas e o aumento de eficiência na operação da frota. Os usuários, de modo geral, aprovaram a evolução.

As tecnologias adotadas têm sido as mais variadas, envolvendo catracas eletrônicas com o uso de fichas plásticas, cartões magnéticos, leitoras de código de barras e, mais recentemente, o uso de chips, permitindo a diferenciação entre tipos de usuários (estudantes, idosos, policiais). Os chips têm sido muito utilizados nos sistemas integrados de transportes por facilitar o controle do tempo, ou seja, quando o passageiro entra no sistema, há certo período de validade do passe sob o mesmo valor pago (tarifa integração).

As catracas atuais oferecem boa ergonomia e funcionalidade, aceitando integração com qualquer sistema operacional, pois possuem inúmeras configurações de interfaceamento eletrônico com outros sistemas. As funcionalidades do modelo permitem o uso de instrumentos físicos (cartões magnéticos com código de barras ou moedas) virtuais (cartões de proximidade) ou biométricos (leitura da mão, datiloscópica ou da íris).

10.3.3 Reserva e emissão automática de passagens

Os sistemas de emissão de passagens, que já são utilizados há algum tempo no Brasil, apresentam algumas vantagens, tanto ao poder concedente e usuários como para as empresas operadoras. Eles permitem a conexão entre terminais, através de rede local, mantendo, no entanto, certa independência operacional entre uma unidade e outra.

Hoje, os serviços de venda de passagens na internet começam a se popularizar. Esses serviços permitem emitir os bilhetes e fazer reservas a partir de dados fornecidos em tempo real pelo sistema. As reservas têm um controle único, impedindo vendas dobradas e outros erros tão comuns em sistemas não automatizados.

Muitas empresas já disponibilizam há algum tempo a reserva e venda de bilhetes *on-line*. Como exemplo de aplicação das tecnologias aqui expostas, apresentaremos o caso da empresa Veppo, responsável pela venda e emissão de bilhetes intermunicipais no terminal rodoviário de Porto Alegre.

A necessidade de emitir bilhetes dentro do ônibus, para passageiros que embarcam no meio da viagem, propiciou o surgimento de um sistema específico: a venda informatizada de passagens no percurso por meio de um coletor de dados acoplado a uma pequena CPU, de modo que, se possam operar um software e uma mini-impressora para emissão de bilhetes. Em 1980, a empresa solicitou ao Daer (Departamento Autárquico de Estradas de Rodagem) licença para executar a venda de passagens pré-impressas por computador, deixando apenas quatro itens para serem preenchidos no ato da venda. O projeto piloto foi implantado em cinco empresas de transporte com pequeno e médio movimento de passageiros.

O sistema atual de venda de passagens por computador encontra-se totalmente automatizado, permitindo assim ao usuário a aquisição do bilhete *on-line* para qualquer data e localidade, em um tempo médio de 30 segundos, e viabilizando a aquisição de bilhetes via internet. A compra de passagens pela internet pode ser efetivada imediatamente se for utilizado cartão de crédito, aceito por algumas transportadoras, A compra com cartão exige antecedência mínima de uma hora antes da viagem. Se a compra não for feita com cartão de crédito, deve-se efetuar depósito para crédito da operadora de vendas.

Portanto, as inovações e tecnologias disponíveis, de modo geral, têm trazido muitos benefícios também para as transportadoras. Como uma vantagem adicional, pode-se citar a eliminação de prejuízos oriundos da venda de bilhetes falsificados. Com a automação desse procedimento, esse problema pode ser evitado e, além disso, eleva-se o padrão do serviço oferecido, com ganhos de conforto e qualidade para o usuário.

A Veppo tem postos de venda de passagens em nove pontos distribuídos na Grande Porto Alegre, além de vendas por telefone e pela internet, funcionando com a mesma qualidade e prestando um serviço muito interessante ao usuário. O sistema tem se mostrado eficiente, com um número de erros muito inferior ao sistema manual, o qual veio a substituir, proporcionando um serviço bastante eficiente, capaz de atender à demanda adequadamente, mesmo em situações extremas, tais como início e retorno de férias e feriados prolongados.

10.4 ITS – O futuro começa agora

ITS é uma sigla construída a partir do conceito "Intelligente Transportation Systems", ou Sistemas Inteligentes de Transportes, que pretende integrar as tecnologias disponíveis, objetivando estabelecer um sistema de transportes, mais eficiente e seguro, para o deslocamento de cargas e passageiros por terra, ar, água ou espaço exterior.

Embora esse conceito seja relativamente novo, os sistemas inteligentes surgiram com as primeiras câmeras para controle de tráfego ou radares de navegação aérea e marítima, nas décadas de 1940 e 1950, e a posterior aplicação desses sistemas à navegação e controle de tráfego em rodovias.

Desde a última edição, intensificou-se o uso de ITS na operação e gestão da mobilidade urbana, com tecnologias disponíveis para diversos contextos e escalas. Essa massificação foi consequência das soluções oferecidas pelo setor de eletrônicos, informática e telecomunicações. Os sistemas de posicionamento (GPS) disponíveis para veículos de vários tipos, associados aos softwares e aplicações, são ferramentas essenciais no controle e gestão de tráfego em grandes metrópoles. Há grande interesse e aumentam os investimentos destinados à pesquisa e desenvolvimento de produtos aplicados ao planejamento, operação e gestão da mobilidade urbana e regional.

No Brasil, os ITS popularizaram-se a partir da introdução da bilhetagem eletrônica nos transportes públicos urbanos e da utilização de sistemas de monitoramento de frotas de transporte de carga. Os investimentos em ITS ainda são modestos, quando comparados a outros países, e continuam dissociados de uma política pública de desenvolvimento em longo prazo. O processo de urbanização brasileira e a formação de grandes complexos urbanos introduzem uma complexidade crescente ao planejamento, gestão e operação da mobilidade urbana. O atendimento das expectativas de qualidade, segurança e conforto para os deslocamentos e a busca de resultados econômicos compatíveis com as necessidades de sustentabilidade para o setor de transporte público (preocupações consolidadas pela Lei nº 12.587, que cria a Política Nacional de Mobilidade Urbana), colocam exigências que só poderão ser respondidas pelo incremento de tecnologia e de inteligência.

Figura 10.22
Serviço nacional de ITS da Coreia do Sul.
Com base em: ANTP, 2012.

Segundo a ANTP (2012), apontar o futuro dos ITS no Brasil é um desafio permanente para todos os envolvidos no setor do transporte público, trânsito e mobilidade. Não se trata de uma ação isolada no âmbito nacional, mas envolve a interação entre segmentos econômicos, que se dá no plano global, e decisões político-institucionais que se dão em nível local. O desenvolvimento de tecnologias e sua aplicação em diferentes áreas dependem muito da conexão entre essas esferas de decisão e ação. Desse modo, pode-se concluir com alguns elementos que podem integrar o cenário nacional nos próximos anos:

Quais as expectativas?
Todos os modos de transportes, veículos e usuários estarão conectados e monitorados. Haverá disseminação do uso dos ITS como ferramenta para o planejamento, gestão e operação dos sistemas de mobilidade urbana.

O papel institucional
Consolidação de uma política nacional que defina a estratégia de ITS e as atribuições de todas as partes interessadas e criação de um organismo de caráter nacional para conduzir a implantação da política, a exemplo de países com planos avançados.

Integração de serviços
Compartilhamento e interoperabilidade global de dados em tempo real e previsão do tempo de viagem e custos em tempo real; conexão entre todos os prestadores de serviços e autoridades envolvidas; conexão em tempo real com os usuários e cidadãos.

Acessibilidade à tecnologia
Consolidação de produtos e redução dos custos em função da massificação e consolidação de líderes de mercado; diversificação das formas de licenciamento e financiamento de equipamentos; aumento do investimento em segurança e proteção de dados e das operações

Encerramos esta edição com o texto "O ITS como novo paradigma", publicado pela ANTP em 2012, para que sirva de inspiração para as futuras tomadas de decisão no âmbito da mobilidade sustentável:

> Um dos primeiros sistemas rodoviários do mundo foi projetado, na década de 1930, por Robert Moses e sua equipe e consistia numa enorme e avançada malha de rodovias no estado de Nova York, a primeira das quais projetada com uma capacidade para mais de 20 anos. No entanto,

18 meses depois de inaugurada, sua capacidade tinha sido atingida. Decidiram, então, ampliá-la, mas novamente ela foi atingida rapidamente. A lição que se pode tirar desse caso é que não importa quantas rodovias sejam construídas, elas sempre atingirão sua capacidade máxima, como se pode observar em praticamente todas as cidades do mundo. Portanto, o novo paradigma em infraestrutura de transportes se baseia não apenas em investir trilhões de dólares em concreto (de acordo com as estimativas da CIBC World Markets), mas também em tornar a infraestrutura existente mais eficiente, inteligente, instrumentalizada e interligada.

As parcerias público-privadas (PPP) são outra abordagem muito importante no setor de ITS. Muitos projetos de ITS foram executados por meio dessas parcerias, tanto em países desenvolvidos como nos países emergentes. Existem muitos motivos para lançar mão desse tipo de parcerias, como o fato de cada parceiro poder se dedicar ao que faz melhor e os vários bons exemplos de atividades de ITS executadas por parcerias público-privadas no mundo. A normatização e o planejamento são indispensáveis à evolução do processo e o governo deve ser o catalisador, criando um organismo de caráter nacional (por exemplo, agência reguladora) para conduzir a implantação da política ITS, a exemplo de países com planos avançados.

10.5. Referências bibliográficas

3T SYSTEMS. 3T Rastreamento. Disponível em: <http://www.3tsystems.com.br>. Acesso em: 26 set. 2015.

ACURAGLOBAL. The identification company. RFID systems. Disponível em www.acuraglobal.com>. Acesso em: 30 set. 2015.

ANTP. Sistema Inteligentes de Transportes. Série Cadernos Técnicos. v. 8. 160p. São Paulo, 2012.

BELCHIOR, Rafaella. Automação nos processos e sistemas logísticos. SlideShare. Disponível em: <http://pt.slideshare.net/rafaellaevelynbelchior/a-automação-nos-processos-e-sistemas-logisticos>. Acesso em: 30 set. 2015.

BERNHARD WOLFGANG. Truck connectivity is absolutely essential for future success. Dainer Global Media Site. Disponível em: <http://media.daimler.com/>. Acesso em 28 set. 2015.

BTRAC. Rastreamento de veículos. Disponível em: <http://www.btrac.com.br/>. Acesso em: 26 set. 2015.

CANEN, A. G.; PIZZOLATO, N. D. The vehicle routing problem. Logistics Information Management. v. 7, n. 1, p. 11-13, 1994.

CÉSAR, M. TMS – Transportation Management System. Monografia. Curso Tecnólogo em Logística. São Leopoldo: Unisinos, 2010.

CGU. Transparência pública. Controladoria Geral da União. Disponível em: <http://www3.transparencia.gov.br/TransparenciaPublica/jsp/execucao/execucaoPorProgGoverno.jsf>. Acesso em: ago. 2015.

CITTMOBI. Informação do seu ônibus na hora certa. Disponível em: <http://www.cittamobi.com.br>. Acesso em: 30 set. 2015.

DOT. United States Department of Transportation. FY 2014 – Agency Financial Report. Disponível em: <http://www.Transportation.gov/sites/dot.gov/DOT_2014%20final%20AFR.pdf>. Acesso em: 23 set. 2015.

FORTES FROTA. Fortes Informática. Disponível em: <http://www.inmetro.gov.br/rtac/pdf/RTAC001161.pdf>. Acesso em: 27 fev. 2016.

FRETEFÁCIL. Softcenter. Tecnologia é o negócio. Disponível em: <http://www.softcenter.com.br/>. Acesso em: 30 set. 2015.

GARMIN. About GPS. Disponível em: <http://www8.garmin.com/aboutGPS/>. Acesso em: 2007.

GKO Fretes. Disponível em: <http://www.gkofrete.com.br/>. Acesso em: 27 fev. 2016.

GOLDMAN SACHS. (PIB. PIB em dólar cresceu 20% em 2006, diz Goldman Sachs. Entrevista concedida a BBC, em Londres. Disponível em: <http://noticias.uol.com.br/bbc/2007/02/28/ ult2363u9614.jhtm>. Acesso em: 31 maio 2007.

GOOGLE MAPS. Disponível em: <https://maps.google.com.br/>. Acesso em: 26 set. 2015.

Grupo Dharma radiocomunicação. Rádios Motorola. Disponível em: <www.radio-motorola.com.br>. Acesso em: 27 set. 2015.

MERCEDEZ-BENZ. Ative seu FleetBoard. Disponível em: <www.mercedes-benz.com.br>. Acesso em: 26 set. 2015.

MOTOROLA SOLUTIONS. MOTOTRBO. Disponível em: <http://www.motorolasolutions.com/>. Acesso em: 27 set. 2015.

MPOG. Programa de Investimento em Logística. Ministério do Planejamento, Orçamento e Gestão. Disponível em: <http://www.planejamento.gov.br/assuntos/programa-de-investimento-em-logistica-pil>. Acesso em: 29 set. 2015.

MINISTÉRIO DOS TRANSPORTES. Relatório de Recursos Orçamentários Ministério dos Transportes. Disponível em: <http://www.transportes.gov.br/relatorios-orcamentarios.html>. Acesso em: 20 set. 2015.

PORTAL DA CNT. Confederação Nacional do Transporte. Disponível em: <http://www.sistemacnt.org.br/portal/webComum/page.aspx?p=d15e538c-f14b-4141-ab6d-0d2598a9c487>. Acesso em: 19 set. 2015.

PORTAL DA IMAM. Grupo Imam. Disponível em: <http://www.imam.com.br/>. Acesso em: 19 set. 2015.

Portal da IMAM. GKO lança novo módulo do TMS. Revista Logistica. Disponível em: <http://www.imam.com.br/>. Acesso em: 29 set. 2015.

Portal da Target. Target Engenharia e Consultoria. Facilitadores de informação. Disponível em: <http://www.imam.com.br/>. Acesso em: 19 set. 2015.

PROLOG. Capacitação e consultoria em logística. Curso de Gestão e Manutenção da frota. Período: 26/09/2015. Disponível em: <http://www.prologbr.com.br/agenda-cursos/215/gestao-e-manutencao-de-frota.html>. Acesso em: 19 set. 2015.

ROADSHOW. Routing. Disponível em: <http://www.Routing.com.br/roadshow>. Acesso em: 27 set. 2015.

TWW. SMS – corporativo. Disponível em: <http://www.twwwireless.com.br>. Acesso em: 20 set. 2015.

TRUCKSTOPS. Mapmechanics Trucstops. Disponível em: <http://www.bestroutes.com/>. Acesso em: 30 set. 2015.

VELTEC. Sistema de gestão de frotas. Disponível em: <http://www.veltec.com.br>. Acesso em: 28 set. 2015.

VEPPO. Estação Rodoviária de Porto Alegre. Disponível em: <http://www.rodoviaria-poa.com.br/inicio.php>. Acesso em: 30 set. 2015.

VOLPATO. Excelência em Alarmes Monitorados e Rastreamento Veicular. Disponível em: <www.grupovolpato.com>. Acesso em: 26 set. 2015.

WAVECOM. Wireless experts. Disponível em: <http://www.wavecom.pt/>. Acesso em: 30 set. 2015.

WAZE: Como funciona. Disponível em: <http://artigos.softonic.com.br/waze-como-funciona>. Acesso em: 26 set. 2015.

WEB EDI. Ecomm Web service. Disponível em: <http://www.ecomm.br/web-edi>. Acesso em: 27 set. 2015.

WHATSAPP. Como usar o WhatsApp: confira dicas e truques e obtenha o máximo do app. Techtudo Informática. Disponível em: <http://www.techtudo.com.br/artigos>. Acesso em: 30 set. 2015.

WHITE HOUSE. Budget of the United States government fiscal year 2014. Disponível em: <http://www.whitehouse.gov/omb/ budget/fy2014/> Acesso em: 22 maio 2014.

ZATIX. Por que Linker? Disponível em: <rastreadordefrota-px.rtrk.com.br>. Acesso em: 26 set. 2015.

ZENVIA. SMS corporativo da Zenvia Mobile Results. Disponível em: <www.zenvia.com.br>. Acesso em: 27 set. 2015.